本书为教育部社科基金项目"南海周边国家与地区南海政策与中国南海维权"

（11YJAGJW008）、中央高校创新与培育基金／暨南大学宁静致远工程：

"亚太格局转型中的南海问题及我国的对策研究"（12JNQM012）成果。

丛 书 主 编：
　　吴征宇

编委会成员：
　　徐弃郁　李 晨　马 骏　邱立波

亚洲海洋战略

[德] 乔尔根·舒尔茨
[德] 维尔弗雷德·A.赫尔曼◎编
[德] 汉斯-弗兰克·塞勒

鞠海龙 吴艳◎译

人民出版社

C 目 录

ontents ★ ★ ★

译 者 序

党的十八大确立了中国建设海洋强国的大政方针。这一战略方针的实施、发展与实现势必引起地区战略格局的变化，导致区域外和周边国家的政策反应。海洋强国目标与周边战略环境协调发展是海洋强国建设的必由之路。妥善处理二者的关系需要对周边国家海洋政策及其对中国建设海洋强国的政策反应进行深入而全面的研究。

近年来，美国、日本、印度以及一些东南亚国家通过海上安全合作、海上领土主权争端等方面的协调，形成了政策上针对中国相互呼应的局面。这种局面的产生，既有美国巩固亚太战略主导权和日本谋求地区大国的政策推动，也有东南亚国家借机获取海洋利益，以及印度在地缘战略上制衡中国的现实考虑。然而，无论从哪个角度考虑问题，中国海洋强国战略所面临的国际环境的确在发生重大变化。

传统上，中国是一个封闭式的国家。这种封闭不仅体现在自古以来的独特的经济运作模式、等级森严的王朝集团体制，以及与近代国际社会截然不同的东亚朝贡体系。19 世纪中叶开始，中国的这种自我封闭状态从海洋、沿海逐渐瓦解。时至今日，中国终于以其广泛开放的市场体系、规模宏大的海上航运体系成为面向全球开放的一员。

经济的开放带动着人口流动，拓展着中国人的全球视野。开放本是世界公认的海洋文明最重要的精神之一。中国始于 1978 年的改革开放和中国人的全球视野奠定了中国作为一个海洋国家最起码的人文基础。新时代的开放

1

精神与数百年来一代代中国人为了生存漂洋过海下南洋、渡西洋的悲歌与壮举，汇集成当代中国海洋文明的底蕴。这些新时代涌动着的海洋文明的开放心胸与旧时代讨海人的勇敢、冒险精神相辅相成，正成为当代中国崛起于陆地，决胜于海洋的战略资本。

海洋文明对于中国人来说，并不陌生。然而，真正理解海洋文明，或者在民族性格中塑造、积淀海洋文明的要素却非朝夕之功。2009 年以来，美国以其"巧实力"推动亚洲战略格局"再平衡"的过程中，南海争端、钓鱼岛争端、朝鲜核问题、中南半岛局势等周边热点问题纷至沓来。一时间，中国的国人义愤于海权的耻辱、日本的嚣张、朝鲜的冒进、越南的可恶，纷纷为中国海权而呐喊。

然而，海洋——一如所有呐喊者罕有与海相交的经历一样——对所有中国人其实仍旧看似熟悉却又陌生至极。海洋不仅不像一味贪恋其湛蓝、宁静的人所理解的那样温和，而且也不像经过滔天巨浪的人所见到的那样狂暴、简单。海洋所蕴藏的内在力量有时深不可测，有时又迂回婉转令人难以捉摸。

2012 年中日钓鱼岛争端引起中国国民对海洋权益的普遍关注。在全国各地的呐喊与抗议声中，中国人的海洋意识似乎已经开始觉醒。然而，当人们张开臂膀的时候，当人们愤怒地声讨日本恶行的时候，当人们迁怒于日本产品的时候……一系列在过去国家战略中重要的事情却被大多数中国人所遗忘：在美国高调介入南海地区事务和日本发起钓鱼岛风波的过程中，中国多年来苦心经营的"中国与东盟自由贸易区"影响式微，中日韩三国货币合作架构落空，中国进入"跨太平洋伙伴关系协议"（Trans-Pacific Partnership Agreement，圈内多简称 TPP）的进程被拖后……

在绝大多数义愤填膺地、畅快地宣泄着现实生活中积郁的种种情绪的时候，几乎没有人认真想过，为什么长期平静的中国周边海域会突然波澜壮阔。美国为什么在 2009 年"重返"亚洲。译者在此无意以"阴谋论"的思维揣度美国的战略决策者。然而，译者更希望中国人看清一个事实：美国针对中国的亚洲"再平衡"战略最惧怕的是什么？

海洋只是一个障眼法。美国通过中国周边的海洋争端压制的不仅仅是中国对东亚——西太平洋地区的海洋权力,而是中国对整个东亚地区的金融、经济结构性牵引力。2009 年各国向联合国大陆架委员会提交备案的最后期限为美国提供了战略实施的契机。中国与周边国家海权争端的发生、发展恰如其分地冲淡了中国经济社会结构性转型对周边国家的影响。

美国的战略的确击中了中国的软肋。中国与周边国家多年的经贸关系的确无法抵挡美国、日本自 20 世纪 70 年代就确立的经济结构性牵引关系。国家间军事安全关系互信的基础与人有关。然而,人的因素不是全部。源自政治学最古老的权力决定利益的规律性总结在东亚地区仍然适用。经济关系从平面化、同质化的经贸合作向产业链产品的结构性牵引转化会自然延伸出安全互信的经济基础。可惜的是,中国完成了第一阶段,却在第二阶段即将开始的时候被美国拦腰斩断。

海洋,对于中国人而言,是物质的。但是海洋战略,对于中国人而言,更是精神的、智慧的。中国人不乏对物质的海洋的理解。然而,我们太缺乏对海洋所蕴藏的智慧与精神的体味。发展自己,首先要了解自己。但是更重要的是要了解自己以外的世界,尤其是战略竞争对手。从来没有踏出国门的人,妄谈对外战略,是可悲的。没有真正在大海上生活过的人,妄谈海洋战略更是一种悲哀。

知己知彼,百战不殆。正是基于这样一种思想的指引和敬畏海洋的情怀,译者在人民出版社资助和帮助下,翻译整理了这本《亚洲海洋战略》。相信并且希望这本以整个亚太地区海洋战略格局和各国海洋战略与军事能力为主要研究内容的论著,能为关心 21 世纪中国海洋战略命运的人们带来一些裨益。

鞠海龙

2014 年 8 月 26 日

于广州白云山麓

导　论

仅拥有一支陆军,就相当于一个统治者只有一条臂膀,而拥有海陆两军则意味着他双臂健全。

——一世沙皇彼得

21世纪初,美国遭受了世贸大厦恐怖袭击的灾难。其后,美国经济也逐渐走向衰退。美国总统乔治·布什当年9月向恐怖主义宣战后,这场持久的反恐之战更加剧了美国的衰退境况。然而,21世纪的国际大势是对话与合作,而非军事对抗。因此,尽管向恐怖主义宣战使美国重新获得了一定的政治信任和在世界上的领导地位,然而美国固执地推行国家导弹防御系统及战区导弹防御系统的做法,却使其政治信誉在其盟友(北约成员国)和竞争对手(中俄)中逐渐减退。

新世纪的欧洲进入了改革和欧盟扩大化进程中。欧元的改革、发展,以及巴尔干和英联邦内部的冲突将为这一进程带来不可预测的阻力。亚洲则依旧处于一种被划分为不同的政治和经济区域的状况。日本至今仍未能从长达十年的经济疲软中恢复过来。东北亚其他区域则走出了1997年金融危机的阴影。韩国在2001年8月完成了国际货币基金组织贷款的偿还。整个朝鲜半岛也似乎在摆脱“冷战后遗症”方面取得了一些进展。与东北亚相比,东南亚地区似乎并不乐观。很多国家仍处于为经济复苏而挣扎的状态。美国经济发展减缓对东南亚国家的影响随处可见。就连该区域经济发展势头最强劲的新加坡也在2001年经历了自1973年金融危机以来最为严重的经济衰退。当然,东南亚地区也有值得鼓舞的地方。该区域的民主化进程不断取得的成果就是一例。2001年,菲律宾和印度尼西亚成功完成了政权的和平过渡。这无疑有助于该区域经济的复苏。我们也有理由相信经济复苏反过来也能支持更为强大的民主政权。南亚似乎陷入了僵局。印度的经济改革并没有达到预期的效果。在1998年印度与巴基斯坦展开核竞赛后,该区域的政治问题也趋于尖锐化,并随着长期无法解决的克什米尔争端和阿富汗境内及其周边态势的变化而不断加剧。如果亚洲,尤其是东亚国家能保持其积极稳定的可持续发展的步伐,那就有可能如20世纪初的经济学家预言的那样,重新成为世界经济的重心。即使经济与政治的转变与增长速度低于20世纪80年代,亚洲各国仍能成为美国与欧洲的主要经贸合作伙伴。

在这种背景下,国际社会将把海上交通线纳入重要的议事日程中。在全球化加强了世界各国间相互依存度的今天,这对于各国的安定与发展至关重要。海路运输与通信是一国开展贸易,以及保证其繁荣稳定的生命线,这已被大多数严重依赖海外贸易的国家所证实。当然,我们不排除一些历史上一直奉行大陆政策的大国对海洋资源的长期漠视。然而,我们更希望强调的是,即便是非传统海洋国家的德国,也与完全依赖海洋的小国新加坡一样在新世纪如此重视海洋。基于此,我们可以理解,印度尼西亚前总统阿卜杜勒·拉赫曼·瓦希德在1999年10月大选结束后,立即宣布"21世纪是印度尼西亚的海洋世纪"。印尼前总统瓦希德一定与沙皇彼得一样深谙此理:一个国家,不论其领土大小,要想成为一个真正的强国,就不能只发展陆军。为了体现真正的大国地位,一个国家就必须发展海军,确保其海上自由,确保其国家专属经济区与海上交通线上的航行自由和海上活动自由。

一国的稳定与发展直接或间接地取决于该国的海上交通线,海洋战略是一国和平与繁荣的基石这一理念已深入人心。因此,各国的海军专家都极力鼓励政府在保护其海上通道安全上下功夫,并强调要想有效地保卫一国的海洋利益。一个国家在海上的举措不能局限于该国的领海,而要延伸到更远的区域。海上安全计划还要将与邻国、区域性强国的合作方式纳入考虑范围。遗憾的是,即便在海洋理论发展了一个多世纪之后,仍然有一些内向型的国家对跨国合作重视不够。这也是亚洲很多国家在捍卫海上通道上的海洋自由问题方面，在打击盗版、反对恐怖主义的措施方面更多依靠自己的力量的根源所在。对于大多数亚洲国家而言，实质性的合作仍然停留在初级水平，不能形成一个完整的系统。政治层面的合作也仅限于开展空泛的讨论。

　　所有关注海洋问题的国家都需要制定海洋战略。亚太地区各国所处格局的特殊性也决定了这些国家都有这种需求。20 年前，冷战期间的亚洲海上格局由美国和苏联这两个占主导地位的海洋大国及其跟随国所组成。这种局势到 2001 年发生了大幅度的变化。为了捍卫《联合国海洋法公约》规定的专属经济区，几乎所有的亚洲国家都试图发展海上力量，建立离岸设施和海上交通线。因此，在 20 世纪 80 年代到 90 年代初期，大多数国家都大力发展海军，并向"蓝水海军"的目标进发。在这种国际背景下，亚洲各国为了实现建设"蓝水海军"的目标，一方面大量购买设备，扶植国内海洋产业的发展，另一方面则制定了全方位的海洋战略，为争夺海洋资源的斗争作准备。

　　面向 21 世纪，美国已制定了完善的海洋战略。这些海洋战略包括长期目标、必要设施的购买计划，以及实现这些目标的各种训练。作为世界超级大国，美国长期以来都依赖并得益于海上力量与海洋安全的维护。海权对于美国继续保持亚太地区最强大的海上霸主的地位起着至关重要的作用。美国的军事举措折射出美国在该区域的政治取向。在美国国内期刊刊登的论文——《美国在东亚和太平洋地区的安全战略》印证了美国亚太战略与海军力量的关系。作为该区域的主导者，美国海军需要时刻监督该区域其他国家海军的动态，并且与这些发展势头强劲的国家的海军力量保持同比例的发展速度，以避免自己在该区域的霸权和其他权益受到挑战。

　　与美国相比，亚太地区的国家仍处于界定目标的阶段。澳大利亚加大了海军现代化的预算；印度和泰国正积极筹备航母的建造①；新加坡拥有一支不错的海军，也购买了潜艇；韩国海军已拥有相当的基础，并且已经成为能够影响该区域海上格局的重要角色；日本正野心勃勃地想在自己划定的 1,000 海

---

①　1997 年 8 月 10 日，泰国成为东南亚第一个拥有航空母舰的国家。——译者注

里的海域范围外继续扩大其势力范围,以确保其赖以生存的海上交通线;还有该区域最不容忽视的海上力量——中国海军——也正从俄罗斯大量进口高端武器,努力向蓝水海军的战略目标进发。为维护海上交通线上的权益该区域的大部分邻海国都陆续制定了新时期的海洋战略,或对已有战略进行改良。当然,我们也应当看到存在的问题。尽管这些国家已或多或少地购买了一些复杂的武器装备和设施,取得了技术上的进步,但其海洋战略还很不完善,甚至未见雏形。

基于对亚洲海洋战略的发展将在其与欧洲的常规接触(如欧亚会议)中起到一定的作用,有利于双方应对合作中的主要挑战。因此也催生了本课题研究的产生。香港亚洲战略研究所基于这种合作的理念,与德国慕尼黑军校联手进行亚洲海权战略的研究,就该课题交换意见,并积极借鉴对方的研究成果。这些研究成果最终形成了包括海洋战略的理论性阐述、现行海洋战略框架的讨论、对各国海洋战略进行的详细论述等内容。这些内容具体包括:

由来自澳大利亚和德国的专家就海洋战略框架所涉及的问题完成了第一章的论述。该章的内容基于 21 世纪的安全政策而溯及海洋战略和海上交通要道的问题。不仅有德国著名军事家、海军上将、武装部队前副总指挥弗兰克有关海上交通线对德国战略重要性的评估,以及澳大利亚专家从发展中级海军角度的补充研究。这些研究提出了大部分进军海洋的国家都想效仿美国海洋战略,但这些国家往往忽略了美国海洋战略未必适合本国国情,以及一些小国也并未意识到自己拥有美国所不具备的发展海洋战略的优势等观点。研究指出,柴油动力潜艇是东南亚国家在近海区域使用的最佳选择。然而,过去的40 多年中美国几乎投入全部力量建造大型核潜艇,却丧失了建造柴油动力潜艇的能力。

第二章重点讨论了亚太地区各国海洋战略框架。在这一章里,亚洲学者重点强调了南海纠纷,而其他国家的学者则侧重于论证核武器、生化武器对海洋造成的威胁所产生的海上军事需求。

第三章分析了美国、俄罗斯和澳大利亚的海洋战略。在过去的 50 年里,亚太地区的海洋问题与这三个国家有密不可分的关联。这三国是该区域内举足轻重的国家,其海洋战略对其他国家影响深远。美国是该区域的海上霸主。俄罗斯尽管经历了1991年苏联解体后一直持续的全方面衰退,却仍堪称该区域的海军强国。澳大利亚肩负着该海域内许多重大责任,2001年7月美国国务卿科林·鲍威尔访澳期间还对此进行了着重强调。本课题对于这三国海洋战略的研究主要集中在海洋利益与战略目标,以及海军现代化进程方面。

在接下来的第四章到第六章里,各国专家近距离关注了该区域海上力量的发展,详尽地分析了东北亚、东南亚、南亚各沿海国的海洋战略和海军实力。相关论述包含了这些国家发展海上力量的新思维、海上目标、海洋科技以及海洋产业实力。此外,还分析了有可能发生的海上冲突,海上军事需求和实现海上力量现代化的计划。

在第四章里,作者分析了中国大陆和台湾地区的海上武装力量。基于这种分析,展现了台海两岸的海上军事格局。日本的海上战略目标和海洋利益在该区域的重要性日益彰显。日本宪法第九条规定依旧阻碍着日本摆脱所有的政治约束,负担距本土1,000海里范围内的区域保卫任务。日本政府将在可预见的未来对此进行表决和讨论。朝韩两国海上力量的发展也至关重要。因为,两国一旦重新统一,其军力和地理优势就会发生重大变化。

第五章探讨了马来西亚、新加坡和泰国的海军购买力和三国海上力量一体化的进程,菲律宾和印度尼西亚的海军现代化计划,缅甸、越南等东南亚各国的情况,以及巴布亚新几内亚、新西兰等国的海上力量发展状况与跨国合作的潜力。

第六章主要分析了南亚地区海上力量的发展。主要包括:印度的大规模海军发展计划。巴基斯坦为与其邻国展开军事竞赛而大力发展海上力量。从核竞赛的角度分析了印巴两国的双边关系。此外,还简短地评析了孟加拉国的海上力量。

本课题缘起于2001年5月在新加坡举行的国际海洋防御亚洲会议的一场专题学术讨论会。该会议由国际海洋防御会议亚洲有限公司筹备,隶属联合国教科文组织先锋情报大会。在这次由德国和瑞士海运业赞助的学术研讨会上,学者们就该区域未来的发展提出了很多重要观点,并讨论了当前日本和泰国制定海洋战略的背景。香港亚洲战略研究所本着合作的理念与德国慕尼黑军事国际关系研究所联手,共同研究亚洲海洋战略的课题,双方都希望该项研究的成果对国际社会的安全问题和公众带来福祉。有鉴于此,本课题综合各方专家完成了新世纪对亚太地区和相关国家海洋战略的综合性分析。这些分析与研究得到了所有作者的大力支持。按照写作章节的顺序,他们分别是:

◇曾访学美国斯坦福大学亚太研究中心,现在英国利兹大学专门从事亚太问题研究的讲师 Joen Dosch;

◇曾就职于德国国防、担任过德国海军快速导弹艇指挥官,并在德国海军学校担任过教官的现役德国海军指挥官——Georg Eschle;

◇历任德国国防部政治军事管理部副主任、德国武装部队中央军事机构主任、联邦安全政策研究学院院长的副海军上将 Hans Frank;

◇澳大利亚皇家海军上将、中央海军首席长官 James Goldrick;

◇曾就职于德国国防部并担任过陆军总部反恐及军事合作专员的 Gerd Hamann;

◇德国核战、生物战和化学战(NBC)专家及德军化学武器专家顾问 Ernst Hepler;

◇德国空军军事情报和军事管理研究专家 Lutz Heieis;

◇德国慕尼黑陆军大学国际政治专业博士、德国汉堡陆军军官学院讲师 Wilfried A.Herrmann;

◇三菱研究院国家安全高级顾问、海军中将 Hideaki Kaneda;

◇德国军队政策咨询顾问、中国和东南亚地区事务专家 Peter Krause;

◇韩国外交与国家安全学院教授、加拿大达尔豪西法学院博士后 Seo-Hang Lee;

◇菲律宾军队高级研究员、菲律宾跨国犯罪研究中心顾问、菲律宾国防部战略顾问 Merliza M. Makinano;

◇曾就职于印尼海军总部,担任印尼联邦政府军事顾问,现任职于印尼国家战略研究中心专家委员会的 Robert Mangindaan;

◇毕业于英国皇家军事科学院,曾就职于菲律宾海岸警卫队,现任职于菲

律宾军事总部办公室副主任的 Captain Emilio C. Marayag Jr;

◇美国国际战略研究委员会分析师 David Murphy;

◇毕业于英国达特茅斯大不列颠皇家海军学院,曾留学美国海军作战学院和国家国防学院的泰国皇家海军海岸警卫队指挥官、海军中将 Vice Admiral Chart Navavichit;

◇德国军事学院国际关系专业讲师、汉斯—塞尔德基金会政治经济及国际政治研究员 Ralph Rotte;

◇德国慕尼黑联邦军事大学国际关系学院教授、国际关系和国际法学院主任、北约资深研究员 Juergen Schwarz;

◇曾任慕尼黑联邦国防大学国际政治和国际法专业讲师,担任过汉堡联邦国防大学指挥官的德国联邦军事分析师及香港亚洲战略研究院研究员 Hanns Frank Seller 博士;

◇澳大利亚国立大学战略和防务研究中心客座研究员 Andrew Selth;

◇马来西亚年度军事参考杂志 ADJ 年鉴编辑、亚洲国防杂志项目编辑 Prasun K.Sengupta;

◇历任德国海军驱逐舰指挥官、驱逐舰中队指挥官、北约执行官、海军首席总指挥、军事杂志《军队与技术》编辑、德国海军军官联盟和德国海军学院成员的 Dieter Stockfisch;

◇毕业于中国海军学院,先后在英国格林威治皇家海军学院、美国海军战争学院研修的中国国家政策顾问 Tun-Hwa Ko;

◇德国外交政策协会政策分析师 Frank Umbach;

◇德国联邦军事大学国际关系和国际法学院资深研究员 Andreas Wihelm;

◇德国国际安全学院政策分析师 Gerhard Will;

◇汉和情报中心编辑、《简氏国际防务参考》亚洲区通讯记者 Yihong Zhang。

第一章 21世纪海洋战略趋势

第一节 新海洋安全政策及其对亚洲的影响 ①

21世纪初,世界政治格局经历了翻天覆地的变革,新旧危机错综复杂,交织于这一变革过程中,新的矛盾不断产生,与旧的矛盾交织在一起。冷战后,东西方阵营的全球性矛盾冲突开始变得息息相关,这一时期,一批处于战略性地理位置的国家和地区逐渐成为潜在危机和冲突的发源地,如亚太地区和拉美。

冷战末期,由意识形态造成的对抗以危机的形式呈现出来,改变了矛盾格局,但并没有消除这些矛盾,反而使其更加复杂化。在中东、南亚和东亚地区,各国之间危机重重,军事危机尚未解决,而其外交和安全政策又使危机有向更大范围扩散的危险,出现了新的危机和挑战,如全球化带来的问题和区域分裂化。这使得那些占据重要战略性地理位置的地区,尤其是边缘地带,潜在危机重重,而且愈发不稳定和难以预测。任何地区和国家在制定安全政策的过程中,都要正视以下问题:各国对战略性资源的争夺可能把未来潜在的冲突不断推向沿海地带,尤其是这些地区的海上交通线、咽喉要道、专属经济区,以及有领土争端的沿海区域,如西沙群岛。意识到这些新的威胁和潜在的冲突,亚太地区所有的海洋大国都在改进其海洋战略。现有海上格局要求各沿海国家必须拥有灵活、精锐、能独当一面的海军力量,这也反映出新海洋思维开始由沿

---

① 作者:汉斯-弗兰克·塞勒。

海地域的"褐水海军"向更广阔水域的"蓝水海军"转变。①

未来的冲突

未来的冲突形式与以前的冲突不可同日而语。导致政治上不稳定的因素趋于多样化:宗教冲突、恐怖主义、党派战争、种族冲突、政府垮台,以及区域内大国对该区域的"种族清洗"和对跨国犯罪组织的不断施压和干涉。上述因素都将给这些国家国内政权稳定和国际事务带来无法估量的风险。因此,21世纪的矛盾格局要求各国和各地区采取区域性和全球性措施,从海洋战略角度出发,制定新的外交和安全政策。各国可以采取建立一体化的国际组织和跨国联盟的形式,也可以在该区域内主导国家的带领下,开创新的战略思维,将潜在的危机控制在一定范围内。②

国际秩序由于各国之间的冲突和其他方面的威胁而面临不断分裂的危险,而一些侵略成性的国家具备先进的远程投掷系统,取代了地区内在制定安全政策和海洋战略的传统模式,他们使用大规模杀伤性武器和复杂的尖端科技武器系统,由此带来的无法估量的灾难性影响加速了这种分裂。大规模杀伤性武器的扩散使危机预测机制的作用越来越小,也使该区域内原本平衡的领导机制不断遭到破坏,霸权不断瓦解。要想缓解外交和安全政策的压力,各国就需要加大抑制大规模杀伤性武器扩散的力度,使区域内的军事威胁处于可控范围。这也促使大部分西方工业化国家和受此影响的亚太地区各国一改以往制定长期外交战略的方式,转为建立短期危机处理机制,并以外向型的安全战略代替内向型的安全战略,注重处理影响国内安全的外部因素。这种转变有助于处理特定地区的不稳定与危机,但仍需一个完善的机制,来预测全

---

① 参见丹尼斯·克虏伯:《远征作战征服沿海地区》,《水面战》,1999 年 1 月/2 月,第10 页。

② 迈克尔·克雷尔、丹尼尔·汤姆斯编:《世界安全:新世纪面临的挑战》,纽约,1994 年;马克·鸠尔根斯梅耶尔:《宗教民族主义:全球威胁?》,《当代历史》,1996 年 11 月第 604 期,第372—377 页;肯·布思编:《治国和安全:冷战及其他》,剑桥,1998 年。

球范围内的不稳定性因素和无法控制的地区冲突所带来的严重后果。①

21 世纪的危机和冲突已凸显,并相互交织,互为补充或互为先决条件。各主要区域危机应对机制的重建过程将不再局限于区域内部,甚至不受国界的限制。未来的危机,距离已不再重要,可以轻而易举地跨越陆地和海洋的界限。此外,危机应对机制所处的大环境已发生了变化,因此,处理危机就需要有新的理念和方式,例如,在预测可能发生的武装冲突时,要充分考虑安全政策以及海洋战略等国际形势。而应对由安全政策引发的危机时,就需要有一种新的"海洋安全战略"观念。这不仅要求改进战时方案,还要求正视由社会结构和区域危机导致的多样化的冲突,因为这些冲突将严重威胁到那些关乎社会安全和经济利益海域的稳定性。

海洋合作与预防战略中的新安全政策

对于工业化国家和发展中国家来说,海洋战略中的两个重要内容是不言而喻的:一个是正在形成中的新安全政策,一个是超越了传统军事和海洋事务的双边与多边合作关系。两者都与新的冲突和危机相关,也同样是那些"无赖国家"通过发展海洋军事力量达到维护自己利益这一目的的砝码。当前的发展形势需要新的安全政策、新的海洋战略和新的武装力量。革新的第一步就是要提高海陆两军的灵活性,以完成不断扩大化的任务,并将其纳入为解决区域冲突和防止危机发生而建立的远征军的队伍。实现这个目标,需要有机动化和一体化的操作,强化维和行动的训练,应用新技术材料,提高海洋运输能力,打造两栖船队等现代海事的要素,在军事指挥层面占据应对变化局势的信息优势,并拥有完善的监管体系。在军事和安全政策方面,多国间的紧密合作,是保证现代安全政策为政治行动提供多种选择的前提条件。同时,很多西方工业化国家购买昂贵的高端军事设备,导致国内金

---

① 参见约阿希姆·克劳泽:《非传播政治的结构转型》,奥尔登堡,1998 年;保罗·科尼什、彼得·哈曼、约阿希姆·克劳泽编:《欧洲及扩散的挑战》,波恩,1996 年。

融不堪重负,它们依靠自己的力量来缓解金融压力愈发显得力不从心,因此,多国间的紧密合作是必然趋势。在不远的将来,要想保护专属经济区和沿海地带不受直接或间接的军事威胁,就必须依靠国家间更加紧密的政治和海洋合作,如成立组织严密、作战能力强的军事联盟,建立拥有现代化指挥和控制系统的海军合作。[①]

由此看来,为了避免危机和风险的发生,21世纪全球体系内的"现代国家"[②]都必须在军事和政治领域做到有备无患,制定一个有预防性效果的、旨在形成稳定机制的安全战略,强调和平与合作的重要性。此外,还需要建立完善的经济、商业和文化网络系统,使具有预防性效果的外交和安全政策的实施得到保障。唯一能实现稳定的途径是最大限度地参与预防危机的各项协商,签署相关条约,制定切实可行的方法。因此,在关系到安全政策的一切事务中,外交活动要有绝对的优先权。

处于分裂状态的国家或"流氓国家"的独裁主义和激进政权引发许多忧患和危险,导致一些国际组织(如联合国)及其合作机构(如东盟地区论坛、亚太经合组织论坛)致力打造的安全政策的合作机制无法顺利实现。正因为如此,现代武装力量和海军力量中,传统的军事因素被保留,用于监管安全政策的制定和实施,以期保障区域内危机应对体系的稳定。同时,这也给危机管理机制提供了最有效的支撑手段和方式,并将这些手段和方式运用到国际层面。唯有如此,才能在政治层面实现对危机和冲突的预防,以及对和平的维护。

---

① 未来美国与其欧洲盟国在外交和安全政策方面的关系将在很大程度上受该因素的影响。见斯特罗布·塔尔博特:《新的欧洲和新的北约》,美国迪恩斯特出版,1999年2月。
② 一个"现代国家"需要在宪法、军事结构和维护国际稳定等方面表现出最大限度的合作能力。有关该准则,可参考乔尔根·舒尔茨:《欧洲安全体系机构——波茨坦会议50年后》,《国家内部分类》,1997年第2期,第28—29页。

实施现代海洋战略和安全政策的关键因素

通过海上作战系统的现代化和跨国合作的建立来扩大安全,这与国际形势的变化和一国的安全政策有紧密的联系。一国的外交和安全政策事务应该从属于国际战略,作出相应的让步。目光短浅的"权利政策"应该被基于国际合作的长期政治理念所代替。这意味着,现代安全政策的关键点和海洋战略的新思维应该体现在一国政府愿意与别国进行国际层面的合作。因此,实施安全和政治稳定主要依靠经济、商业和文化领域的友好合作。在现代安全政策框架下,政治稳定只能依靠扩大契约式联盟和加强一体化来实现,在此前提下,要预防潜在的军事和海洋冲突,至关重要的一方面就是加强与国际组织和区域组织(联合国、东盟地区论坛、亚太经合组织)的联合。这要求 21 世纪的武装力量和海军力量要足够强大,将目前所能覆盖的范围不断扩大。与此同时,军事和海洋总体规划中的安全政策也需要进行彻底的变革,20 世纪采取武力和战争的方式无法解决 21 世纪的危机与冲突。自 1990 年的海湾战争以来,许多海洋大国的海洋战略都经历了一个重大转变,竞相在沿海地带占据主导地位。搜集和传送军事情报等方面的技术性革新已实现了质的飞跃,新技术将被运用到未来海上军事行动中。要符合 21 世纪新的作战需求,就必须建立高端的军事监管和通信体系,以及先进的掌控海陆空三军的集体军事行动的决策系统。保护海上航线和战略要道,维护专属经济区内国际海洋法的实施,保护远海国家、控制沿海地区,进行人道主义方面的军事介入……这一系列的任务,任何一个脱离国际合作的国家都无法依靠自身力量来实现。这就在军事和作战能力方面对未来的海陆空三方面的武装力量提出了最高的要求。

预防冲突和处理海上危机需要有表达明确、计划缜密的安全政策,保障参与者的政治决策自由,避免陷入军事行动的扩大升级中,以及避免任何政治干预的出现。把政治决策付诸实践的能力是实现稳定和安全、确保后续的作战计划成功的先决条件。在军事和海事方面,具备这种能力,与具备完善的作战准备、迅速的军事行动能力、先进的战斗力和武力支援同样重要。

亚洲安全政策的未来发展

在了解了国际社会未来安全政策发展情况后，我们可以将其应用到对亚太地区的发展的研究上。

20 世纪末亚太地区的危机和冲突与国际格局的总体变革相关。直到 1990 年，冲突双方就安全政策开展了大规模的行动，由此引发的对外交和安全政策的影响在某种程度上也可以计算出来。而在 21 世纪，冲突带来的后果无法被量化，没有详尽的描述。冲突的复杂化促使国际社会制定了约束各国安全政策的新规范，也促使亚洲各国根据各自的军事和海洋战略制定新的安全政策。亚太地区如今是国际社会各种力量相互作用的焦点地区，各国都反对在全球范围和该地区周边发生战争，紧握本国发展的自主权，避免受到世界大国的影响。要想达到这一目的，就必须寻求使各国安全政策相互融合、让社会发展趋于稳定的新方法，并制定预防和处理危机的新策略。当前国际体系中的危机和冲突不断变化，催生了亚洲安全的新框架，促使各国加强合作，在政治融合进一步加强的前提下，分担彼此的安全任务，这也是制定未来的安全政策和海洋战略时必须考虑的方面。

毫无疑问，冷战结束使得亚洲地区的安全态势得到缓解。但是，冷战期间，种种历史冲突及引发危机的因素只是暂时被隐藏起来，却并没有被消除。正因为此，新冲突的诱发因素（如过分向民族主义施压）与这些历史遗留的旧冲突的诱发因素（如边界问题、民族分裂）交织在一起。与此同时，美国减少在亚太地区的军事存在，及苏联解体使该地区形成了一种"权力真空"，[1]而传统区域大国如中国、日本以及其他区域的发展中国家（尤其是东南亚地区的发展中国家），都力图填补这个真空。总体而言，21 世纪的国际体系经历了重

---

① 康妮·佩克：《持久和平》，《联合国及地区组织在预防冲突中扮演的角色》，兰哈姆/博尔德，1998 年。

大的变革,一些国家在关键的地缘经济区域建立了合作和一体化的框架,而另一些地区则陷入对抗与冲突,从而导致世界各国、各区域的不稳定性,引发了一系列军备竞赛,加剧了区域内的紧张局势,并触及了潜在的冲突(如南亚和东亚地区)。这威胁到那些为该区域的发展作出重大贡献的国家的安定,并且也是导致潜在的危机转化为冲突的原因。①

在国际格局的形成过程中,包括中国和印度在内的几乎所有的亚太地区的国家都致力于重塑他们以前的外交和安全角色,并积极筹划新的海洋战略。②

就军事方面而言,21世纪初的国际体系不会变得更和平或更安全。摆在眼前的事实是,当前和潜在的冲突,如民族主义、原教旨主义、民族分裂、跨国犯罪以及冲突带来的影响,如移民、环境问题等威胁……这一切都需要在全球更广范围内寻求解决方案。考虑到当前各国间的依赖日益加深,各国应通力合作,寻求建立和发展安全机制的新方法,以期在国际层面上预防冲突和处理危机。

第二节　海洋战略与制海权问题③

总体而言,在世界历史发展进程中,具有重要意义的历史转折点,或者历史上的偶然事件,海事都起到决定性作用。这些重大转折点包括海上军事行

---

① 在现代海洋战场上,"敏捷灵活性及军力与行动的同步是取胜的关键,还能够确保将人力资源和军事设备的损失最小化"。丹尼斯·克虏伯:《远征作战征服沿海地区》,《水面战》,1999年1月/2月,第12页。

② 经过短期与外界的隔绝,中国正在建立经济特区,努力赶上东南亚经济高度发达的国家,同时坚持以前的大国政策,如在中国南海的领土主张(南沙群岛)及1996年与台湾高度紧张的局势。有关中国太平洋战略,见格雷格·杰瑞德、理查德·费舍尔:《中国的导弹试验进一步展现影响力》,《简氏军事评论》,1997年第3期,第125—129页。有关该主题,见琼·德雷尔:《军队的不确定政治活动》,《当代历史》,1996年9月第95卷第602期,第254—259页。查看更多相关内容,见丁邦全:《中国对亚洲太平洋安全的战略思考》,《21世纪的亚洲:发展中的战略重点》,华盛顿,1994年2月。

③ 作者:格尔德·哈曼。

动和海上常规性活动。虽说在历史上不同的时期,大规模的陆地战争开创了历史的新纪元,但起决定性作用的却是海洋。

人类的未来取决于海洋。这种前景已多次被强调,因此,这就要求世界各国制定并及时调整面向海洋的战略。最重要的是,各国都要在世界海事的背景下,确定本国的长远利益,并将这些利益清晰地表述在该国的海洋政策中。相应地,这些已声明了的利益必须得到全面的维护,必要时甚至需要强制手段加以实现。"亚洲的海洋战略"这一章节对该项课题作出了特殊贡献。

这一部分解释了"海洋战略"的含义。海洋战略如何与一国的整体战略相适应?海洋战略包括哪些因素?"海洋战略"与"海军战略"的区别是什么?在此背景下,该部分又阐述了海战的特性和决定性因素(如海上势利的组成,对海洋的驾驭等)。接下来该部分简短地分析了当前海军力量和海军航空设施的要求,并解释了为什么拥有一定的海军力量是处理海上军事危机的重要因素。这些研究旨在迈出大胆的一步,尝试对某些理念进行定义,尽管在海军上将尼尔森眼里定义出广泛适用的理念是十分危险的尝试。他认为,这些"广泛适用"的理念会激怒那些在战争中固执己见、不知变通的海洋学者和海军界人士,而这种可能性的确不能完全排除。

广义上的"战略"

军事上的"战略"一词来源于希腊。"strategeia"指的是对军队和海军舰队的掌控,"strategos"指军官或军舰将领。公元前 5 世纪,在希腊,一些战略家曾被选举为国家的政治领袖来管理国家,因此"领袖"这一概念便被纳入"战略"这一词中,这在一定程度上是合乎逻辑的。他们的行为和思想也成为"战略"的组成部分。"雅典的战略家的责任就是在成立于公元前 478 年的古爱琴海联盟的领导下,充分考虑国家整体战略、国家的政治利益和目标,确定本国海上力量的组成和结构"。

由这段话看,"战略"是一个概念,用来实现某种特殊的目标。战略可以分为两个级别。第一级是总体战略,包括政治目标。第二级是军事战略,包含军事力量和资源使用方式的综合规划的所有原则的总和。军事战略主要依靠各种军事力量,对地理、经济、社会、政治和科技等方面的因素进行合理的考虑。海军战略是军事战略的组成部分。

海军战略和海洋战略

海军战略和海洋战略是两个不同的概念。18世纪末19世纪初,美国的阿尔弗雷德·塞耶·马汉和英国的朱利安·科奈特对海洋战略构成要素的核心思想进行了诠释。此后,理论界不断就海上力量和海洋战略等概念展开讨论。接下来展示了海洋学者们提出的多种定义。

1908年的德语百科词典就"海军战略"一词作出如下解释:

海军战略是关于海上战争的战略,如通过在和平时期建立海军舰队基地来保证战时获得全胜。制定海军战略的目的是在战时及和平时期支撑并增强一国的海权,包括为海战提供全方位的准备工作,以及海战作战指挥,即以一国的海军力量为依据,为该国的海上行动提供必要的命令和指示,旨在征服或击退敌军。

海洋战略比海军战略的范围更广,是对政治行动的指令,以期在符合海洋政策的前提下实现一国的海上利益,是一国在战时、危机时期及和平时期的总体战略的一部分。

海军战略应被进一步引申为"有计划地、精心考虑地、集中地实施一国的政治、经济、军事、科技和人力资源,以确保该国的海上长期目标得以实现"。

海战的特殊评判标准

在整体的地缘战略背景下,通过对海战资源的使用情况进行分类研究,在充分考虑海上空间、军力和时间因素的基础上,我们就可以对海战有一个基本的了解。那么,实施海上行动的基本原则是什么呢?

海陆战略的共同任务是指出最佳作战地点。在陆上,决策基于对敌方情况的估计。陆战谋划者要竭尽全力从战略和战术的角度出发,精准地指出最佳作战地点,并迫使敌军在此地陷入战斗。

与之相对,在海战中,迫使敌人在某一特定海域展开战斗的可能性几乎为零。19 世纪末,涌现出更为复杂的海权理论,其应用方法也首次得到发展。尽管关于海战的理解存在差异,但其基本观点大都基于对制海权和海权等术语的普遍定义。在那个时代,通过海路运输原材料和物资的能力是一国经济和政治实力的核心要素。制海权和海权两个术语就是在这一背景下发展起来的。

德国海战理论家奥托·格劳斯对海上力量和陆地军量的异同进行了研究和分析。根据他的理论,这两者都要达到阻止敌军实现目标的目的,陆军可以通过歼灭敌军、占领敌方的领土直接实现这一目的,而海军则只能间接实现上述目的。海路只是到达一个特定地点的通道,所以在海上无法永久地占有某海域。所以,海战的主要目标就是控制这些海上通道。因此,制海权就意味着控制海上交通线。制海权有不同的强度,如对海洋局部和全部的控制——即制海权或许只能达到某些个别的海域,而有些则扩展到整个大洋。然而,在理论上,即使实现绝对的、完全的制海权,一旦敌人占有着海战资源,就并不能保证取得胜利。因此,在战争中,制海权的目标就在于阻止敌方通过海洋实现其商业和军事目的,而且所采取的方式要对战争的结果有决定性影响。当一方独自占有海上交通线,而敌方却无法使用时,制海权的目的便达到了。

在当今世界,大多数国家及其国民经济很大程度上都依赖海上交通的自由程度。因此,控制海上商业交通线,就有可能扼制敌方的经济发展,但要通过长期部署才能取得这种成效。

此外,取得制海权能够保证军力渡过海洋,通过海路到达任何海岸。这主要通过水陆两用的军备和后勤支援来实现。

显而易见,海军可能直接介入陆战,尤其是通过航母中的航空器及水面舰艇、潜艇和空军部队发射的巡航导弹实施介入。

这些论断的得出是以现实为背景的。沿海水域连接各个海洋,海洋占地球表面和沿海水域的 70%还多,世界上 80%的国家都是沿海国,多于三分之二的人口居住在沿海地带。根据这些基本的地缘政治因素,可以得出一个结论:若要控制世界,就必须要控制海洋。

制海权

以上几点是对制海权的整体理解,总结起来定义如下:制海权是在战时实现对海洋的占领,它涉及某一限定的时间和区域,以及对战争结果起决定性作用的航线和海域,用以确保对己有利的航线的利用,同时阻止敌方对这些航线的利用。

海洋大国

只有成为海洋大国,才敢于并能够实现真正意义上的走向海洋,拥有强大的制海权。美国海军军官、海战理论家马汉在其经典著作《海权对历史的影响》一书中指出,早期民用商船舰队在海上行驶时需要保护的情况催生了海军舰队的出现。他认为,海洋是地球上最大、最高效的商业通道,保护海洋交通线是所有海军的首要任务。成为一个海洋大国所必须具备的条件是:拥有强大的外贸经济,拥有一支商业舰队和海军舰队,拥有殖民地和海上军事基地。

马汉认为,海权最初指的就是一国自身,其在制定总体政策时将海洋作为重要因素加以考虑。另一方面,海权也指一国实现其海洋利益的能力。

实现海权的前提是:

- 海洋思维;
- 高效的工业化基础(工业,造船厂,工人),以及优越的地理位置。

下列因素被定义为海权的要素:

- 海军舰队
- 海军基地
- 商船及渔船队

海洋战略理论

马汉19世纪末的海洋战略理论主要集中在与敌方海军舰队的海上战斗方面。海军舰队的组织和船舰设备必须确保其有能力击退任何敌方舰队：武器装备必须精良，在敌方士气十足之时也能够占上风。大规模的海战是马汉理论的首要内容，其他次要内容还包括巡洋舰战争、商业战、研制鱼雷的科技的进步以及水雷和潜艇。因此，马汉倾向于侵略型的海权战略，通过摧毁敌方舰队争夺制海权。

约20年后，大不列颠的军事分析家朱利安·科比特在《制定海洋战略的原则》一书中对马汉的海权理论提出了新的见解。他主张根据不同情况制定相应的适应环境的战略，并对具体的原则作了详细说明，成为海洋战略理论进一步发展的基础。

该书中提到的第三条原则强调海战必须以夺取制海权为目标，而制海权是指对海上交通线的控制。科比特指出，海权战略的目标要么是确保自身获得制海权，要么是阻止敌军获得制海权。与陆战不同，要想在海战中实现对海洋全面而长久的占领是不可能的，而海上交通线对参与国则具有至关重要的作用。因此，重点在于对海上交通线的利用，夺取制海权也主要表现在控制海上交通线上。只有充分运用那些特殊的海上通道上的海洋资源，才能夺取制海权，而且在时间和空间方面还受到一定的限制。在正常情况下，海洋是不受任何人的控制的。基于这些可见，要想利用海洋，并不一定要击退敌方战舰，关键问题是要阻止敌方对己方至关重要的海上交通线构成挑战或竞争。因此，制定防御性的海权战略就足够了。

在科比特的著作中，引用了德国海军上将韦格纳对于海权与陆权差异的分析。第一次世界大战给人们的启示是，现代超级大国并不一定非要拥有一支海上作战中队，这与陆军特种部队的必要性不同。

德国皇家海军之所以大部分时间闲置于国内港口，没有经历大的战斗，是因为德国海军没有在大西洋这一具有决定性意义的海域占据任何战略性的位置。因此,德国海权的价值在大西洋海域几乎为零。同样地,英国海军也不会在北海海域对德国的海军展开攻击。

韦格纳认为,在制定海洋战略的框架时,要比以往任何时候都要更优先考虑海上战略要地。因此,海军舰队只有与海上战略要地建立关联,才能成为强大的海上力量。两者是一个整体,如果其中之一较弱,那么整体的海上力量也就必然会弱。因此,侵略性的海洋战略首先就是要使敌方的海军舰队或是敌方对海上战略要地的控制减弱,甚至微不足道。可以通过摧毁敌方舰队,或者使敌方无法利用其海上战略要地的优势。

争夺制海权的目标指向以下几方面:敌军的海上资源、战略要地和商船。由于公海的国际地位及海上自由原则,海权的行使在和平时期和危机时期(韦格纳称之为"非战时期")都达到了极限。海权不能直接被行使,而是通过演习的方式,于是和平或危机时期与作战时期的海军力量具有不同的功能。在和平或危机时期,关键问题是要通过向外界展示一国海上力量的潜力,以此来实现某种政治上的影响。就海洋战略而言,这就意味着一国必须表现出决心来维护自己的利益。

美国学者、军事战略家科林·格瑞所著的《后冷战时代的海军》一书开篇提出了一个问题:在20世纪90年代及其以后的岁月,海军的战略性价值是什么?格瑞指出,冷战结束后的一段时期的特征是无序性、不确定性,以及越来越频繁的区域性的紧张局势和危机。因此,海权的战略性价值就由以下三点决定,这三点也是一国海军必须具备的:

1.应对全球冲突(仍然有可能发生)的威慑力和相应的准备。

2.应对地区冲突的威慑力和有备无患的状态。

3.支撑一国外交政策的相应准备。

为完成以上任务,海军舰队必须具备条件和能力,使其在区域性或全球性的冲突中都能够有获胜的把握。而在海洋战略中,在政治上澄清海军将同时应对多少区域性危机的问题十分重要。

此外,认清海权与陆权的关系也是必要的。在历史发展的过程中,两者在一国战略中的地位也不断发生着变化。开战后攻击敌方的军事重心是很有必要的,纯粹的海战能直接对陆战产生影响的事件几乎不存在。要想最终击败敌方,必须使陆上力量与海上力量相结合。只有陆军和海军团结合作,才能取得最终的胜利。

格瑞强调的另一因素是自由利用海洋资源的重要性。一旦拥有能力利用海洋来达到自己的目的,就能通过海洋这个高效率的通道来运输物资,或者设置屏障以阻止他国对海洋的利用。因此,无障碍地利用海上交通线的能力关系到一国的繁荣发展。关于20世纪90年代海军的战略性价值的另一思考则源于战争的几个方面:在海上、在陆地、在空中、在外太空,及其在电磁领域。

格瑞将空间力量与空间控制作为海权和海战纵向维度因素的重要性与100多年前出现的电报的重要性进行对比,然后他强调海陆空三军之间是直接相互依存的。制空权和制海权彼此联系,如果不掌握制空权,是无法全面控制海洋的。同时,空中力量单方面也无法击败敌军并取得胜利,还需要陆地力量的协助。同样地,陆地力量也需要海上力量和空中力量来确保后方的支援与物资的供应,如此才能持续作战,取得最终的胜利。正是基于上述考虑,格瑞指出,海陆空三方力量需要坚持团结的原则,联合起来进行合作。自从海军上将韦格纳将其研究成果公之于众后,各国的海军发展已取得技术性进步。而格瑞的贡献就在于,他看到韦格纳的研究成果,与战略性地理位置和海上战略要地在获取制海权方面的重要性具有高度一致性。他认为,只有控制了海上战略要地,才能在海上战场上行使制海权。

在上述观点的基础上,格瑞指出制海权充当着推动剂的作用,无法直接促成战争的胜利。但是,拥有制海权就能够为人力资源和物资设备的运送畅通道路,从而获得远程陆战的能力。格瑞认为,能够将陆地、空中和太空军事力量有机结合起来的制海权是一国执行全球政策和战略的有效工具,可以连接各洲,维护联盟团结一致,使该国自身的陆军力量和海军力量能够进行远程陆战,攻击敌军。

从历史角度来看,制海权受时间和区域的限制,并不包含对海洋资源长期占领的意思。近年来,美国越来越频繁地以"海洋控制"一词来表达获得制海权之意。然而格瑞认为,海洋控制是绝对的、无处不在的,因而也是难以完全实现的。相反,他认为制海权则能帮助一国控制海洋资源,但却无法阻止别国对海洋的开发利用。制海权受时间和空间的限制,而且随着舰队的航行会发生改变,但格瑞并没有详细说明上述两个术语的区别。因此,下文中出现的这两个术语指代的是同样的意思。

海军的基本功能

冷战结束及东西方阵营对抗结束后出现的高涨情绪迅速转变为一种更为严峻的态势:国家利益逐渐凸显,之前被压制的矛盾爆发,区域性冲突不断。

苏联海军的削弱标志着大规模的海军战场从远洋向沿海地区转变。

如今的海军舰队与 20 世纪初存在着本质性差异,其效力不是由武器平台的总和来衡量,而是由整个组织中不同的武器平台之间的协同作用来衡量。核武器的使用和海洋经济用途的增加促使海军任务覆盖范围进一步扩大,科技的进步使各种海战资源之间的相互关系更加多样化,空中及其外太空领域的战争资源被开发,如超音速飞机、远程导弹,以及全球卫星系统的运用。所以这些进步使海战的两个核心要素——地理位置和时间、空间的关系——发生了变化:在海战中,海洋与陆地的界限变得越来越不明显,尤其体现在从战舰和潜艇上发射的精准导弹能击中陆地上的目标,由此介入到陆战中。从沿海地区和内陆起飞的战机和发射的导弹也同样能干预海战,尤其是发生在边缘海域的战争。海军与海军航空设施的优先权发生了重大变化,两者之间的区别也进一步加深,而且这两方面在科技创新的背景下更加明显。尽管如此,海军传统的使命并没有发生改变,即控制海洋和从海上向潜在的敌军阵营发起攻击。

与此同时,1982 年的《海洋法协议》于 1995 年生效,更名为《联合国海洋法公约》,该法的实行对海洋环境造成了一定的影响。该法规定,沿海国家在专属经济区内对海洋资源拥有开采利用的专有权,使一国的利益范围不仅可延伸到距该国海岸线 12 海里的地方,而且最远可达到距该国海岸线 200 海里的地方。这一规定使海军及其海军航空设施为实施监督和维护利益而担负起一系列责任,如禁止违法捕捞、走私毒品、盗版、环境污染、跨海移民、保护近海设施等。此外,各国间不断增加的经济往来,以及对本国利益更大程度的追求,使各国对海军和海军航空资源的需求程度增加,尤其是在亚洲水域和太平洋地区,下文将进一步说明。

在这样的局势下,美国海军作战条令应运而生:"海洋不再是独立的战场,如今海洋只是作战的渠道,是海军向陆地领域及攻击目标发起进攻的根据地。海军仍然担负着保护海上航道的任务,但其最主要的任务是通过增强实力,从海上向陆地发起攻击,并阻止敌军采取相同的行动。"

这是战时的冲突与危机的真实写照。特别地,就执行国际海洋法和采取预防措施来阻止事态演变为危机而言,更是如此。海军的存在与发展显示了一国在各海上战场追逐自身利益的意愿。各国的领海范围和专属经济区不断扩大,这限制了海军部队的行动自由,但海军仍然可以借助武装力量对沿海国家构成威胁(正如之前提到的,对于世界上约80%的国家来讲都是如此)。

许多世纪以来,海军一直被视为实施外交政策的工具。通过派遣海军聚集在一国沿海地区,并对其进行武力威慑,向该国的政治决策者施压,以实现自身的目标。区域性权利平衡进一步加强,各国不断结成军事联盟,盟国之间将互相提供武力协助,以实现共同稳定。

在危机中,海军具有高效率性、灵活性、机动性以及自给自足的能力,这些特点使海军在危机处理时大有所用。这就是说,海军具备控制事态恶化升级的独特能力。力量集中的海军部队可能被长期部署在广阔的海域地区,这可以通过透明或隐秘的方式在别国领海之外进行,这些方式包括在武力威胁和非武力威胁的条件下顺利召回海军部队。特遣部队是在危机和冲突事态下迅速采取有效行动的特殊队伍,能够进行干预而对敌军造成威胁。肯·布斯在详细说明了海军及海军航空资源的功能后,列举了200多项不同指令的海军任务,采取除战争外的海洋军事行动。

在和平时期和危机局势下运用海军造成的外交影响取决于其对敌方构成实实在在的武力威胁的能力,但是最根本的关键因素是,在不引发不必要战争的前提下,促使敌方决策者制定出有利于本国的政治和外交政策。

在这种情况下,危机控制与危机升级仅一线之隔。例如,及时派遣海军去危机发生的区域是防御准备充分的表现,能够使敌军无法坚持实施自己的攻击计划,从而使危机局势得到稳定。

另一方面,所派遣的海军的数量和高素质也会误导敌方,使敌军误以为本国即将采取防御行动,这将破坏稳定,并有可能迅速升级为武装冲突。

海军的 4 个主要任务

总而言之,格瑞《后冷战时代的海军》一书中的研究和论点诠释了海军及海军航空资源在当今时代的四项基本任务:

- 威慑
- 武力存在和监控
- 获得制海权
- 武力投放

威慑是一种可信的报复性威胁,旨在使敌方意识到,其计划的军事行动无法取得成功,或者其结果将得不偿失,或者采取行动的风险不可估量。正如之前所说,海军之所以在政治、经济和军事行动中具有特殊适用性,就是因为其独特的控制危机恶化升级的能力。威慑可以通过一系列措施来实现:海军力量的实际存在、海军实力的展示,以及在有限范围内使用武力。

在某地区的武力存在表明有依靠在该地区获得的影响力,以实现政治上的利益的目的。这有利于建立安全机制和区域性联盟,维护该地区的稳定。武力存在又分为两种:常规性的武力存在,以及与某一具体事件相关的武力存在。通过建立永久性特遣部队,并提供条件以保证其高效性,海军在执行人道主义援助、军事袭击和大规模军事行动等各种任务时就拥有了灵活的选择。海军特遣部队具有高度的机动性,合理的部署能够使其在危机和冲突局势下迅速有效地采取干预行动,在短时间内从最初略为被动的武力存在状态转向集中的危机应对行动。

控制海上运输有助于一国在特定的海上战场获得一定的制海权,从而保护其海上交通线,阻止敌国通过海上交通线攫取商业和军事利益,并建立军事基地以便从海上对陆地进行武力投放。

武力投放包括自主选择时间和地点,采取目标导向的、侵略性的和决定性的军事行动,这些军事行动包括远程巡航导弹、海上战斗机轰炸机、沿海区域大规模两栖作战和对陆战进行直接火力支援。因此,武力投放常常与旨在实现陆战目标的全面计划相联系。由于海军具备高效性和高机动性,因此在外国海岸作战时常被用作先锋部队。

海上力量是政治领导者手中的工具,过去如此,现在如此,未来仍将如此。海上力量明确了一国的海洋政策,使该国的战略性指导原则体现在其海洋策略中。

第三节　海上交通线的战略地位[①]

这一节将重点以德国为例说明海上交通线的重要性。有关数据显示,在德国的外贸中,进口占 65%,明显超过了其出口量。在进口的货物中,仅有约 20%是经由德国港口进行的,但每年仍然达到了近 1.42 亿吨。其海上贸易进口仍然占主导地位,高达 70%,而出口仅占 30%。虽说高达 50%的进口都在欧洲各国间进行,但其中只有 20%的进口源于欧盟;其余的 50%来自海外地区。

从以上的数据可以得出两条结论:首先,德国高度依赖进口,所以自由贸易是德国的生命线。其次,80%的海上贸易是在欧洲以外的地区进行的,而超过一半的海上贸易的起始地和目的地都是海外地区。

因此,考虑如何保护贸易通道是很有必要的。但是,可能会面临哪些潜在的风险呢?需要考虑的首要问题是:冷战期间人们所面临的威胁会不会死灰复燃?就当时的情况而言,最重要的不是原料和能源的供应,而是军队的调遣和军需的供应,这是一个和时间赛跑的问题。苏联可能在欧亚大陆进行第二

---

① 作者:汉斯-弗兰克·塞勒。

次战略部署时,北约则可能会及时安全地加强从大西洋到欧洲的部署。任何一方先到达都可能会引发一场常规战争。苏联潜艇和水下作战部队可能在科拉半岛发起攻击,破坏北约的护航队。所以,必须在作战部队集中和保护护航队的基础上,采取预防性措施。这种形势已成为过去,而且不大可能会再次盛行。

尽管不能彻底排除北约和欧盟面临新的战略威胁的可能性,但这种威胁的程度和影响与冷战期间北约与华约之间的威胁是不同的。正因为此,如今不必像以前那样大力保护海上交通线,而可以把多余精力用于其他任务。

尽管国际局势呈现缓和状态,大西洋航线仍然可能遭到破坏。然而,时间因素起着重要作用。例如,在冷战期间,为了赔偿有可能发生的运油船的损失,各国花费大量时间建立原油储备。如今,利益至上的国际市场已不允许花费大量资金来长时间储存原材料。而且,由于当今局势缓和,各国无须忙于储备物资。但是,如果海上航线长期受阻,那么包括德国在内的西方工业化国家将处于经济瘫痪的危险中,从而其国民生计也将面临危机。因此,要想使海上军事行动产生长期效应,就必须控制海上交通线。

达到这一目标的前提通常是拥有充足的海战资源和占据海上交通要塞。在一战中,德国拥有充足的远洋舰队等海战资源,但却缺乏对海上交通要塞的控制,因而无法靠近英国斯卡帕湾的联合舰队及源于北海的海上交通线。在二战中,德国在挪威北部和法国的海上基地占据了战略性位置,但其海战资源不足,因而也无法对英国的海上交通线构成长久的威胁。此外,在两次世界大战中,潜艇部队都无法战胜海上护卫队和空中部队日益强大的保护能力。本文无意讨论无线电侦察和无线电解密在二战时大西洋海战中发挥了怎样的作用,但关键问题是,在现在或者可预见的未来,是否会有一个国家既拥有充足的海战资源,又控制了海上交通要塞,并且有意长期破坏西方工业化国家的海上交通线? 在这种情况下,该国要明白,这种侵略行为一旦出现,即使是发生在北约以外的地区,也会遭到联盟成员国的坚决抵抗。对于侵略国而言,其要么必须足够强大,能够与团结一致的北约成员国抗衡;要么与一个强大的国家结成伙伴,尤其是在与美国这样的海洋大国发生冲突时不至于退缩。然而,这种情形目前不存在,而且在可预见的未来也不大可能会出现。因此,传统的海上护卫队在海上交通线上的保卫行动就显得多余了。但是,历史证明了冲突发生和发展的速度远比筹建、装备和训练一支军队的速度要快得多,在当今这个时代更是如此,因为如今一艘战斗舰上装备有各种感测器和武器,需要花费好几年才能建成。因此,尽管发生威胁的可能性明显降低了,一定的海上护航和保卫行动仍是必不可少的。

再回到海上交通线的问题上。虽然目前基本上可以排除海上交通线被长期切断的可能性,但短期阻断物资运送却很有可能发生。虽然由此造成的后果不是灾难性的,但仍然会对海上贸易的顺畅进行造成损害,尤其是随之而来的人力和物资损失及相关的风险津贴的攀升都会使海运费用大幅度增长,这将进一步对出口贸易造成间接的、长期的影响,甚至造成无法估量的后果。

总体来讲,上述这种对海上供应造成短期阻断如今变得更易实现了,这是因为巨型油轮和船舰航行时必须经过的交通要塞所具有的战略价值已是众人皆知的事情。由于地理条件、水文地理条件和航船吃水因素的限制,可以选择的其他航线几乎没有,甚至根本不存在,如霍尔木兹海峡就无可替代。因此,地雷或小型战斗机等手段就可能会被一些国家采用,甚至被一些小国或者恐怖组织所利用。

各国如何才能保护本国免遭此类破坏呢?尤其是当特殊型号的船舰,或是某个国家,甚至是某家特殊的造船公司由于某种原因而成为袭击目标时,国家应该怎么办呢?首先,各国需要达成一个共识,即海洋自由关乎每个国家,必须由各国共同来捍卫。通常情况下,此时发挥作用的就是联合国了,其安理会将就采取怎样的恰当措施展开讨论,而联合国将负责采取保卫和预防行动。当然,历史表明联合国安理会常任理事国的利益常常互不相同。在过去,各常任理事国的利益差异特别大,以至于很少能在关键问题上达成共识或采取共同行动。如1999年中国拒绝授权驻马其顿的联合国部队来稳定科索沃的局势。关于海上自由,各国止步于仅仅发表一些声明,或者表达一下决心。一些人认为,这种局面令人遗憾;然而,不同于对联合国进行全面改革,海上自由这项政策在过去多次被提到,很可能在未来盛行。此外,还应该加以考虑的是那些可能承担责任的区域性组织。然而，即便这样的组织的确存在，它们也只是安全合作组织，依赖成员国所达成的共识，可是要成员国达成共识却基本上是不可能的。同时，这些安全合作组织缺乏履行职责所需的武器，所有的只是志愿者以及那些被攻击目标或不愿接受自由贸易限制条款者所组成的联盟。

对德国而言，这可能会成为一个不易解决的政治问题。虽然采取军事手段实现国防之外的其他目的是合法的，但仍需要获得德国国会的批准。当涉及保护国家重大利益或基本权利受到威胁时，国会往往会给予批准，正如科索沃事件。但是，威胁程度越轻，军事行动发起人的身份越不明了，德国离军事行动发生地越远，赢得国会多数赞成票来同意派遣军队就越困难。毋庸置疑，其他国家也是如此，如国际社会对于印度洋和太平洋水域日益猖獗的海盗行为缺乏武力制裁的决心。

除了上述政治问题外，保证海上交通要塞的军事安全也不是一项简单的任务。这些海域虽然面积有限，但仍然需要全方位的监控和永久的控制。为消除水雷的威胁，必须对水面以下的航线进行搜查，过往船舰必须服从海上护卫队的指引，在清查后的航线上行使。此外，过往船舰还需要战舰保护免受可能的陆地攻击。其他要求还包括远程护送部队提供保护，以防受到来自水面、水下和空中的威胁。如果行动实施的领域不是指定的战地，同时民用空中交通工具在交通要塞上方或附近出现，空域管理就成了一个相当严重的问题。在这种情况下，切不可误将民用飞机击落。然而，也会有战斗轰炸航空兵在主要民用航线范围外专门练习攻击的情况发生。这表明了保护海上交通要塞的难度很大，同时也证实了一个理论的正确性，即无论是从政治角度或是军事角度来说，保证海上交通要塞长期安全都是一项高难度的任务。正因为此，该项任务更可能是短期性质的，应对严重的威胁，或者像之前红海水雷事件中那样，对先前的攻击作出回应。

在此背景下，为稳定军事行动的可能发起地区的环境而采取措施就显得更加重要。要在那些供给原材料或能源的地区，或者在与重要贸易航线及其交通要塞邻近的区域，实施积极的危机管理。为了减轻这些军事行动的危险性，阻止引发危机的因素产生，促进稳定，还需要广泛采取措施，主要包括经济和金融方面的措施,此外军事方面的行动也是有必要的,如海湾战争、科索沃战争和阿富汗战争。由于这些热点区域中超过一半都靠海或临海,通常都是从公海发起军事行动。如果有必要,首先要声明以武力解决危机的政治意愿。如果海军编队投入到行动中,这个声明就具有说服力,从而能够以体面的方式使相关的国家及其政治领导者拥有解决冲突的机会。另一方面,若冲突发起者不愿作出政策变动,那么就需要立刻从海上采取行动加以干预。海洋同时也是后续行动的重要集结地,包括把陆军编队集结至海上,以及调整远程精密武器,确定目标、避免非对抗性损失。正因为此,当今时代海上交通线具有双重意义:各国都依赖自由的海上贸易,并需要对此类贸易进行保护;同时如有必要,各国也通过公海发起并执行危机控制行动。这两方面都说明了海上力量是很重要的,只有具有此种力量,才能够保护贸易,预防各种冲突的发生。所以,进行国际贸易的国家,只要想保证自己的政治地位,就需要与海洋大国结盟,并为保护海上力量贡献自己的一份力。德国深知此种道理,维持一支有效的海军力量是非常必要的,这在政治竞技场上是无可争辩的事实。

危机控制措施是有远见的安全政策的新元素,各项措施需要分轻重缓急。在冷战期间,波罗的海和北海海域的军力集结是不可或缺的,如今却变得可有可无。在可预见的未来,波罗的海和北海海域的那些用于战斗的、配备火箭的快速巡逻船就会被适于航海的轻型巡洋舰所替代,而且该种巡洋舰将在欧洲投入使用。德国海军将保留小型护卫舰的核心地位,并广泛使用,而且还将增强其远距离空防和反潜艇搜索的能力。不依赖空气推进系统的潜艇将代替现有潜艇,从而提供一种新的区域自主武器。扫雷装置已应用在海湾地区、地中海地区和波罗的海地区的作战任务中,获得了充分的应用经验。扫雷装置现在及将来都是德国舰队的核心要素,并将不断升级至扫雷领域的最尖端技术水平。扫雷装置还将成为海上运输的一种手段,用以接收军备资源,并送往危机发生区域。就目前而言,航母将继续作为大型舰队的组成部分而存在。德国还没有任何建造航母的打算,而担此重任的仍然是美国、英国和法国。然而,由于欧洲各国的合作日益紧密,以及欧洲的快速反应部队组织,德国海军飞机可能使用法国或英国制造的航母。这些变化将使德国海军能在欧洲和大西洋地区发生海上危机时,有效地介入来处理危机,也将保证德国能够协同其他机构、国家和联盟为重要区域的海上交通线提供有效的保护。由此可以看出德国促进和保护自由贸易和往来的决心,以及为世界和平、自由和繁荣承担责任的意愿。

第四节　海上战略要地的价值[①]

在全球相互依赖日益加深、国际贸易快速发展的今天,商船的航海自由非常重要。世界各国都依赖商品和原料交易,因此也都直接或间接地受益于海上交通线的开放。如果这些航线中断或受阻,各国的贸易就会蒙受损失。就印度洋到东南亚地区,再到远东地区的广阔区域来讲,尤其如此。亚洲是世界经济的中心,在这一广阔的地域,每一个国家都尽力维护海上交通线的畅通无阻,以及海上交通要塞的自由通行,尤其是在东南亚地区。这也是全球各国所关注的问题。

自由通行的话题和地理战略要地(或要塞)的概念由来已久。早在 19 世纪末,马汉就强调一国必须具备控制海洋来抵抗任何威胁的能力,才能够成为一个强国。马汉认为,海权是实现强国这个战略目标的唯一途径。但是一些国家的小型海军连本国邻海的控制权都无法获得,因此,"海洋阻绝"应运而生。在海洋阻绝中,重要的地理位置,即要塞,将被薄弱部分所阻断,以达到此航道无法使用的目的。

这些观点在两次世界大战得到应用,而且在二战中集中应用在亚太地区,并最终导致日本被美国及其盟国击败。如今,亚洲大部分国家都以"制海权"和"海洋阻绝"的战略思想为指导,但后者更适用于那些拥有中小型规模的海军的国家。

---

① 作者:乔尔根·舒尔茨。

地缘因素

军事战略家在对海上交通线的重要性等国际问题进行评判时,如果以军事角度为重心,就必须认识到地缘因素是评估敌方和自身情况的决定性因素。

因此,一定要分析海洋的地缘优势和劣势,并考虑其对国防措施和相关军事行动可能带来的影响。

在亚洲,地理位置决定了该区域的国内贸易的大部分、几乎所有沿海和不同地区之间的贸易都是通过海运实现。

此外,亚洲与欧洲、亚洲与中东、亚洲与非洲、印度洋周边国家与美国之间的大部分贸易往来都要通过以下海上交通线,这些海上交通线为各国所熟知,被视为具有全球意义的要塞:

1.马六甲海峡,每年近 41,500 艘船只行驶;

2.巽他海峡,每年约 3,500 艘船只行驶;

3.龙目—望加锡海峡,每年约 3,500 艘船只行驶。①

20 世纪 90 年代初,美国国防大学战略研究院与海军研究中心合作研究了该地区的贸易航线和贸易运输方式。在这项研究中,提到了另外两条值得考虑的海上交通线:

1.奥姆拜—威塔海峡,该海峡位于龙目岛东部,帝汶岛北部(帝汶岛包括东帝汶岛和西帝汶岛/印尼);

2.托雷斯海峡,该海峡在澳大利亚和巴布亚新几内亚/伊里安—爪哇(印尼)之间的最东部。据美国国防大学的调查显示,该海峡水深仅 12 米,因此大型航母甚至大部分蓝水战舰都无法在该海峡行驶。②

但是,把上述三个要塞的船舰通行与后来提到的两条交通线的船舰通信

---

① 见《2000 年世界海洋威胁评估》,《2000 年美国海岸警卫队情报评估》,http://152.122.41.10.wwmta/chap1.htm。

② 见诺尔·约翰、格雷戈里·大卫:《有关东南亚地区的海上交通要塞的经济思考》,美国国防大学,华盛顿,1996 年,第 2 页。

情况进行比较可以发现,保证顺畅通行的重心仍然是马六甲海峡、桑达海峡和龙目/望加锡海峡,因为它们具有地缘优势。[①] 如果这些交通要塞被阻断而导致自由贸易无法进行,那么所有的船只就不得不从澳大利亚绕行,以到达美国、日本和韩国等目的地。

为了满足美国政策实施的现实需求,美国国防大学的专家更为详细地分析了这些要塞的地缘因素。

1.马六甲海峡,位于马来西亚、印度尼西亚和新加坡之间,是世界上最繁忙的海峡之一,也是众多海上交通航线中最短的,如从苏伊士运河或阿拉伯海湾到北亚。专家指出,马六甲海峡容许行船的吃水深度为72英尺,除了最大的商船外,几乎所有其他的船只都可以满载通航。虽然海峡最东部最狭窄,宽1.5英里,但仍然能保证商船顺利通过。另一个优势是,新加坡成为中国南海沿海区域的主要商业港口。

2.桑达海峡,位于爪哇岛和苏门答腊岛之间,是古荷兰时期通往中国南海的通道。虽然桑达海峡是从好望角到达北亚地区最短的海上路线,但各国对它的利用率却不高,原因是该海峡的某些航段航行难度很大——喀拉喀托火山以及某些航段船只吃水深度的限制。

3.龙目—望加锡海峡,是由两条相连的海道组成。其一是龙目海峡,它将巴厘岛和龙目岛东西分隔开;另一条是望加锡海峡,位于加里曼丹岛(旧称婆罗洲)和苏拉威西岛之间。航行船只较多航段是贯通澳大利亚南北的贸易航线,优点是没有吃水深度的限制。[②]

美国在东南亚海域的利益与这些海上交通要塞息息相关。作为一个海洋强国,美国必须控制这些海上交通要塞。目前,亚洲一些国家的水雷战已经引起了美国海军战略家的关注。美国持续向该区域出售高度精密武器,其主要

---

① 详见皮尔·雷诺兹:《海上交通要塞的重要性》,《美国战争参数研究季刊》,1997年夏季刊,第61—74页。

② 见诺尔·约翰·格雷戈里·大卫:《有关东南亚地区的海上交通要塞的经济思考》,美国国防大学,华盛顿,1996年,第2页。

目的是控制亚洲海洋航道的要塞,但实现该目的的难度将不断加大。①

经济因素

与亚洲海上交通要塞临近的国家的经济活动,相当一部分是海外贸易。据估计,2000年世界上50%的商船从马六甲海峡、桑达海峡或龙目—望加锡海峡通过。由于东北亚和东南亚地区国家(如日本、新加坡)的经济高度依赖重要资源的供给,所以一旦亚洲海上交通线不能顺利通航,就会造成严重的经济和政治影响,因为在许多国家,只有经济稳定繁荣才能确保国内不同社会阶层和不同民族和谐共处。例如,日本高度依赖经由东南亚航线从中东地区输入原油,2000年约50%挂着日本、巴拿马或利比里亚国旗的油轮驶向日本。另一方面,日本制造的商船或日本拥有的商船为东南亚海上交通线上的沿海国家提供原料和成品,所以日本拥有相当部分过往商船的所有权,高达约75%。贸易往来是相互的,因此确保商船能够在海上交通线顺畅通行,并促进自由贸易,而不是建立经济"防火墙",不仅对日本很重要,同时对亚洲所有国家都具有重要意义。

考虑到印度尼西亚和菲律宾大群岛的地缘结构,国内海运贸易的重要性也不容低估。大批日常必需品的运送需通过群岛,这对满足日常需求、保持国内稳定至关重要;而且重要的油品供应,甚至是日用食品都需要通过商船进行运送。在发生自然灾害或治安混乱等危机时期,需要救援人员以及国家和国际非政府组织运送消费品,以此来控制危机,并恢复社会治安,而消费品的运输离不开海运,要求国内和国际海上交通线的顺利通航。因此,区域海军部队希望增强自身能力来保护本国的利益,而政治人物则设法与相关邻国谈判协商,采取合作行动。

几乎所有利害相关的国家都希望海上交通线能够安全通行,然而没有哪个决策者考虑到上述海上要塞被阻断可能带来的经济后果。如果这些要塞被

---

① 详见《1999年美国国防大学战略评估》,华盛顿,1999年,第312—314页。

封锁,甚至只是短期阻断,那么结果就是商船不得不绕行,由此将造成成本增加,还将给巨大的油轮和散装干货船(铁矿石和煤)带来麻烦。此外,远的绕行将使更多商船(约占世界商船的一半)不间断地运送,最终将导致运输成本骤增,或者无法获得足够的货运能力。

上述情况将导致进出口成本大幅度增长,甚至会使日本、新加坡等敏感经济体止步。因此,海上交通线是否通畅是该地区国家和个人运输利益体所共同关注的问题。商船所有者和操作者正在寻求新的航线,但是由于地缘因素的限制,寻找新的航线困难重重,而且还将带来严重的经济损失。为避免这种后果,商船所有者及相关说客须向决策者(尤其是美国)施压,严肃对待海上交通绕行的问题。

亚洲海上要塞面临的安全威胁

通常来说,对威胁的分析取决于一个国家对威胁的理解,这使得冷战中蓝水海军和褐水海军对威胁的认知变得容易。当时美国海军打算向苏联红军发起一场全球海战,而亚洲国家则被迫加入。自从1991年苏联解体及20世纪90年代俄国海军力量减弱以来,亚洲出现了种种新的安全挑战,对该地区的海上交通线和要塞带来了影响①。在亚洲的许多国家中,这些挑战尚未成为国家军事条例的一部分,因而也就不是海上战术的组成部分。因此,就潜在的威胁或安全挑战提出明确的方案是有可能的。

然而,在目前保护海上自由的背景下,东南亚地区有关安全的话题需要加以强调。迈克尔·利弗②指出,东南亚地区可能面临来自以下方面的威胁:

● 应对海上航行安全问题的集体失误。问题包括商船因速度过快、规模过大、要塞地区行驶数量过多而碰撞或搁浅,从而造成的航线被阻。更明显的

---

① 了解亚洲安全环境全貌见维尔弗雷德·A.赫尔曼:《亚洲面临的安全挑战》,纽约新星出版社,1998年,第344页。
② 见迈克尔·利弗:《东南亚地区海上交通线安全》,《生存》,1983年1月/2月,第25卷第1期,第16页。

挑战是事故发生后油轮泄漏,从而可能导致部分海上交通线停止或延迟船只通航。

● 一些设法限制航行自由来维护国家安全的沿海国家所制定的国内政策,如印度尼西亚制定了"群岛海上航线"的政策来控制本国的海上交通线的通航。更明显地,2000年印度尼西亚海军封锁了马鲁古群岛航线,以阻断安汶岛及其周围的暴乱群体武器走私的航线。

● 外部海洋国家旨在封锁重要交通要塞或阻断交通线的其他航段而进行的海军部署。

● 无法控制的海盗行为日益猖獗。

● 中国南海地区的领土纠纷(如1974年和1988年越南和中华人民共和国)。

亚洲海上交通线面临的更具体的安全挑战可以根据比尔维尔·辛格的论述来界定,他指出以下几点:

1.内部不稳定,可能导致:

● 国内动乱(与外界相关或不相关)。

● 政权变动(受或者不受别国影响)。

● 国家之间开战(一旦具有共同元素的少数民族被牵涉进去,就会造成此种最坏的后果,如菲律宾的穆斯林少数民族可以影响菲律宾与印度尼西亚和马来西亚之间的关系)。

2.地区冲突,即中国南海地区的领域纠纷,也包括专属经济区、捕鱼区的纠纷,以及亚洲毗邻国家(如印度尼西亚与新加坡,缅甸与泰国等)之间尚未解决的海上边界纠纷。

3.国际威胁,这在冷战中表现较为明显,但之后诸如印度、日本和中国这样的区域海上大国竞相争取海上影响力。①

此外,美国海岸警卫队情报单位在《2000年世界海洋威胁评估》②中提

---

① 见比尔维尔·辛格:《冷战后时代亚太地区海上交通线安全》,维尔弗雷德·A.赫尔曼:《亚洲面临的安全挑战》,纽约,1998年,第53—57页。

② 见 http://152.122.41.10.wwmta/chap1.htm。

到,恐怖主义者有可能会袭击商船,如菲律宾阿布萨耶夫组织可以利用先进武器将一艘或更多商船沉没,从而阻断其他商船通行的航线。其他专家指出海上交通线可能面临自然界的挑战,如桑达海峡可能出现火山爆发,该处的喀拉喀托火山曾经多次阻断海上航线。

就目前而言,海上交通线被阻断或交通要塞被封锁不大可能发生。2001年,菲律宾和印度尼西亚和平的权利过渡使人们乐观地相信,这些国家能够在不影响国际海上航线的同时解决国内问题。虽然海盗问题仍然普遍存在,但各地区在解决海上边界纠纷方面的合作、20世纪90年代早期印度尼西亚发起的"中国南海工作坊"及生态问题方面的改善带来了信心和希望。随着时间的推移,挑战可能会演变为威胁,因此国际和地区决策者最终还是要为此做好准备。

结语

地缘因素、经济目标和安全利益决定着亚洲海上交通要塞的形势,如果这些因素之间能够达到良好的平衡,并在国际范围内得到认识,就可以保证海上战略交通线及关键要塞的开放。亚洲沿海地区比海上交通线更具有地缘优势,因此可以阻断海上交通线,也可以对其进行保护。在过去的几年中,全球重心已经从军事层面转向国家经济和国际安全战略层面,因此上述情况将促使达成国际共识,保障各国商船在海上交通线上自由航行的权利。尽管已部署大批军事资源来保护海上交通要塞,但真正的保障则要求该地区各国及世界主要贸易国必须在政治和军事层面进行合作。目前经济的发展在许多方面正将世界各国和各地区拉到一起,如共同解决生态问题及非法移民问题,所以出于经济考虑来保护亚洲海上交通线的措施是可以成功的。肯尼斯·库尔蒂①指出,对供给安全的需求将鼓励亚洲地区团结一致,共同面对海上航道面

---

① 肯尼斯·库尔蒂教授更详细的阐述见《十字路口的东南亚》中的《东南亚的多边活动》,《国防大学》,华盛顿,1995年,第223—234页。

临的挑战,并与美国海军团结合作。在此背景下,双边协议似乎就不太合适了,最好达成多边协议。实现此目标的首要步骤是建立西太平洋海军研讨会来将亚太地区国家的海军将领聚在一起,在亚太地区安全与合作委员会的指挥下成立海上安全合作工作组,并执行海上信息和安全建设措施。这些步骤措施可以增强亚太地区海上交通线和要塞的安全性,然而在可预见的未来,举行亚洲安全集体会议还不太可能。

第五节　中等规模海军的战略角色①

中等规模海军的定义

纵观全球,尤其是亚太地区,试图指出新世纪中等规模海军所扮演的角色是一项宏大的工程。下面来了解一下关于中等规模海军的定义和论点。

首先,什么是中等规模海军?海军少将理查德·希尔在其1986年《中等海洋国家的海上战略》一书中比较详细地对这一问题进行了讨论。他指出,超级大国在领土、政治独立或国家战争中不大可能面临直接挑战,然而那些小的国家在没有外部支持和保障的条件下,却无法很好地保卫自身的利益。中等海洋国家介于这两者之间,他们的定位并不是由于其自身固有的特点,而是由于其主要的安全目标。理查德·希尔表示,一个中等海洋国家应设法“创造并掌握足够的方式,为保护本国重要利益而发起和支撑国家的强制性行动”。② 根据这个说法,一个中等规模海军则是旨在保持和利用足够的海军能力,来保卫国家重要的海上利益。在此背景下,对于中等规模海军的任何计划

---

① 作者:詹姆斯·戈德里克。本文早期公布于2000年11月泰国曼谷的泰国皇家海军先进海军研究机构举办的研讨会上,作者表达的论点是作者本人的看法,并不代表澳大利亚皇家海军、澳大利亚国防军或澳大利亚政府的看法。

② 理查德·希尔:《中等海洋国家的海上战略》,纽约克鲁姆海尔姆出版社,1986年,第21页;见理查德·希尔:《再谈中等海洋国家战略》,皇家澳大利亚海军海上力量中心,2000年3月,第3次工作报告,第4—5页。

和行动,海上空军和两栖陆军都是必不可少的部分。有效且没有重复的机制能够使一个中等规模海军力量倍增。

上述定义并不表明中等海洋国家能够独自保护和提高其重要利益的方方面面,这是一个至关重要的问题。正如理查德·希尔所说,"中等海洋国家需要狮子般勇敢和狐狸般狡猾"①。每个中等海洋大国都需要实现国家自主和与其他国家合作或结盟的平衡,每个中等规模海军都需要实现自身能力和与其他国家海军互动、交流之间的平衡,以此来保卫自身的重要利益。要实现这种平衡,并不是一件容易的事。中等规模海军从性质上决定了其面临结构和组织方面的种种挑战,其对国内资源和政府硬通货资源的需求量很大。海军行动需要大量工业和技术设施的支撑,这些设施所产生的作战能力在小规模的海军行动中或许显得不相适宜。② 国家需要为海军培养教育程度高、技术能力强的人才,尤其是在工程和信息系统方面的人才。因此,海军就加入了对人才的直接竞争,而在当今全球化的时代,国家经济的发展对这些人才的依赖也日益增强。海军作为政府的工具,受政府条例的管制和约束,往往无法与商业领域直接进行人才竞争。通常情况下,海军认为"过于年轻"而无法训练和教育的人会被商业领域利用,在过去的十年里,几乎每一支现代海军都有这种经历,而且很多现在仍然面临着这种情况。相反地,在经济衰退时期,海军的日子会很艰难,因为该时期国家财政支出不可避免地会减少,而海军尤其受国家支出缩减政策的影响。中等规模海军尤其需要时常向外界和自身证明其实用性,或许他们面临的最严重的挑战就是其重要性能够在当今不断变化的世界中得到理解。③

---

① 理查德·希尔:《再谈中等海洋国家战略》,第 7 页。

② 分析海军行动涉及的相关问题的汇总请见泰斯特、大卫·罗斯伯格:《机器、人力、生产、管理和金钱:海军作为复杂组织机构的研究及海军 20 世纪历史的转变》,选自约翰·哈德多尔夫编:《海军历史研究:改进美国海军战争学院的论文集》,罗德岛纽波特出版社,1995 年,第 25—40 页。

③ 查看发展中国家有关海军的主题见该作者的《没有简单的答案:印度、巴基斯坦、孟加拉国及斯里兰卡国家海军发展(1945—1996)》,新德里蓝瑟出版社,1997 年,第 9 章。

中等规模海军面临的其他威胁

中等规模海军还面临其他哪些威胁呢？理解这些威胁的第一个论点是，在全球化的进程中，民族国家将仍然是国际关系的首要因素。强迫，即使用武力或威胁要使用武力，无论多么不可取，将仍然是民族国家相互关系的一个特征。国家武装部队，尤其是海军部队，在考虑武装冲突的未来情况时，需要时刻牢记上述这个事实①，因为武装冲突正在向更广范围内升级，这是另外一个需要考虑的论点。民族国家的竞争行为还包括非政府组织的活动，如国际罪犯和反叛运动，以及经济、政治和环境方面的问题所带来的后果。在东亚，这个地区的问题都是以海洋为背景的。据国际海事局的吉隆坡地区海盗中心统计，东亚超过50%的武装抢劫行为发生在海上②。通过海上手段的非法移民数量日益增加，其中相当一部分始于或经过东亚水域，该地区毒品走私这种国际集团犯罪行为也在很大程度上与海洋有关。环境不断恶化已成为事实，未来人们对过度消耗、日益减少的生活必需自然资源的争夺将会更加激烈。③

国家武装部队将需要根据这些形势、潜在的冲突及冲突的覆盖范围采取更多措施。中等海洋国家及其海军面临着资源方面的限制，所以冲突发生的范围之广将使问题更加复杂。中等海洋国家应该如何在高层次作战能力与其他作战行动两方面进行资源分配？为应对海上秩序面临的威胁，如何在海军与其他海上机构间进行人力和资源的分配？在中等规模海军走向21世纪的同时，他们尤其需要考虑上述这些问题。但是，并不只有他们面临这些问题，许多国家的陆军部队也面临着同样的问题。

另一方面，这些变化对海洋环境的影响或许比不上其对陆地环境的影响。与陆军部队相比，海军部队本质上具有一种对非战争军事行动的历史和文化

① 见皇家澳大利亚海军条令1：《澳大利亚海洋条令》，堪培拉出版，2000年，第21—22页。

② 该地区海盗中心的统计于2000年1月进行。

③ 关于这些发展情况对海军的影响，最近最全面的研究汇总见布鲁斯·斯塔布斯、斯托特·特来沃：《美国海岸警卫队：21世纪保卫美国海上安全》，华盛顿出版，2000年，第Ⅱ章。

亲和力。在 19 世纪,国际海军在打击贩卖人口的行为中发挥了关键作用;数百年来,海军都致力于渔业保护及其他保卫任务,而具有专门功能的跨国海上联盟在约 200 年前就创立了。① 许多研究者都认识到海军承担作战之外的任务,而对此描述最为有力的是英国的肯·布斯教授,他指出,海军的主要功能有三,即作战功能、保卫功能和外交功能。② 他还指出了非常重要的一点,即海军完成每日担负的各种外交和保卫任务所依赖的能力,是建立在他们培养的作战能力的基础之上的。

冲突强度与技术之间的关系

另一个重要的论点是,冲突的强度与冲突中所用的技术的先进程度没有直接关系,而预警时间与所用武器也没有任何确定的关系。导弹随时可得,那些具有财力和打算的人也能够立即集结海军能力的其他元素。最近新发现在中美洲有毒品走私联合组织制造了一个非常强大的潜水武器,这就是上述事实的有力证明。这意味着中等规模海军需要把综合保护作为军事行动能力的基础,因为在这些行动中,任何强度的武装冲突都有可能发生。

战略发展动态

我们需要认识到影响现代海军建立的两大重要发展动态。第一个发展动态与冷战的结束有关,西方联盟与苏联之间的海上战略较量的结束,标志着西方海上能力对一系列"重要联盟"的大陆力量进行平衡的时代结束了。这种

① 大概始于 1816 年奴隶问题引发的阿尔及尔英荷战争时期。此类行动通常是为实现帝国主义目的(如 1900 年对中国的干预和 1903 年对委内瑞拉共和国的封锁),但有时也为实现赈灾目的。《19 世纪至 20 世纪早期皇家海军行动的编年史》,见《皇家海军列表》或《英国海军海军名人录》,1917 年 1 月;后来重新以《海军名人录 1917》出版,萨福克海沃德出版,1981 年,第211—217 页。

② 肯·布斯:《海军和外交政策》,伦敦克鲁姆海尔姆出版社,1977 年,第 16 页。

平衡表现在能够通过海洋运送援军和资源,主要但不限于北美和西欧之间。西方联盟的海军部队主要致力于海上交通运输的保护,因此主要用来控制海洋,而不是执行武力投放行动。① 尽管冷战末期国防财政支出减少,但西方国家发现自己拥有的不受约束的军事能力,是前所未有的,尤其是海军的实力,这使得他们能够利用海军来应对这个日益复杂、不稳定和多极化的世界所带来的新问题。

"军事革命"

这个进程受到第二个发展动态的推动,即有时被称为"军事革命"的技术突破性进步。其中,许多技术进步不仅包括远程导弹和增程弹药,还包括通过登陆舰艇和倾转旋翼机有效地将两栖军队部署在海岸的效率的提高。此外,指挥、控制、交通、计算机和情报以及监控和侦察等方面的巨大进步能够使海军部队的"作战空间意识"增强,从而发挥作用。②

沿海地区的军事行动

上述发展变化的结果是,许多海军的重心开始从海洋控制转向沿海地区③行动和危机处理时海军的运用。美国海军在1992年公布了《从海上开始》④等一系列政府文书,制定了本国新的海上条令,其他的西方海军也采取了同样的做法,英国皇家海军1999年的条令《英国海上条令》1806期便是证明。⑤ 值得注意的是,该种调整发生在海军规模不同的国家,如荷兰最近刚刚建造一艘大型登陆舰,而且正在计划再建造一艘,西班牙也正在建造自己的登陆舰,德国则为应对危机正在建造多功能勤务舰。⑥ 关注危机处理的并不仅

① 见科林·格雷:《现代战略》,牛津大学出版社,1999年,第218—219页。

② 见诺曼·弗里德曼:《海上力量和空间》,美国海军学会出版社,马里兰安纳波利斯,1999年。

③ 此处的"沿海地区"定义为:临近海岸、易受内地的影响或支持的地区,以及临近内陆、易受海上影响或支持的地区。《澳大利亚海上条令》,第154页。

④ 《从海上开始:使海军为21世纪做好准备》,美国海军,华盛顿出版,1992年。

⑤ 最近英国战略思维转向远征行动方向,把1999年版的《英国海上条令》与早期1995年的《英国海军条令的基本原则》1806期对比,这一点尤其明显。

⑥ 理查德·夏普编:《简氏世界舰船(2000—2001)》,伦敦,2000年,第471、639、257页。

仅局限于西方国家,尤其值得注意的是,日本海上自卫队已经启动一个项目,建造一艘本国空前强大的装载登陆舰的多功能直升机,旨在协助执行赈灾及其相关任务。泰国早在几年前就委托建造一艘轻型航母以实现同样的目的。①

然而,各国海军,包括亚太地区,普遍都面临着问题,尤其是对海上控制能力需求减小的程度问题。甚至对欧洲各国海军来说,不受海上挑战的事态也只是一种战略事实,并不可能永远持续下去。我们这个地区有许多国家的海军能力和空军能力都很强大,不过有一种观点是十分不明智的,即无论战略形势如何,亚太地区海洋控制的前提准备条件都会存在。因此,如果地区中等规模海军希望增强处理危机的能力,就必须在对其他地区角色不造成损害的同时来实现该目标。

中等规模海军需要做什么?

亚太地区中等规模海军在走向 21 世纪的同时,需要回答许多问题。虽然对该地区情况各异的海军组织来说,规定性的描述面临明显的风险,但仍然需要指出几个必须作出相应决定的关键方面。

行动自主权

第一个是自主权问题,分为两部分。一部分指相对于一支海军与其他海军行动的融合程度来说,该海军所要求的行动自主权的程度如何。这常常通过正式联盟机制来实现,但有一点很重要,即一定程度的潜在融合可以通过联盟之外的合作来实现,在国家利益的维护需要该国以某种形式参与一个专门联盟这样的紧急情况下,这种潜在融合对政府来说将是一笔宝贵的财富。很明显,实现这种潜在融合需要海军付出一定的代价,该代价不是政治承诺,而是向国际合作任务(而不是特殊的国家任务)调拨资源的能力。

另一方面,合作还能最大限度上帮助国际合作者设定行动效率的参照系,

---

① 理查德·夏普编:《简氏世界舰船(2000—2001)》,伦敦,2000 年,第 379、689 页。

并维持行动效率,达到必要的标准。大规模多边演习的合作能够在打击目标和抵抗反对势力时产生规模效益,而单独的国家力量却无法应对。通过接触不同的思维、新颖的想法和不寻常的设备,可以避免随波逐流和群体思维。海军的繁荣强大通常离不开合作,正如许多其他复杂的组织和职业那样,海军需要世界之窗来时刻跟随时代的步伐,保持执行任务的高效率。

基础设施自主权

第二个问题指一支中等规模海军应该追求的基础设施自主权的程度。只有美国海军敢于尝试站在海军各方面发展的前沿,但即便美国也有过失败的经历。中等规模海军必须在基础设施方面作出明确的决定:是自身创建独特的体系和平台,还是借用别国努力的成果。这不仅是在一定程度上进行合作的各民族国家共有的建立联盟和维护利益方面的问题,还是一个高度复杂的问题,牵涉到国内产业、技术转让,尤其是可靠且有效的永久性支持等各方面。然而,很明显,没有哪个中等海洋国家能够担负起海战中海军所有的费用,而且如果希望本国的预算支出得到合理的使用,该国也不应该作任何这方面的尝试。

力量平衡

接下来的一个重要问题是在高层力量和低层力量之间达到一种平衡。关于这方面,布斯教授提出了海洋利用三角形这个概念,对该话题进行了清晰的思考。从根本上来讲,海军是由其作战能力定义的,因此其主要精力也应该放在作战领域,但条件是要时刻牢记军事、外交和保卫这三方面的能力需求。

满足监控和执行,尤其是保卫职责方面国家安全的各项要求,及国家需求实现的问题,是一个需要国家作出决定的问题,而仅仅海军是难以单独在这些问题上作出决定。然而,无论采取何种方式,海军必须紧密参与其中,问题解决方案需要国家作出统一、系统和全面的努力。如果该解决方案给予海军在监控和执行方面以首要地位,承担主要责任,那么部队结构必须在不损害作战力量的同时实施相关行动。

另一方面,即使该解决方案是各海岸警卫队提出的,即使他们发挥的是完全不受海军或军事控制的组织功能,中等规模海军和海上航空部队仍然能够起到很大作用,如协助行使监控职能。此外,在遇到更加复杂或高难度的行动时,尤其是需要部署大量强制力时,他们还能够提供"撤退"力量。

因此,无论本身所处形势如何,海军都需要保持监控和执行方面的高度意识,并具有相关专业技能,同时认真对待其保卫职责。所以,就部队结构来讲,可靠的海上监控能力在当今和将来都是高效率中等规模海军不可或缺的要素,而且无论在正常或者冲突情况下,监控都应该是海军行动的一个重要部分。

实现平衡舰队

从本文提出的论点可以看出,当今世界一个显著特点就是复杂,无论就战略性要求来讲,还是就满足国家需求而发展起来的方法和结构来讲,都是如此。中等规模海军的重要目标一直都是在各职责能力中实现平衡,在这个复杂的时代,海军还需要把"平衡舰队"这个概念置于其思想的核心地位。

应对的平衡

这个意义上的平衡有两层含义,而且这两层含义对中等规模海军都很重要。第一层含义指应对突然出现的威胁,这层含义对海军来说由来已久,而且在当今时代更需要被理解,许多研究者对"非对称威胁"的强调仿佛在表示这些威胁在过去是不存在的。不,这些威胁一直存在。在当代,约 100 年前,首次出现了水雷、潜艇等海上非对称威胁,[1]"平衡舰队"这个词语就是在采取必要的应对措施过程中发展起来的。通过综合利用小型艇、探测艇、大型军舰及后来的航空器,海洋国家在保持其海洋控制能力的同时,也能够使威胁降低到一定程度,从而实现本国的目标。

平衡舰队这个概念仍是中等规模海军制订兵力计划的核心元素,因为如果不能实现各职责间的平衡,海军及其国家就容易受到海上非对称威胁的伤害。本文已经讨论了在冲突强度比较低时进行综合兵力保护的要求,这是一

---

① 见郑墨田:《维护制海权:财政、技术及英国海军政策(1889—1914)》,波士顿恩文·海曼出版社,1989 年;尼古拉斯·兰伯特:《约翰爵士费舍尔的海军革命》,南加州大学,1999 年。

个很好的开头,指出了中等规模海军可能需要具备的能力,因为兵力保护行动反映了具有更广意义的"海上保护行动",如保护商船、港口、海岸、近海设施和航道等免遭水雷及其他海上袭击。这体现了所需行动清晰的层级关系。扫雷装置对中等规模海军必不可少,前面提到海上监控很重要,此外还需要一个恰当的海上指挥、控制和交通系统。

中等规模海军作战法则中的其他行动取决于其战略性需求。如果需要实施海上阻绝行动,那么拥有一支水下部队就是第一要素,中型水面战舰对进行海上控制和支持海上武力投放也具有至关重要的作用。值得注意的是,无线电制造商协会的某些产品,尤其是无人驾驶飞行器和中口径机枪发射的增程弹药能够使中型水面战舰在向陆地进行武力投放时发挥前所未有的作用。

行动的平衡

现在可以谈一下平衡的第二层含义,这层含义的平衡能够应对突发状况,使得国家政府不仅能够作出应对,还能采取行动。中等规模海军必须能够为国家政府作出上述反应提供最大限度的可能性。以上所讨论的许多要素都能够提供各种可能性,但是在中等海洋大国及当今国际秩序不稳定甚至充满危险的世界背景下,拥有两栖部队和勤务舰船显然能够带来更多的好处。同样重要的是陆军部队,因为他们拥有在海上行动所必需的设备和专业技能。

大部分中等海洋大国不大可能拥有在高强度冲突地区实施这些行动的资源,除非他们建立合作联盟。然而,如果有能力在不需要先进设备的情况下运送人力资源、交通设备和后勤物资,就为建设性地应对突发状况提供了许多可能性。没有哪个国家可以免遭自然灾害的影响,一旦发生自然灾害,海运可能是实施救灾工作的唯一途径,尤其是在我们这个地区。此外,海洋地区的维和行动对海上要素也具有很大的需求。

合作行动

对于海军来说,无论就其威胁还是行动而言,平衡这个概念还固有另一层含义,即越来越需要与其他国家军队合作,共同采取有效行动。中等海洋大国不能继续以往独自行动的做法,因为当今的事实就是国家强大的能力越来越依赖所有战斗部队的有效合作。几乎没有中等规模海军可以独自长期胜任防空任务,即使他们可以胜任,通过舰载飞机与陆军部队的恰当合作,他们的表现也会得到大幅度提高。任何中等规模海军都不可能在不考虑使用巡逻舰的情况下实施海洋控制行动。几乎没有中等规模海军可以独自维持自身的海上力量,即使它们可以,它们也仍然需要与陆军和空军部队建立密切的合作关系。中等规模海军靠自身力量无法完成的任务还有很多,不胜枚举。

掌握前沿技术

最后这一点仍然是和平衡这个问题有关,海军很难决定在什么情况下要引进最新技术。他们往往会陷入一个境地,即过度消耗财力和人力资源来维护旧的或过时的平台及装备。另一方面,在引进新技术的巨额成本超出了预算的情况下,他们却没有可以使用的平台和装备。对中等规模或小规模海军来说,某项任务完成得很糟糕有时候比根本无法完成更好①。试金石有以下两个方面:第一,现有技术能力,无论多么有限,是对国家利益至关重要、而且无法被替代的吗? 第二,现有技术的维护是不以其他更有用的技术为代价的吗? 海军很容易落入一个陷阱,即把大量资源投入一方面,而忽略了其他同样重要的方面。如果现有技术通过了上述测验,那就可以进行保留。

结语

本文概述了中等规模海军的现状,并分析了其未来可能面临的挑战,主要结论就是中等规模海军要一如既往,培养和保持尽可能广泛的能力,提供应对海上威胁所需要的平衡,并为政府提供尽可能多的选择余地。中等规模海军需要在自主程度与同其他国家和海军合作来获得并保持自身能力之间作出艰

---

① 此论点见该作者《没有简单的答案:印度、巴基斯坦、孟加拉国及斯里兰卡国家海军发展(1945—1992)》,第201—202页。

难而合理的决定,他们需要与空军和陆军紧密合作,以最有效地保卫国家安全。最重要的是,他们需要理解自身及其所处的形势,而且要比过去任何时候都要更加清晰地向自己和他人描述其所扮演的角色。

第二章　当代海洋战略中
的若干重要问题

第一节　21世纪海洋战略的新挑战：海盗①

　　"我们正要驶进安哥拉纳米贝港口,这是一个海盗事件多发地带,因为海洋与港口直接相连,所以码头内的船只随海水上下晃动比较厉害,这就意味着必须快速地把每艘船拴牢。我们刚到码头,还没来得及把船停稳,一些武装士兵就登上了我们的货船。这些士兵约14—16岁的样子,领头的是一个三十多岁的男人,他们拿着枪及手携武器。全体船员陷入一片混乱中,有人说由于海浪的原因,船还未安全停靠,但他们根本不理会。他们检查全体船员的名册及文件,要求每位船员在两个士兵的陪同下进入自己的房间,对房间进行检查,这花费了好久才完成。领头的人声称他们是在寻找诸如钻石这样的走私品,但是有谁会从法国走私钻石到安哥拉去呢? 实际上,检查房间的士兵要的是收音机、毛巾、肥皂等东西。说了一大堆后,最终我给了他们一块肥皂和一条毛巾。在此期间,船移出很远,无法安全停靠。几个小时后,那些武装士兵下了船,这时候我们才能够采取行动。"

　　这是海军少校罗伊斯乔的描述,他在1993年加入德国海军之前曾在一艘货船上任海上军官。

　　另外一个最近的事件是轮船 MV AL HUFOOF 1 的失踪,该艘船是在2000

---

　　① 作者:维尔弗雷德·A.赫尔曼。

年9月11日从阿联酋港市沙迦去往厄立特里亚的马萨瓦途中失踪的。船员将该船重新命名为MV HONG HEING,然后驶往越南,在越南卖掉货物(蔗糖和小麦)。国际海事局追踪到了该船的行踪,并于2001年1月定位该船在越南胡志明市。越南当局得到国际海事局传来的消息后,在胡志明市港口找到了该船,并抓获了全体船员。

地理背景

根据国际海事局在2000年发布的有关海盗活动的报告,当年在全球范围内一共发生了469起海盗抢劫活动,与1999年的300起相比上升了56%,而这些海盗活动的中心是亚洲地区,该地区印度尼西亚(119起)、马六甲海峡(75起)、孟加拉国(55起)、印度(35起)及马来西亚(21起)占所有海盗活动的相当一部分,而厄瓜多尔(13起)、红海(13起)及尼日利亚(9起)则是海盗活动的次中心。① 2001年的统计数据显示,海盗相关活动从161起(2000年上半年)增加至165起(2001年上半年)。②

值得一提的是,马六甲海峡以及其周边海域(安达曼海、南海、印度尼西亚海域)被看作是沟通印度洋和太平洋的海上交通线的咽喉要道,马六甲海峡每天的行船密度是500,是世界上最高的,日本约75%的油品供应、亚非贸易的绝大部分以及亚洲与欧盟间贸易的一大部分都是通过东南亚海上交通线实现的。因此,这一地区也成为海盗行动高发的区域。③

另外,亚洲地区的水域状况也有利于海盗行为的发生。以狭窄的马六甲海峡为例,船只行至该段时,需要大量船员专注于航行,即要求船员把精力高度集中于航行方面。但现代的商船通常船员数量较少,因此几乎没有

---

① 见国际海事局:《海盗及持械抢劫船只——2000年12月31日年报1》,伦敦,2001年,第78页。

② 见《海盗行为虽印尼海域的受重视而增长》,曼谷邮报,2001年8月,第5页。

③ 见埃里克·埃伦:《世界海盗》,维尔弗雷德·A.赫尔曼:《亚洲面临的安全挑战》,纽约,1998年,第59—65页。

船员能够顾及船尾,船尾是海盗最常袭击的部分。此外,印尼和菲律宾众多的岛屿也为海盗提供了进行靠近和隐藏的绝佳地理位置,而一些亚洲国家的海军和海岸警卫队不具备控制本国长长的海岸线的能力,或几乎不对其进行监控,结果就是一些国家尽管设法增强本国海岸保卫队的能力,并购买或计划购买近海巡逻舰、护卫舰或轻巡洋舰,他们仍然远远无法保证本国水域的"海上安全"。

因此,在过去的几年中,该地区海盗袭击事件出现了快速增长,沿海国家需要尽快采取有效措施以应对这一威胁。同样,那些不属于该被袭击地区的海上贸易大国也应该对打击海盗贡献一份力量。否则,优越的地理环境,加上国内法律标准很可能不太适当、许多情况下海军装备不充分、国家执法机构能力差等因素,将为海盗创造一个舒适的"天堂"。

法律上的挑战:定义

几乎从有航海行动开始,海盗就产生了,在那一时期"航海者"与"海盗"几乎是没有区别的。武力掌控货物和船只的法律阐释基本上与和平的货物交易是属于同一道德层面的,西塞罗曾称海盗为"人类的敌人"。

到了14世纪,首次出现了海盗行为与官方许可的分化,海盗则被定义为在未得到官方许可的情况下对船只的袭击。

另一种是"合法化"或是"由国家支持的"海盗,他们凭借国家的许可,以袭击船只为国家委派的任务,如德雷克爵士。后来,越来越多的"合法化海盗"为一己之私利而对中立国船舶进行袭击。因此,这种所谓"合法的海盗"在1856年被废除,法国海洋法指出海盗就是罪犯。

如今,国际联合打击海盗行动面临的一个最大挑战就是明确一个可以被世界各国普遍接受的"海盗"定义。这一定义可以为受海盗行为影响的国家提供一个执法构架,还可以提高政府的意识,将消息传达给民众。因此,这些国家的海岸警卫队、海军和执法机构将能够采取打击海盗行为的有效措施,并赢得大多数民众的支持。正是由于这个原因,许多国际法律专家为明确这一定义而努力,但目前还尚未确定一个被普遍接受的定义。① 不过,现在已经有了一些对海盗在广义上的界定,可以在 1958 年日内瓦公海公约第 15 条、1982 年的联合国海洋法公约(第三次会议)第 101 条、1988 年镇压非法行为公约第 3 条给出了广义上的定义。根据第三次会议决议的联合国海洋法公约第 101 条,海盗可以定义如下:

(a)私人船舶或私人飞机的船员、机组成员或乘客为私人目的,对下列对象所从事的任何非法的暴力或扣留行为,或任何掠夺行为:

(i)在公海上对另一船舶或飞机,或对另一船舶或飞机上的人或财物;

(ii)在任何国家管辖范围以外的地方对船舶、飞机、人或财物;

(b)明知船舶或飞机成为海盗船舶或飞机的事实,而自愿参加其活动的任何行为;

(c)教唆或故意便利(a)或(b)项所述行为的任何行为。

为了便于统计,国际海事局的专家对海盗作如下定义:

以实施盗窃或其他犯罪行动为目的、而且有打算或有能力通过武力推动该行为的登船或试图登船行为。②

通过仔细研究可以发现,从法律角度来说,上述对海盗的定义都存在一些重要问题,即:

• 第三次会议决议的联合国海洋法公约中的定义没有包含沿海国家水域内发生的海盗行为;

• 第三次会议决议的联合国海洋法公约中的定义强调海盗行为以"私人利益为目的",这没有包含政治鼓动或国家支持的海盗袭击行为;

• 国际海事局专家给出的定义有助于对发生案例进行报道,但在有些专家看来,该定义在有关执法行为方面还有欠缺;

• 亚洲大多数沿海国家并不具有针对海盗的国家法律。

---

① 关于定义问题的详细讨论见塞缪尔·梅妮非:《超过界线?海上暴力、海盗、定义和国际法》,文章公布于 2001 年 3 月曼谷举行的以打击海盗和海上持械抢劫为主题的国际会议上,会议赞助方为日本冈崎研究所,是日本与东南亚海洋法、海洋政策和管理项目组共同举办。

② 见梅妮非上述文章第 6 页。

为了应对海盗的威胁,上述重要问题需要尽快得到解决,因为这是制定国际公认的规则,来打击海盗行为的重要步骤。但目前,实现这一目标还有很长的路要走,许多国家对海盗和打击海盗行为的措施的看法仍然没有达成一致。

海盗的等级

根据海盗行为的强度和后果,国际专家把海盗行为分为以下三类:

● 低级持械抢劫行为,包括海盗利用小船进行的小规模袭击行为,使用空发武器或小型手持武器的袭击行为,以船舶保险箱中的金钱或者船员私人物品为目的。这些海盗采取的策略通常是"袭击—抢劫—逃跑",一般来讲船员很少遭受严重伤亡。

● 中级武装袭击和抢劫行为,包括组织性强甚至规模宏大的持械匪帮的袭击行为,以部分货物及船舶保险箱中的金钱为目的。该等级的海盗袭击行为强度更高,在最近几年导致船员伤亡的数量在增加。

● 重大刑事抢劫行为,利用强火力军械(如冲锋枪、燃烧弹、反坦克火箭发射器)进行袭击的行为,有时得到国际或地区组织性强的匪帮或一部分组织性罪犯团伙的协助(未来趋势的暗示),以全部货物或劫持船舶为目的。该等级的袭击行为造成了船员伤亡数量的急剧增长。

现在,海盗袭击常利用小型快艇,从船尾接近袭击目标。另一种方式则是把两艘小船用绳索连接起来,慢慢接近大型船只然后发起突然袭击。由于海盗所用船只都比较窄,而且都是由塑料或木材制成,雷达很难发现他们。同时,商船警戒海盗的位置高出海平面30—40米,所以警戒员很难看到海盗的船。在接近船只后,海盗(通常携带武器)会利用抓钩登陆甲板,并且挟持船员为人质以更好地控制船只。正如在许多海盗袭击活动中那样,船员将被捆绑并锁起来,而船长或军官将被迫打开保险箱,交出里面的钱及其他珍贵物品,然后海盗会破坏船上的无线电通讯设备然后离开船只,而船员必须解开自己的捆绑物才能驾驶或控制船只。而在此之前,船只将在无人驾驶的情况下按正常速度行驶。目前,船员都在事故发生前及时控制船只,如果被袭击船只刚好是油轮或装载的是化学物品,那么事故就可能导致损毁、受伤、死亡甚至生态灾难。

打击海盗的努力

通过对海盗行动的分析,我们必须在制定预防政策或对策时考虑到以下几个重要的方面:

1.许多商船的法律身份是复杂的:一艘船可能由欧洲或日本公司所有,却挂着利比亚或巴拿马的旗帜;也可能其船员是菲律宾人或印度尼西亚人,而其军官则来自欧洲或印度。带来的问题就是,当船只遭受海盗袭击的时候,谁能提供帮助(根据国际法规定,只有商船所悬挂旗帜的国家的海军有权进行合法干涉)。

2.国际海事局年报显示,海盗袭击通常发生在港口管理部门管辖之外的区域,但却仍属一沿海国家的海域之内。而根据法律规定,港口管理部门是不允许帮助或支持在港口管辖范围之外的船只的(如在新加坡港口管辖范围外遭受海盗袭击的船只)。

3.现代商船的船员数量通常较小(约15—20人),这就使得他们很难在驾驶船只的同时做好打击海盗的保卫工作。

4.近年来对船员造成伤害的暴力行为显著增加,许多船员在公海上被杀害或是被弃在海上。

5.很难追踪到被海盗劫持的船只,因为他们通常都立即给船重新刷上油漆,并重新命名。

6.追捕海盗船要求以下几点:沿海国家法律体系的建立、各国海岸警卫队或海军联合行动及国际合作。但目前只有少数的亚洲国家做到了这几点,如印度1957年的海军条例和泰国1991年的海盗法案等国家法律,这使得这些国家能够采取有效措施对海盗进行打击。

因此,从根本上来说,打击海盗的方法需要覆盖三个基本领域:政治方面,实际需求以及科技的运用。这个覆盖三方面的打击方法体现在1999年的阿兰卓彩虹号船的事件中。一艘日本船只在 1999 年 10 月 22 日被海盗劫持,接着在 1999 年 11 月 16 日由印度海军抓获。该船被劫持后,其船员被弃于一辆救生艇上,随后被泰国渔民搭救。后来证实,船上货物在菲律宾被出售。国际海事局追踪到该船正驶向阿联酋,于是与日本海事安全署及海岸警卫队密切合作,并请求印度海岸警卫队和印度海军进行援助。印度海岸警卫队用飞机和舰船追赶该船,遗憾的是印度海岸警卫队的舰船不具备现代化设备,而只有一些小型枪支,没有装备现代化的船只上所具备的武器。他们设法停止阿兰卓彩虹号船,却没有成功。刚好出现在附近的印度轻型巡洋舰开始追赶该货船,并要求海盗停船,在遭到拒绝后,该巡洋舰开枪射击,从而迫使海盗不得不停止航行。最终,阿兰卓彩虹号船被抓获,船上的 15 位印度尼西亚船员被逮捕,并被移交至印度执法机构。根据印度 1957 年的印度海军法案,执法机构依法判处其罪行,目前他们被关在印度监狱中。①

政治途径

利用政治手段来打击海盗行为,需要分清地区背景下的国际机制、多边或双边机制与国家手段的区别。打击海盗的广泛提议多次被提及,如 1997 年在巴黎举办的法国海军研讨会②,1998 年罗马公约③的执行,日本自 1999 年有关打击地区海盗行为的提议④,以及在亚洲举行的许多官方

---

①　阿兰卓彩虹号船的详细描述见川村:《打击海盗和持械抢劫的地区合作》,该文章公布于 2001 年 3 月曼谷举行的以打击海盗和海上持械抢劫为主题的国际会议上。
②　在该会议上的文章和论点发表在 1997 年 7 月巴黎的卷宗《今日武装》中。
③　1998 年国际海事局罗马公约制止海上恐怖主义协议,允许被涉及的国家在国内法律的依据下对海盗进行判罪、逮捕和惩罚。如果有的国家相关法律不完善,那么海盗将被引渡至受影响的国家(即船只所有国或船上旗帜所有国),并接受判罪和惩罚。截至 2001 年 5 月,亚洲只有三个国家在该公约协议上签字,即印度、日本和中国。
④　在 1999 年马尼拉东盟峰会上,日本当时的总理小渊惠呼吁紧密合作来打击海盗和海上持械抢劫行为。关于该议题的后续会议于 2000 年 4 月在东京召开(会议成果:制定了打击该地区海盗行为的《示范行动计划方案》,允许日本海上安全署,即日本海岸自卫队参与打击地区海盗袭击行为)。

会议①和非官方会议②等等。2000 年 10 月东盟地区论坛孟买会议汇集了来自亚洲、美国和欧盟的防御和海军专家,将广泛的国际努力与地区努力连接起来。

这一系列会议的主要议题是提高区域内的合作力度,以保障几乎影响到所有国家经济发展和国家繁荣的海上航线的安全。来自欧洲的专家着重指出,东南亚和南亚地区的沿海国家在保护海上交通线上缺乏合作,并且强烈呼吁加强这一区域内各国的海上合作。这一要求可能会促使建立一个类似于欧洲跨国海军的多边合作或是北约海军一体化的多边海上合作机制,但是欧洲专家也清楚,在亚洲自古都存在着许多阻碍区域军事合作的因素。德国海军中将弗兰克认为,打击海盗和走私活动或许会成为建立此种地区合作机制的黏合剂。③

在新加坡举行的亚洲国际海事防务展(IMDEX)上,日本海上自卫队的英昭金田中将也倡导建立亚洲区域内海上合作共同体,以保证海上航行自由。而第一步是要成立一个与西太平洋海军论坛一致的海军咨询机构,该论坛汇集了来自太平洋地区的 17 个国家的海军元首,印度、法国和加拿大为观察员。一个类似的有欧洲和美国参与的亚洲咨询机构的成立,可以在和平时期明确海上安全问题并制定相关对策,还能在处理地区危机时发挥作用④。他同时

---

① 例如 1999 年 9 月马六甲海峡发生船只被劫持(即阿兰卓彩虹号船事件)后,2000 年东京举行会议,日本海上安全署,即日本海岸自卫队提出与东南亚国家的海军进行联合巡逻;1998 年以军事互信机制为主题的东盟地区论坛和 1999 年以打击海盗的合作行动为主题的东盟地区论坛;2000 年 10 月于孟买举行的东盟地区论坛会议。

② 例如印尼发起的"南海工作坊"及相关的专家会议。海盗在一定程度上受到了亚太安全合作理事会海上合作工作坊中的亚太安全合作理事会的关注,该工作坊努力制定出区域"海上合作指导方针"。另一个重要机构是西太平洋海军论坛,太平洋地区海军将领定期在该论坛会晤来解决实际问题。此外,2001 年日本冈崎研究所赞助的、于曼谷举行的会议。更多相关活动见斯坦利·拜伦:《海盗问题和合作应对措施》,该文章公布于 2001 年 3 月于曼谷举行的以打击海盗和海上持械抢劫为主题的国际会议上。

③ 见汉斯·弗兰克:《海上交通线的重要性》,舒尔茨、赫尔曼、塞勒编:《亚洲海洋战略》,曼谷莲花出版社,2001 年,第 2.3 节。

④ 金田中将所提建议的详情见《海上军事联盟之建议》,曼谷邮报,2001 年 3 月;以金田中将:《新时代日本海上战略》,舒尔茨、赫尔曼、塞勒编:《亚洲海洋战略》,曼谷莲花出版社,2001 年,第 5.3 节。

建议建立一支以区域海洋警察部队为核心的区域打击海盗部队。

这些建议是从长远角度来说的,很难减轻该地区国家之间的不信任情况,这影响到东盟国家彼此的合作关系,以及包括印度、日本和中国在内的亚区域合作。由于美国的想法并不总是能够得到亚洲国家的认同,因而其影响力是有限的。而在政治方面,欧盟可以扮演一个催化剂的角色,国际海事组织的总部在伦敦,欧盟在政治层面能够制定多种法案。例如,欧盟是东盟地区论坛的参与方,是东盟年会的对话伙伴,所以欧盟成员国希望打击海盗能够成为东盟地区论坛和东盟年会的重要议题。此外,欧盟还借助 2000 年首尔举行的亚欧会议来宣传打击海盗的思想。欧盟官员希望能够加强资深官员会议上的讨论,以使官方会议更有成效。总之,欧盟代表最近已经表示要更多地参与到打击海盗行为的对策中,来提高商船队的航行条件。他们给予了法律建议,以及技术和财力方面的支持,因为他们无法像 1993 年俄罗斯海军那样在该地区部署永久性的海上巡逻舰。自 1997 年以来,巴黎的西欧联盟安全研究所就一直在考虑为西欧联盟区域外的欧洲军舰执行任务而签订专门协议,该协议的制定会参考其他双边专门协议,如 20 世纪 90 年代中期为打击加勒比海域的毒品走私行为,意大利与加勒比国家联盟签署的双边专门协议。在 1997 年巴黎举行的国际论坛上,西欧联盟安全研究所的阿里桑德罗·波利蒂对上述想法进行了讨论,但到目前该想法在政治层面上还尚未被接受。然而,欧盟将来可能会成为打击亚洲海域海盗行为的可靠伙伴,那些沿海国家及商业大国,如美国和日本,也会受到影响。

除了广泛的国际行动外,在东南亚地区也存在着许多旨在打击海盗的双边合作。1992 年 7 月,新加坡与印度尼西亚建立了一条直接连接两国的成熟的交通线,为两国海军及时交流海盗信息及共同在受威胁地区采取海上联合巡逻等行动创造了机会。① 此外,1993 年印尼与马来西亚海上行动计划小组建立合作关系,在马六甲海峡区域进行联合巡逻。② 此外,印尼、马来西亚和

① 见迈克尔·理查森:《镇压海盗行为》,自《亚太防务报道者》,1992 年 10 月—11 月,第 34 页;《解决海盗问题联合声明》,自《南华早报》,1992 年 7 月 30 日。

② 见《关于应对海峡问题的机构的谈话》,自《南华早报》,1993 年 2 月 3 日。

新加坡三国在 1993 年签订协议,为需要安全协助的船舶提供武装警察部队进行援助;继 1967 年签订的打击走私的合作协议后,马来西亚与菲律宾于 1995 年签订了进行海上边界联合巡逻的第二议定书;印尼与菲律宾于 1975 年签订了《边界巡逻协议》,两国联络官可进行交流;泰国与越南于 1997 年执行海上联合巡逻协议,使海盗袭击活动得以减少。

但是,亚洲地区打击海盗行动的多边合作仍然面临着严峻的政治障碍。例如缅甸受到美国和欧盟的制裁,这给它与东盟国家达成双边协议及从中国之外的其他国家获得打击海盗所需求的必要装备方面都带来了困难,任何决策者或武器制造公司与此相对的行动都会立即遭受到强烈的国际政治压力。

因此,如果一个像缅甸这样的国家"被遗弃",却又有着漫长的海岸线和与马六甲海峡相关的重要战略位置,不被包括在国际合作之内,那么区域内共同打击海盗将会变得非常困难。然而,在东盟背景下建立双边或多边协议可以在东盟对缅甸实施"建设性合作政策"的情况下提供一个可能的解决方案。在此基础上,东盟个国家与缅甸建立更紧密海上合作关系就有可能实现。从长远来看,缅甸面对的国际社会压力会有所降低,而且国际社会还可能建立友好关系,并进行深度的融合。

尽管国际打击海盗行为似乎取得了一些进展,但各国的法律仍然是一个令人关注的问题。在东南亚和印度洋受海盗影响的地区,以及在东亚水域,只有少数的国家对于打击海盗有着明确的法律规定,如泰国(1991 年《海盗法案》)、印度(1957 年《海军条例》)和中国。其他国家尚未制定任何打击海盗的法律,也没有在 1998 年罗马公约制止海上恐怖主义协议上签字(亚洲国家中签字的只有印度、日本和中国)。结果就是,由于某些国家没有给海盗定罪的法律规定,所以一个国家的海军、海岸警卫队或海上警察打击海盗袭击方面面临严重的困难。如果没有相关法律规定,想要救回被劫持的船舶几乎是不可能的;而且即便海盗被执法机构抓获,不久之后他们仍然会得以逃脱。此外,如果没有国内的法律规定和国际认可的海盗定义,各国签订的允许进入邻近海域追捕海盗的双边协议就无法得到执行。为了避免给海盗创造安全的港湾,必须加快步伐,建立广泛的国际合作,共同打击海盗袭击行为。

实际行动

要分析打击海盗行动的实际需求,有必要考虑一下目前亚洲地区国家的总体战略背景。在目前的状况下,大多数亚洲的专家和政治家都认为亚洲国家发生海上冲突的可能性比较低(南海地区除外),因此,亚洲沿海国家中,大多数都没有制定详细的包括"非战争军事行动"这一新领域的国家海洋战略。而这些国家的国内形势使情况更加复杂化:有的国家有海上警察,却没有海岸警卫队;有的国家有海岸警卫队,却没有海上警察;有些国家的海关参与到海上交通线的保护工作中,而大多数国家的海军却并不执行追赶海盗船或毒品走私船等警察职责。此外,各参与方所采用的不同技术的装备使情况进一步复杂化,如前面提到的阿兰卓彩虹号货船事件。

1997 年,在巴黎举行的国际研讨会上讨论了这些复杂的问题,法国海军上校查理斯·列斐伏尔长官事先邀请了来自法国、欧洲、非洲和亚洲的专家代表前来参加讨论,还邀请了处理海事的各方,如海岸警卫队、海关、海上警察和海军等。讨论目的是明确保证海上航线安全需要哪些合作行动,主要包括信息和情报交流,及第二阶段的联合训练。行动分为国家层面的和国际层面的,其中国家层面的行动面临着以下障碍:

- 不具备法律框架及合作机构,如执行任务所需求的联合指挥部;①
- 国家机构或海军对相关资料收集、加工及评估所用设备的层次不一,或根本不具备相关设备,如缺乏适当的监控系统或沟通方式;
- 实施行动所采取的装备存在质量差异,如船(海岸警卫队、海上警察、海关)、舰(海军)及 C-4-I 装备的质量差异;
- 缺乏对打击海盗的各方人员的了解和训练;
- 缺乏联合训练,如海军联合海岸警卫队,或海军联合海上警察;

---

① 虽然每个国家都具有"国家安全机构",但一些专家认为这些机构无法进行合作,因为它们的工作主要是战略层面的。于是就缺乏操作层面的联合总部,许多国家的情况是对军事机构的领导地位表示怀疑,或者军事机构不愿从属于海岸警卫队或警察控制。

● 后勤方面的问题,毕竟许多国家尚未实行外包政策;

● 资金的缺乏,在可预见的未来,这将对亚洲大多数国家的观念、购买行为和维护活动产生影响。

国际合作层面也同样会遇到上述障碍,而且会更加复杂,因为该层面的双边或多边合作行动需要更加复杂的训练和更加先进的装备。

从积极的角度来看,目前绝大多数的亚洲国家已经认识到,改变以往对合作行动的态度是有必要的,还认识到制定一个法律框架来作为打击海盗行为的基础是有必要的。印度(1957 年印度制定《海军条例》,实现海岸警卫队与海军间共同行动)和泰国(1991 年《海盗法案》,实现海军与海上警察或海关共同行动)是其他国家效仿的榜样。印尼正在考虑实现海军、海上警察、移民署和海关之间在国家层面更紧密的合作,而且希望建立一个更强大的海上监控系统,并提高海岸雷达站和信息处理中心的能力。但是,由于预算方面的限制,这些体统的改善、实施将会需要很久才能实现。① 邻国菲律宾正在设法弥补本国 1998 年军事结构的变化,当时海岸警卫队从国家军事机构脱离出来,在内政部的支持下成立了自己的部队。然而,1998 年国防政策文件采用了综合性安全方法,并纳入了 1999 年国家安全战略中,该方法重点在于保护海上交通线,包括海上监控及对非法侵犯和犯罪行为的应对②。

世界上主要的商业国家,如美国、欧盟和日本,认识到有必要提供资金并支持联合训练、制定法律框架及购买技术装备。美国和欧盟正在向地区法律制定者给予支持,并提供相关装备。中国也向打击海盗联盟贡献自己的力量,给孟加拉国提供了军舰和通讯设备,这将增强孟加拉国海军与新成立的海岸警卫队共同打击海盗的合作关系。日本海上安全署与亚洲沿海国家建立了双边合作关系,与印度和新加坡建立了三边合作关系。

这些发展态势虽然提升了各国打击海盗的信心,但这些仍然只是实现完

---

① 印尼的未来海上行动详情见罗伯特·曼金达安:《2000—2010 年期间印尼的海上战略》,舒尔茨、赫尔曼、塞勒编:《亚洲海洋战略》,2001 年曼谷,莲花出版社,第 6.2 节。

② 菲律宾海上思维的详情见埃米利奥·马拉雅各:《菲律宾海洋战略》,舒尔茨、赫尔曼、塞勒编:《亚洲海洋战略》,2001 年曼谷,莲花出版社,第 6.4 节。

全消灭海盗的前期步骤,并且它们并未融入区域背景之下。目前,军事情报收集和交流这一关键方面的工作还不够充分。许多国家机构重视情报的收集,但军方如果无法在行动中占据领先地位,便不愿意与其他机构共享所搜集到的情报,这将给不同机构在国家层面的合作造成困难。而在国际合作层次上,由于国家利益和尊严是地区情报领域高效率合作的主要障碍,所以这一问题可能会更为突出。因此,虽然加强合作是取得打击海盗胜利的必由之路,但建立彼此之间真正的信任仍然需要较长的时间。

科技运用

在当代,技术非常重要。现代商船的船员规模越来越小,因此需要通过技术开发和装备来给予船员和执法机构以支持,从而也弥补人员缺乏带来的负面影响。

其中最有效的打击海盗的技术成果是定位系统,如国际海事局建立的船舶位置指示系统,及日本邮船株式会社建立的舰队远程监控系统。这些系统通常较小,由独立电源供电,并且与 GPS 系统和互联网相连接,船长可以在任何时间确定其船只所在位置,执法机构也能够监测到被劫持船舶的位置,在采取行动之前进行追踪。这些设备不仅体积小,可以有效防止海盗跟踪,而且价格低,因此船舶所有者普遍使用该技术方法来降低海盗抢劫几率。同时,传感器与防盗预警系统结合使用也是一个有用的技术改进,这一系统可以阻止海盗登上甲板,但是仍然存在着价格较高以及有效性较低的缺点。一些专家建议技术开发商继续努力开发出打击海盗的有效技术装备。

打击海盗需要的不仅仅是商船技术方面的改进,专家提出也要重视提高沿海国家海军和海事机构的技术装备,以更有效地监视、跟踪、追捕和抓获海盗船及被劫持的船只。他们认为,一个完善的监测系统是必不可少的①,并建

---

① 监控问题只是该地区海军和其他机构的海上行动需求的一部分,详情见格奥尔格·埃史莱:《海上行动需求》,舒尔茨、赫尔曼、塞勒编:《亚洲海洋战略》,2001 年曼谷,莲花出版社,第 3.3 节。

议各个方面都要进行技术改进,包括指挥和控制设施、装备有雷达的检测站、身份识别设备、通讯设备和总部等各方面。地区或国家监控系统的支柱就是一个沿海雷达机构,沿着海岸线建立雷达系统,这些站点必须使国家机构和海军能够获得及处理本国海域的交通信息。具备能力直接与国家或地区总部进行联系,国家就能够及时采取措施应对海上的问题,如海盗、走私、生态破坏、海洋污染等。但由于预算的限制,亚洲大多数沿海国家没有这样一个建成的或成熟的监控系统。

对沿海国家的水面装备进行讨论是必要的,因为这是保卫海上交通线安全的实际操作装备。其机动性使其不仅可以在广阔的海域进行检查,还可以在必要时向可疑舰船采取行动。最理想的水面装备是巡洋舰大小的军舰或大型近海巡洋舰,因为这些装备经久耐用,而且可以利用直升机。战舰具有足够的船员来组成强行登船队,发现可疑船舶,获得控制权并强制该船停靠港口,等待执法机构的进一步行动。因此,能够有效地促进打击海盗和走私行为的武器系统包括:

- 轻巡洋舰;
- 近海巡洋舰
- 护卫舰

小型的快速巡逻艇通常被军方或政府机构使用(如警察、海关、海上警察等),但由于其船员数量较少,因此在海上工作不宜超过 36 个小时,而且在遇到风暴时其工作效率可能会受到限制。同时,它仍是许多海上机构的有力武器,借助其速度来执行保护海上交通线安全的有关任务,因此亚洲的许多沿海国家都在寻求购买更为先进的快速巡逻艇来更好地执行任务。此外,也可以调派国家海军航空兵和空军来打击海盗。有一种更为有效打击海盗的武器装备——海上巡逻机,它可以飞得足够低和足够慢,以便对海上行船进行视觉判断。尽管这种飞机花费高昂,但该地区几乎每个国家都拥有大量该种飞机。购买传感器及空中加油对每个国家都是至关重要的,能够提高本国海军航空的能力。直升机能够执行识别和干预工作,是有助于执行监控任务的有效工具。此外,直升机还能装载机枪或火箭等各种武器设备,一旦发生海盗袭击行为,直升机可以迅速到达袭击地点并进行干预,所以直升机也是海军航空部门必须购买的装备。直升机制造商竞相为地区海军提供英国设计的"海猞猁"(SEA LYNX)直升机或美国设计的"黑鹰"(BLACK HAWK)直升机,而俄罗斯制造商也希望向印尼和缅甸等出售米-2和米-17多功能直升机,便是有力的证明。

打击海盗的行动在技术层面受到几个因素的制约。商船上能够配备的用于追踪或海盗预警的设备是有限的,亚洲沿海国家普遍需要改进本国的沿海雷达设施、近岸设备、水面装备和空中系统。由于财政状况的限制,在可预见的未来,这些国家中大多数都不能在技术上取得突破性进展,而国际合作提供的帮助也是十分有限的。但是,联合巡逻能够减少海盗袭击、非法捕鱼、非法移民和走私等事件的发生,因此国际合作是成功打击亚洲海域海盗行为的关键。

结语

尽管在过去的几年中,海盗袭击的事件明显上升,但我们仍可以看到一些令人乐观的方面。海盗袭击船只的数量和船员伤亡的人数是一个引人注目的问题,但国际海上双边合作已经取得进展,甚至还取得了地区层面和亚地区层面一定程度的合作。缺少的环节是各国应对措施的执行,这方面许多国家做得还不够好。一些国家尚未制定任何打击海盗的法律,亚洲大多数国家也没有在1998年罗马公约制止海上恐怖主义协议上签字,而这两方面对预防和打击海盗行为——这个国家政府工作的重中之重都具有至关重要的作用。因此,很有必要建立国家层面的双边和多边联合行动。与此同时,各国海军及其海事机构可以加强对人员的培训,并进行联合的训练和演习。考虑到该地区许多国家受到预算的限制,许多国家无法对海军和空军的监视和通信设备进行升级,这就要求必须认真对待跨国海上警察部队这个议题,因为这可以通过利用邻国资源来弥补本国的不足。通讯设备和原料的标准化能够使行动和勤务支援方面的工作更容易。同时,加强与美国、日本和欧盟国家等主要贸易国家的合作将是至关重要的。为技术设备的重要升级提供资金,为各国提供建议来制定打击海盗行为的国家法律,这都将使打击海盗的措施更加有效。乐观的结果还可能包括减少船员和该地区面临的危险,而且如果遇到油轮或运送化学物品的船只因被海盗劫持而无人驾驶的情况,还有助于降低环境遭到破坏的风险。

东南亚地区经济因素(在一定程度上也有政治因素)在某些时候可能会成为通往消除海盗之路的绊脚石,这就要求受影响的国家政府面对当今海盗造成的经济损失和人员伤亡,采取必要的行动。但是,不能忽视的是,海盗行为也开始出现全球化的趋势——组织性强的海盗抢劫货船、货物甚至劫持货船,这将导致船员面临的风险急剧增大。关于这一点,加强国际合作和打击海盗的决心也呈现出乐观的态势。

第二节 南海争端:潜在的冲突与合作[①]

南海争端仍然是影响东南亚与亚太地区安全与稳定的重要议题之一。在一系列复杂的主权要求的情况下,这一争端被认为是该地区的一个潜在的威胁,这些要求包括:中国在这一地区的扩张;地区军力的增强;对海洋资源需要的日益迫切性;声索国为坚持本国的要求而采取的单方行动;缺乏调停与裁决的框架结构与机制,以及地区的权力真空状态。此外,该地区的主要大国还有可能因岛屿争端而陷入冲突之中。

另一方面,在南海岛屿上的争端也影响了各国商议解决方案并建立合作关系的信心,以及通过双边和多边讨论解决争端的努力。考虑到该地区的地缘政治情况,在探索海洋资源方面的技术创新,对能源与食品供应日益上升的需求,以及军队的现代化,未来将会发生什么仍然是一个推测层面的话题。

本文尝试讨论有哪些因素对南海争端的结果产生影响,该争端可能成为冲突之源,也可能成为各主权声索国建立合作关系的推动剂。希望本文也能

① 作者:莫丽莎·马基纳诺。

够使读者对后面几章中对该地区国家(尤其是那些对南海进行主权要求的国家)的海上战略的讨论有一定的认识。在深入分析之前,有必要先考察一番这些岛屿的地理背景。

争端岛屿的地理背景

南海作为一个半封闭海①,位于太平洋与印度洋之间,周边有中国、菲律宾、印度尼西亚、文莱、马来西亚、新加坡、泰国、缅甸以及越南等沿海国家。国际水文测量局定义这一地区为"从西南一直延伸到东北的方向,南部边界是南纬3°,于南苏门答腊岛和加里曼丹岛(卡里马塔海峡)之间,北部边界是台湾海峡——始自中国台湾北端,终止至中国大陆的福建省沿岸"②。南海的地理总面积达340万平方公里,比地中海③大,并且比日本海④的两倍还要大,其中有争端的区域是一个面积为959,160平方海里的,由岛屿、浅滩、岩石、海礁、暗礁组成的,由六个岛屿构成的岛屿组群:西沙群岛、斯普莱特利群岛(南沙群岛)、东沙群岛、中沙群礁、黄岩岛以及曾母暗沙岛礁。

西沙群岛包括50个岛屿、海礁以及环状珊瑚岛,面积约18,000平方英里。另一方面,斯普莱特利群岛(中国称之为南沙群岛,越南称之为Troungsa)包含超过230个岛屿和环状珊瑚岛,面积达150,000平方英里,位于西沙群岛向南约550英里,距越南海岸线230海里,距中国海南岛900海里。菲律宾的巴拉望岛位于其东部约120英里,萨巴岛位于其南部约150海里处。斯普莱

① 《联合国海洋法公约》第122条定义半闭海为"两个或两个以上国家所环绕并由一个狭窄的出口连接到另一个海或洋,或全部或主要由两个或两个以上沿海国的领海和专属经济区构成的海湾、海盆或海域"。

② 大卫·罗森伯格:《南海周围环境污染:采取区域对策》,《当代东南亚》,1999年4月,第119页。

③ 汤姆·奈斯:《南海地区环境和安全:专家、非政府机构及政府在政权建立过程中的角色》,2000年硕博士论文第1期,环境与发展中心,奥斯陆大学,1999年秋,第1页。

④ 普莱斯考特:《世界海上政治边界》,英国:剑桥大学出版社,第209页。普莱斯考特认为,南海是陆缘海(即安达曼海、中国东海、日本海、鄂霍次克海、白令海)中最大的陆缘海,位于亚洲大陆与近海岛屿之间,从印度洋一直延伸至北冰洋。

特利群岛与菲律宾对卡拉延群岛(KIG)的主权宣称有部分重叠。

东沙群岛包括清沙岛以及位于香港东南部的两个珊瑚礁,中沙群岛包括西沙群岛东南部的一系列岛屿。

黄岩岛位于中沙群岛东南部大约150英里处,但是菲律宾宣称这是其领土的一部分。[①] 而曾母暗沙处于距离沙捞越海岸20英里处。

有些国家称卡拉延群岛是南沙群岛的一部分,菲律宾则宣称其拥有卡拉延群岛64,976平方英里内的53个岛屿、海岛、浅滩、珊瑚礁及环形珊瑚礁的主权。卡拉延群岛距马尼拉约450海里,距巴拉望岛约235海里。

可能的冲突之源

南海争端可能引发该地区发生冲突,其中原因是多方面的,包括该地区蕴藏的丰富资源、战略意义,互相冲突的主权声索、军事小冲突以及主权声索各方力量的不平衡。

对潜在资源的争夺

罗斯·马勒把各国对这些岛屿再起兴趣的原因归结为:

(1)新技术使得深海钻井石油、天然气开采成为可能;

(2)从海床获取矿物质资源的可能性,包括锰结核矿物;

(3)自1990以来全球渔业资源持续减少,而人口却正在增长;

(4)联合国海洋法公约允许相关国家宣称拥有200海里的专属经济区(EEZ);

---

① 菲律宾坚持认为其一直对黄岩岛及其附近水域具有主权和管辖权,这些区域在过去从来没有被其他国家争夺过。在数十年的时间里,菲律宾一直把该区域用作捕鱼地、海洋科学家的科学研究地(尤其是海洋学研究)、20世纪80年代本国及美国部队的影响范围地、灯塔进行引导和预警之地以及打击走私和非法捕鱼等相关法律的执行地。引自梅利萨·马克纳:《了解南海争端》,奎松城:战略及特殊研究办公室,菲律宾军队,1998年,第22页。

（5）控制国际海上航线的军事意义；

（6）国家尊严①

下面将就最重要的因素进行讨论。

石油与天然气资源

在南海的这些主权声索与石油、天然气资源方面有关。据中国的地质矿物资源部门估计，南海蕴藏着高达 177 亿吨的石油，依据相关报道，其储量比科威特石油储量（130 亿吨）还要多。② 据报道，南海大陆架拥有超过 300 个地质框架，这些地质框架的石油储量很可观，苏联估计达 110 亿桶，而中国评估可达 1,600 亿桶。③ 其他国家估计南沙群岛有约 100 亿吨的石油储量与 1 万亿立方米的天然气储量。④

另一方面，据报道，西沙岛链的大陆架里也蕴藏着一定量的矿物质资源，例如锰结核矿物，该矿物富含镍、铜与钴等元素。

然而，其他的专家认为，沿岸水域的水下和固定沉积物中蕴藏碳氢化合物的可能性比较大，南沙群岛一系列环形珊瑚礁及其深海的资源储量有待进一步评估。⑤ 自 1996 年以来，只有少量天然气与石油被发现，而在进行钻井勘探时却没有任何产出。⑥

回想起 20 世纪 70 年代与 80 年代早期，菲律宾授予美国石油公司及在菲

---

① 罗斯·马勒：《中国、菲律宾和南沙群岛》，《亚洲事务：美国回顾》，1997 年冬，第 198—199 页。

② 罗斯·马勒：《中国、菲律宾和南沙群岛》，《亚洲事务：美国回顾》，1997 年冬，第 198 页。见菲利普·伯宁 1994 年 9 月在华盛顿举行的南海会议上的发言。

③ 路易斯·塞缪尔森：《南海地区冲突解决方法》，该文章发表于温哥华举行的亚太会议上，1995 年 8 月。

④ 《中国发现南沙群岛蕴藏丰富的石油和天然气》，《马尼拉公报》，1995 年 5 月 21 日。也见《中国预测南沙群岛下蕴藏石油》，《菲律宾星报》，1995 年 5 月 21 日。

⑤ 马克·瓦伦西亚：《南海争端：背景、猜测及建立信任》，文章来自以亚太地区建立信任和减少冲突为主题的第 8 次亚太圆桌会议，吉隆坡，1994 年 6 月 5 日—8 日。

⑥ 罗斯·马勒：《中国、菲律宾和南沙群岛》，《亚洲事务：美国回顾》，1997 年冬，第 198 页。

律宾里德海岸（南沙群岛东部高脊地区）的菲律宾石油公司钻井开采的权利。① 在 20 世纪 80 年代末期，菲律宾又与柯克兰石油公司签订了地质勘探与开采的合同，允许其勘探和开采面积达 6,000 平方英里，包括里德海岸大部分地区，该地区一项地震勘探于 1995 年完成。②

在 20 世纪 90 年代，大多数的美国石油公司都签订了在这一区域钻井勘探的合同，这就间接地把美国也卷进了冲突之中。在 1992 年，中国与克里斯通能源公司签订合约，与中国国家近海石油公司（中海油）合作开发万安北，该地区位于南沙群岛的西南部。在 1994 年，越南在这一区域授予一系列的特许权，其中最为显要的是由美孚石油公司与越南石油公司合资的蓝龙钻井台。越南还雇佣了越苏石油合资企业在中国授权给克里斯通公司的区域内钻取石油。后来，中国政府封锁了越苏石油合资企业的钻井装备，切断了其食物与供应的运输。③ 当美国康诺克石油公司的母公司杜邦公司开始进行谈判以获得越南在该地区的特许权（该特许权与中国授予克里斯通能源公司的特许权允许的勘探地区有重叠）时，中国警告将进行经济报复。④ 在 1994 年 5 月，菲律宾授予爱尔康矿物与石油公司和美国公司瓦欧克能源公司进行在卡拉延群岛的东部，以及从拉瓦可到瑞克特的区域的开采权。⑤

在南海的某些特定的区域，一些日本的石油运输公司已经与越南签订探索渔业及其他自然资源的协议。特别是，蓝龙特许权的获得对日本来说具有很大的经济意义，而中国也宣称要获得蓝龙特许权。随着中国地质部门计划在这一

---

　① 马克·瓦伦西亚：《争议海域：石油是亚洲面积小、无人居住的小岛方面存在争端的唯一原因》，《原子科学家公报》，1997 年 1 月—2 月，第 53 页。

　② 马克·瓦伦西亚：《争议海域：石油是亚洲面积小、无人居住的小岛方面存在争端的唯一原因》，《原子科学家公报》，1997 年 1 月—2 月，第 53 页。

　③ 马克·瓦伦西亚：《争议海域：石油是亚洲面积小、无人居住的小岛方面存在争端的唯一原因》，《原子科学家公报》，1997 年 1 月—2 月，第 53 页。

　④ 马克·瓦伦西亚：《争议海域：石油是亚洲面积小、无人居住的小岛方面存在争端的唯一原因》，《原子科学家公报》，1997 年 1 月—2 月，第 53 页。

　⑤ 该特许最初包括卡拉延群岛西部部分，但后来由于政治原因，缩小到只包括东部部分，而且还不允许在该地区进行实际钻探或开采。见朱伯特·布尔格斯：《南沙群岛僵局促使石油开发中止》，《马尼拉标准报》，1995 年 7 月 3 日。

地带钻井勘探,中越之间的冲突再一次成为可能,这还将涉及日本的利益。

在未来的二十年间,亚洲的石油消耗很可能将增长4%,其中一半将来自中国。到2020年,石油消耗水平将到达每天2,500万桶,这是目前石油消耗水平的两倍还多。① 东西方研究中心预测,亚洲从中东进口石油的份额将从1993年的70%上升到2010年的95%。② 因此,南海在石油与天然气资源方面非常重要,同时也是从中东地区进口石油的重要通道。

渔业资源

在东南亚,超过70%的人口居住在沿海地区,其中的大部分依靠海洋资源而生存,也把海洋作为运输的主要方式。③ 东南亚的渔业占着亚洲渔业捕获量的23%,在整个世界范围内大约占10%。④

南海是世界上渔业最发达的地区之一。在1984年,该地区发现约314种鱼,其中有66种都是商业上重要的食用鱼类。世界捕鱼量中近8%是来自南海地区。尤其是南沙群岛,它位于黄鳍金枪鱼迁移路线的分岔口,同时还是其他多种鱼类良好的繁殖地。南沙群岛39,000平方公里的水域内,每平方公里鱼的产量可达7.5吨,每吨则可达800美元。⑤

---

① 大卫·罗森伯格:《南海周围环境污染:采取区域对策》,《当代东南亚》1999年4月,第124页。

② 大卫·罗森伯格:《南海周围环境污染:采取区域对策》,《当代东南亚》1999年4月,第124页。

③ 汤姆·奈斯:《南海地区环境和安全:专家、非政府机构及政府在政权建立过程中的角色》,2000年硕博士论文第1期,环境与发展中心,奥斯陆大学,1999年秋,第1页。

④ 汤姆·奈斯:《南海地区环境和安全:专家、非政府机构及政府在政权建立过程中的角色》,2000年硕博士论文第1期,环境与发展中心,奥斯陆大学,1999年秋,第1页。转引自艾普利拉尼:《东南亚地区渔业可持续发展、环境及地区合作前景展望》,文章来自国际货币研究所《亚太地区贸易和环境协商会议:地区合作前景展望》,东西方研究中心,夏威夷火奴鲁鲁,1994年9月23日—25日,第1—2页。

⑤ 罗伯托·科洛马:《南沙群岛的真正好处不是石油,是鱼》,《马尼拉公报》,1995年1月19日。

南海有着如此高的持续产出量①,1985 年该地区渔业(鱼、壳类、软体类以及其他水生资源)产量达 8,640 万公吨,到 1989 年增长至 9,950 万公吨,增长 4%。② 除此而外,南海地区拥有着世界上 30% 的红木林,覆盖着沿岸地区 50,000 平方公里的面积,这对于渔民在陆地上生活与抵御风暴无疑是很重要的。③ 价值约 1,598.4 万美元的产品与生态服务出自南海地区的红树林。④

然而,该地区的经济繁荣也带来了环境问题,如过度捕鱼;破坏性捕鱼方式破坏了海洋栖息地,并污染了海洋环境。正是对新资源的勘探,对经济快速增长的追求,以及自然资源快速的减少加剧了冲突,南海争端就是明证。

战略重要性

国际社会关涉南沙争端,并宣称在南海地区有各自的利益存在的另一个原因是它们关注海洋运输航线的战略重要性。该地区拥有着世界上最繁忙的航线,位于最繁忙的港口——新加坡与香港之间,而且在印度洋与太平洋之间航行的商船会穿过南沙群岛。因此,该地区将日本、韩国、中国台湾与东南亚国家、中东地区连接起来。此外,驶向日本、中国和澳大利亚的货船也需要经过该地区,世界上海运货物的 25% 要经过南海水域,而从中东地区运往日本的石油供应的 70% 需要穿过这些水域。⑤ 除此之外,从太平洋去往印度洋以及阿拉伯湾的美国军舰也要经过南海水域。而且,来往马尼拉、马来西亚、新

---

① 艾琳·巴维拉:《南海争端:从菲律宾的角度看》,马尼拉:菲律宾—中国资源开发中心和菲律宾中国研究协会,1992 年,第 37 页。

② 埃米尼奥·拉伯纳尔、鲁登·夏纳登:《对南海渔业资源的争夺》,来源同上。

③ 汤姆·奈斯:《南海地区环境和安全:专家、非政府机构及政府在政权建立过程中的角色》,2000 年硕博士论文第 1 期,环境与发展中心,奥斯陆大学,1999 年秋,第 36 页。转引自杰弗瑞、贝弗利、高:《进行地区合作来预防和应对南海海上污染》,文章来自第二届东盟科学研讨会,联合国环境规划署,曼谷,1999 年。

④ 奈斯,第 36 页,引自联合国环境规划署:《南海地区战略行动计划》,草拟版,1999 年 2 月 3 日。

⑤ 《马尼拉标准报》,1995 年 7 月 13 日。

加坡、婆罗洲和印度尼西亚的飞机也要利用南海上空的航线。

南海在军事上也具有战略性重要意义。历史上,日本早就意识到这些岛屿在建立亚洲帝国的军事意义。在 1939 年 2 月,日军在攻占中国海南岛后,又攻占了南海的西沙群岛,同年 3 月,他们又攻占了南沙群岛。① 在太平洋战争期间,日军还在南沙群岛最大的岛屿——太平岛建立了潜水艇基地。② 在二战期间,该基地被用作攻打菲律宾、荷属东印度(今印尼)及马来亚(今马来西亚)的站点。南沙群岛也被用作勤务和行动基地,为水面战舰及潜水艇提供支持。

此外,驶经南沙的船只易于受到南沙群岛军事基地的监视、监控与封锁。因此,对这些岛屿任何形式的控制都将是一种军事优势。

海事区域

由于沿海国家可以提出本国对海上区域的管辖权的主张,并给予岛屿相应的命名,这些岛屿及其水域的重要性就有了新的战略意义。《联合国海洋法公约》允许岛屿所有国③有权享有和控制本国岛屿及其水域的资源,这包括大陆架④与海床。此外,每一个岛屿都有着其 12 海里内的领海,以及邻近的12 英里内的区域。另外,一个岛屿可以作为在绘制沿海基线的最外点,一个

① 林彭二:《日本及南沙群岛争端:目标及限制因素》,《亚洲概览》,1996 年 10 月,第 996 页。
② 林彭二:《日本及南沙群岛争端:目标及限制因素》,《亚洲概览》,1996 年 10 月,第 996 页。
③ 联合国海洋法会议第 121 条规定,"岛屿是四面环水并在高潮时高于水面的自然形成的陆地区域"。只有真正意义上的岛屿,即那些能够维持人类居住及其本身经济生活的、而且在高潮时不在水面以下岩礁,才能提出海上主权要求。要建造人工岛屿,一个国家必须对周围的大陆边缘或专属经济区拥有主权,而且人工岛屿的建造必须在 500 米内的安全区内(联合国海洋法公约第 56、60、80 条)。如果人工岛屿建造在被堆满岩石的岛礁上,而且这些岩石拥有自己的经济生活或能够维持人类居住,那么就可以对从岩石、而不是人工岛屿开始的所有海上区域提出海上主权要求。见维克多·普莱斯考特:《南海:国家主权要求的限制条件》,马来西亚:马来西亚海洋研究所,1996 年,第 39 页。
④ 大陆架是领土的自然延伸,沿海国家对大陆架享有国家主权,有权对大陆架的自然资源进行开采和利用。

国家从海基线开始测算其 200 海里的专属经济区。① 鉴于大部分的东南亚国家所拥有的专属经济区相互重叠,并且即便发起划界谈判,也总是障碍重重,这就使得平衡变得复杂化,并增大该地区潜在的冲突发生的可能性。

总体而言,各国对这些岛屿主权声索有多方面的原因,如南海岛屿及水域潜在的资源、这一区域对于航海与航空在地缘方面的战略性意义及对岛屿拥有所有权所能获得的法律优势等。另外,这些主权声索的复杂性使得该地区可能成为冲突发生的一个潜在根源。

相互冲突的主权要求

南海争端被认为是最复杂的领土争端,因为其涉及六个主权声索国(地区),甚至这些国家(地区)最终还可能使用武力来解决这一问题。中国大陆、中国台湾以及越南都宣称拥有全部的南海岛屿与周边水域的主权。菲律宾、马来西亚,以及文莱宣称拥有部分的南沙群岛的所有权,尽管菲律宾对南沙群岛与本国所指的卡拉岩群岛进行了区别。

中国的主权要求

中国宣称南海是一个"中国湖",要求全部的南海及其资源,这也包括航行的权利。中国的这种要求是基于历史原因以及发现、占领等原则,其主张可以追溯到中国汉代(公元前 206 年—公元 220 年)。

中国的考古研究报告指出,从唐代(公元 618 年—公元 907 年)开始,南海区域就有中国人居住了,而且官方的要求可以回溯到本国 1887 年与法国签订的条约,这一条约在纬度 108°、东经 8°将东京湾划分开。该条约规定,东京

---

① 《联合国海洋法公约》第 55—57 条定义专属经济区为领海以外并邻接领海的不超过 200 海里一个区域,这使得沿海国家在专属经济区内有"以勘探和开发、养护和管理海床上覆水域和海床及其底土的自然资源(不论为生物或非生物资源)为目的的主权权利"。

湾外南部的区域,包括南海,是中国领土的一部分。

1948 年,当时的中国内政部对外公布了一张地图,地图上绘制了一条 U 型线,包括了 80% 的南海区域。这幅地图将西沙群岛、东沙群岛、中沙浅滩与南沙群岛置于海南省的行政管辖之下。现今的中国地图表明,中国的历史上所宣称的划界将穿过越南、马来西亚、文莱与菲律宾国家的海域。

1958 年,中国用一系列直线将大陆海岸的基准点及沿海岛屿(包括被公海隔开的岛屿)的最外围的基准点连接起来,将其领海扩张 12 海里。

1992 年,中国通过了《中华人民共和国领海与专属经济区法》,强调了本国的领海主权,以及对毗邻区域的控制,表明了保护国家安全、海上权利及本国利益的决心。

鉴于此,外国军舰在进入中国水域之前必须获得中国的许可,并且中国具有采取军事手段驱逐外国占领者的权利。

1996 年,中国又通过了《领海基线声明》来连接中国大陆沿海的基准点与其海岸线,该声明还明确了领海基线,将西沙群岛囊括在内。

中国台湾的要求

中国台湾对南海的主权要求的理由与中国大陆相似。根据国民党政府的宣称,其早在二战结束前期就占领了南沙群岛,并在 1947 年正式宣称其对南沙群岛的主权,但是于 1950 年却放弃了该主权要求。1945 年,台湾首次向南沙群岛中的太平岛以及东沙群岛的永兴岛派驻了 600 名海军分遣队。后来,中国共产党取得胜利后,这些分遣队才撤出。1956 年,军队再次被部署在太平岛,并且在以后的年月里逐渐得到加强。

越南的主权要求

越南以历史原因、有效占领以及从法国殖民之手中继承为根据,宣称对南沙群岛与东沙群岛拥有主权。据说,越南首领于 1816 年公开宣称本国对南沙群岛拥有主权。

1929 年法国殖民当局拥有南沙群岛的管辖权,但是其宣称并没有把南沙群岛放弃留给越南,而只是西沙群岛。1951 年以及 1956 年,越南再次强调了其主权要求,并且自 1961 年以来,越南已经制定了相关法令,对这些岛屿的管理进行了法律规定。

1977 年,越南发表文件,包括了本国 12 海里的领海,200 海里的专属经济区,以及大陆架自然延伸原则等主权要求。

菲律宾的主权要求

1946 年、1950 年,菲律宾基于国家安全原因,在联合国大会上宣称其在南沙群岛的主权。自 20 世纪 60 年代以来,其有效地占领和管理卡拉延群岛中的 8 个岛屿。

1956 年,菲律宾航海家托马斯·科勒玛及其随行者宣称其发现并占领了 33 个岛屿、海礁、河口沙洲以及珊瑚礁,并将之命名为"自由家园的自由领土"。这些岛屿视为未被发现,未在地图上标示,未被占领,没有人居住,而且没有主权申明。日本在 1952 年签订《旧金山和约》之后菲律宾再次宣称其对这些岛屿拥有主权。在 1974 年,科勒玛及其随行者把这些岛屿的主权不可逆转地转让给了菲律宾政府。

1978 年,通过 1596 号总统法令,当时总统费迪南德·马科斯宣布卡拉延群岛为巴拉望省的自治区。该总体法令指出,"基于邻近的原则,在南海的一系列的岛屿与小岛"为菲律宾所有。[1] 这些岛屿处在菲律宾列岛的陆地边缘,并且对菲律宾的安全与经济发展至关重要。1978 年,1599 号总统法令明确了从海基线起 200 海里的专属经济区。

---

① 豪尔赫·卡酷:《南沙群岛争端最新发展动态概览:解决方案建议》,《外交关系杂志Ⅳ》,1994 年 10 月 3 日,第 100 页。

马来西亚的主权要求

马来西亚的主权要求是基于大陆架投射,包括南沙群岛南部与东部的岛屿和环形珊瑚岛。该国主权要求包括司令礁和南海礁,以及菲律宾所指的卡拉延群岛中的安波沙洲。马来西亚通过一份官方的地图来宣称其主权,并且在 1966 年发表了大陆架的声明,在 1969 年发布了领海声明,以及在 1984 年发表了专属经济区的声明。

文莱的主权要求

文莱的主权要求是基于大陆架的延伸原则及其继承英国殖民者占领的遗产的原则。在 1992 年,文莱宣称其在南通礁周围海域的主权。南通礁在涨潮的时候一部分淹没在水下,并且距离文莱的海岸线达 200 公里。文莱在 1982 年发布了对领海的主权声明,并在 1993 年宣布了专属经济区的声明。

力量的不平衡以及海、空军的对抗

目前,越南占领 25 个小岛,中国大陆占领 12 个,菲律宾占领 8 个,马来西亚 4 个,中国台湾 1 个。部署在这一区域的部队随着时间而不断变化,据估计中国大陆军队约 900—1,000,越南军队约 980,中国台湾的军队约 500,马来西亚军队约 230,菲律宾的军队约 60。[①]

中国大陆所占据的这些岛屿设以重兵,配备了雷达、通讯设备以及反机枪。另外一个小岛还设有海军站、码头、海洋地理测量设备以及卫星通讯设备。

中国台湾占据着南沙群岛中最大的、面积约 42 公顷的太平岛,在岛上有

---

① 阿尔弗雷多·费勒:《南沙群岛争端:问题及展望》,文章来自东南亚和欧洲安全与稳定会议,德国,1995 年 5 月 17 日。

观察哨所、观察塔,燃料储存设备,燃料库、安置设备、海岸电厂及士兵营房。

越南所占据的岛屿也同样设以重兵,有一个飞机跑道,长长的码头,雷达设备、战斗坦克,及部队前哨。

马来西亚占据的岛屿有飞机起落跑道和飞机棚,直升机停机坪,登陆码头,空中与海上导航辅助设备。

菲律宾在最大的岛屿——希望岛拥有飞机跑道和燃料库。

间歇性的对抗

在西沙群岛、南沙群岛发生的小规模军事冲突及间歇性的对抗证明了南海争端的复杂性。在 20 世纪五六十年代,菲律宾居住者或是被驱逐出南沙群岛,抑或是他们的渔船遭到台湾军队的打击。在 20 世纪 70 年代,中国大陆的军队也强行驱逐了南沙群岛上的越南驻军。越南军方也打击了靠近 Pugad (西南珊瑚礁)的菲律宾空军巡逻队。①

1988 年 3 月 14 日,中国人民解放军海军强行驱逐了在南沙群岛 6 个岛礁上的越南部队,并击沉了三艘越南船只。在接下来的一个月里,马来西亚海军攻击了三艘菲律宾渔船,理由是"未经许可擅自捕鱼",并且扣留了 49 名随行的成员。②

1989 年,中国海军再次限制了越南的军舰与商船。1994 年 7 月 19 日,中国派遣两艘战舰,阻断了越南在这一区域进行钻井勘探的物资供应;而同年 8 月 22 日越南舰船武力迫使一艘中国海洋调查船离开备受争议的石油勘探点。

20 世纪 80 年代到 1995 年间,据相关的报道,至少发生 30 起中国与越南军队侵扰卡拉延群岛事件,其中最为显著的是中国占领了美济礁(菲律宾称之为"Panganiban Reef",国际上称之为"Mischief Reef")。美济礁位于菲律宾巴拉望西部近 134 海里地区,距中国大陆超过 800 海里。

---

① 马克·瓦伦西亚:《马来西亚与海洋法:外交决策及其影响》,吉隆坡,1991 年,第 62 页。

② 雷吉纳·亚特卡:《南沙群岛争端:地区霸权争夺?》,《新闻日报出版社菲律宾年刊1995—1996》,第 106 页。

1995 年 1 月,中国海员在美济礁扣留了菲律宾的一位船长以及船员。中国起初加以否认,而后来则明确确实存在中国舰船和建筑物。中国官方强调称,这些建筑物是为了保护中国在那里的渔民而修建的。

后来,菲律宾空军与海军的侦察表明,在美济礁地势较高的地方有四个平台,每一个平台都设有 3—4 个八角形的煤库,并装备了卫星通讯设备,看起来很可能是军事设施。

从那个时候起,据报道,中菲双方军队之间发生了更多的小规模冲突,也发现更多中国军舰出现在菲律宾所控制的岛屿附近。例如,1996 年 1 月 22 日,华南海军基地的三艘中国快速攻击艇对在菲律宾三描礼士省的黄岩岛附近的一艘菲律宾海军炮艇进行了攻击。[1] 1996 年 10 月,中国军方在南海地区开展了为期 15 天的联合军事演习(海军—空军—陆军),包括海上封锁、抢滩登陆以及伞兵攻击。[2] 虽然还不清楚这到底是中国官员任意的行动还是中国官方批准的,但是可以肯定的是,自从 1992 年美军离开菲律宾后,中国已经变得更加胆大了。

中国在南海的行为经常被称为"对话并采取战略合作",或者是"软硬兼施"方法。这总体上描述了中国人采取外交措施的同时,通过军力或增强自身的存在实力来单边加强其主权声索的行事方式。[3] 中国在这一地区的有计

---

① 罗斯·马勒:《中国、菲律宾和南沙群岛》,《亚洲事务:美国回顾》,1997 年冬,第 202 页。

② 罗斯·马勒:《中国、菲律宾和南沙群岛》,《亚洲事务:美国回顾》,1997 年冬,第 203 页。

③ 马克·瓦伦西亚在《争议海域:石油是亚洲面积小、无人居住的小岛方面存在争端的唯一原因》第 55 页指出中国在"维护其南海主权方面采取按部就班方法"具有明显效果。中国在其他地区的领土争夺中采取的行动可以被视为以"争取更强的谈判地位"为目的,但"当其他经济或安全利益超过了其在南沙群岛的有限利益时",中国很可能愿意作出一定的妥协。然而,瓦伦西亚认为,中国目前的战略似乎是"模棱两可的、渐进主义的,同时由选择性的武力为支撑"。总体来讲,中国长远目标尚未明了。另一方面,艾琳·海《南海争端:中国早期领土纠纷解决方案的影响》,《太平洋时事》,1995 年春季刊,第 34 页指出,中国"软硬"两手策略反映了其在 20 世纪 60 年代领土纠纷解决案例中的表现,及其与日本关于钓鱼岛领土争端中的表现。在这些事例中,中国"声称不愿进行协商谈判,但出于战略考虑作出变动,采取妥协折中的解决方案"。类似地,中国"即使号召谈判解决问题,也同时会采取武力"。从 20 世纪 60 年代事件来看,艾琳·海认为"只要国家安全利益不受到威胁,中国愿意作出妥协"。

划的扩张已经引起了各国对其真实意图的关注。

军事力量不平衡

很明显,相比其他的主权声索国,中国在军事上无疑有着优势,在南沙群岛或者是在西沙群岛任何潜在的冲突将会反映出这种军事上的不平衡。军事力量的不平衡可以被看作是主权声索各方获得新装备及军事专业化的众多因素之一。在这一区域过去发生的冲突,军事上的不平衡,以及争端的复杂性使得南沙群岛争端成为该地区爆发冲突的导火线。鉴于该地区其他方面的紧张局势与利益矛盾,该争端极易卷入主要的大国,尤其是中国、日本以及美国。

随着中国再次成为地区大国,及世界事务的一个积极参与者,各国对南沙群岛的岛屿及水域的争夺就变得更加复杂了。中国维持本国在海洋及南部海洋边疆的军事存在,这虽然处于国内政策及外交政策的考虑,但这里也包含着中国在该地区的战略意图。

无论将来该地区争端以协商或是军事冲突的形式解决,地区军事的不平衡以及中国经济实力和军事能力都是重要的影响因素。

最后,希望该地区争端最终能以和平方式得到解决,并且该方式能够得到主权声索国的支持。然而,虽然其他主权声索国的重要性也不容忽视,但如果缺少中国的积极参与,任何机制都解决不了问题。

合作展望
解决争端机制

在断断续续的紧张态势之中,为了解决问题,一系列方案和方法被提出来。总体上,这些解决方法围绕着以下几个方面:搁置主权问题,增强信心及寻求共同发展的可能性。其中一些双边或多边机制在官方(Track Ⅰ)与非官方(Track Ⅱ)两个层面上得以实施。

双边机制

在《菲律宾—中国行为规范》(1995)中,双方都同意根据联合国海洋法公约以及其他的国际法来和平解决争端。此外,双方还需要对寻求多边合作与促进共同保护海洋环境、航海安全及打击海盗等方面的合作保持一个开放的态度。

《菲律宾—越南协议》(1995)也同样提倡双方在以下各方面建立双边和多边合作关系,包括航海安全、海洋环境保护、海上科学调研、减灾和控灾、搜集海上气象资料、搜查与营救、阻击海盗及控制海洋污染等。

多边机制

1992年《马尼拉声明》呼吁各主权声索国搁置主权争议,以寻求在该区域共同发展的可能。该声明强调尽可能不采取武力方式解决争端,主张各方在海洋安全、海洋污染、搜查与营救,以及打击海盗与毒品走私等方面加强合作。该声明得到了东盟对话伙伴的支持,而且据称还得到了中国的赞同。

东盟地区论坛(ARF)成立于1994年,该论坛为各国讨论地区安全问题,包括为在南海争端上交换意见提供了机会。1994年于曼谷举行的东盟地区论坛上首次提出了《南海各方行动准则》。此外,东盟—中国对话还进行了广泛的咨询努力。然而,中国仍然不愿意就解决该地区相关问题进行协商,并且反对该地区以外的国家参与。

讨论该问题的其他渠道包括东盟—中国对话、印尼协商会议、东盟国际事务与战略研究中心以及亚太安全合作委员会。

自从20世纪90年代,印尼外交部主办了一系列控制南海潜在冲突的协商会议,并且得到了加拿大国家发展机构的支持。协商会议探讨了在海洋管理方面的合作,主要集中在海洋环境、海洋生态、海洋研究、运输、航行、通讯、海上生物资源等方面。

最初这些协商会议只有东盟成员国参加,如今参与者还包括中国大陆和台湾地区,以及相关国家和地区的官员、研究人员、专业学者和海军。进一步将这些协商会议提升至官方层面的想法遭到了中国大陆和中国台湾的反对。

国际法

即使各主权声索国以各种海洋法来支撑本国的主权要求,《联合国海洋法公约》提供一个重要方法来解决争端的可能性也是有限的。该公约指出,一国对本国领海的资源以及相关行动享有国家主权,对人工建筑物及科学研究活动享有管辖权,有权在200海里范围的本国专属经济区内对海洋环境进行保护。

寻求解决争端的方式

虽然已经采取措施来建立信任,但该地区主权声索国断断续续的单方行动表明,紧张的态势仍然是目前的事实。在国际会议中提出了一些建议来试图解决问题,这包括:

1994年,印尼所提出的环状方案通过自沿海国家(即越南、菲律宾、马来西亚和文莱)的海基线设立200海里的专属经济区,从而将南海划分成一个拉长的环状,却在中间留下一个"空洞"作为各国共同发展与共享资源的区域。中国反对这项提议,并且东盟国家相关的主权声索国家也未能达成一致。

1995年,菲律宾提出的管理工作提议指出,主权声索国家对距离其最近的岛屿具有"管理"的责任,包括协调避难、抛锚及其他和平目的方面的需求。

共同发展的提议也得到了考虑。南海共管给予该地区外的两个至三个国家以领土控制权,并允许他们在这些岛屿及周边的水域、海床开采矿物资源。油气资源共同开发模式也允许各主权声索国对石油、天然气的勘探和开采进行共同管理。其他的共同发展的模式要求搁置主权要求,控制对海上生物资源的开发,禁止开采矿物质资源,以及自由地进行科学考察。虽然某些情况下,各主权声索国考虑共同开发与发展的提议,并搁置主权问题,但却没有明确所有权问题来使利益具体化。

《联合国海洋法公约》原则可以应用在南沙群岛问题上来描述海洋上专属区的问题(即专属经济区以及大陆架),还可应用在专属经济区内、国际水域以及半封闭的水域的资源管理方面(即捕鱼权以及海床的矿物开采)。但是由于该公约未能解决岛屿的所有权问题,因此其发挥较大作用的可能性是有限的。其条款的含糊不清使得同一条款可能产生多种解释,从而各主权声索国,无论是错的还是对的,都拿《联合国海洋法公约》来支持本国的主权要求。

南海的分区规定了自各主权声索国所宣称的海基线等距离的划分,并且除在200海里经济区外,对南海区域设置多边共同管理的机制。

在该区域的非军事化提议已经被提出,但是考虑到该地区频繁发生的国家单方行动(如水域的巡逻、空中监视以及军队部署)来看,这几乎是不可能的。

尽管以上的一些建议引起了相关领导人的注意,但是由于种种原因却并没有得以成功实施。《地区各方行动准则》的实施将很可能为解决争端铺平道路,尤其是限制相关主权声索国采取行动来打破该地区的和平稳定。据称,这一规范将涵盖处理争端的方式、建立信任与信心、合作应对海洋问题、保护海洋环境、协商模式等方面。据称,中国准备同意这一规范。但是仍然有很多其他的问题有待解决,包括协议的覆盖范围。越南希望将南沙群岛包括在内,这遭到中国的反对;马来西亚也不同意南海方面的条款,该国认为南海的一部分是在马来西亚的领土范围之内的,是不容许任何其他国家进行主权争夺的。当然,该规范是否能够被实施还要经过另一番争辩。

最后,各主权声索国政府团体在政治方面的努力,以及国际社会的支持,尤其是对限制各方单边行动的支持,表明了南海争端目前最多只能得到控制,希望在未来能够得到解决。

主要大国的角色

南沙群岛的争端有可能会把主要大国卷入冲突,尤其是当这些冲突影响国家利益的时候,诸如美国和日本这样的大国也可能卷入冲突中。

美国

美国不对各主权声索国的是非曲直进行评判,但是保证南海地区的海上活动不受阻,及保持该地区的力量平衡,是与美国的国家利益相关的。美国支持和平解决争端,并且其强调在南海地区航海自由、无碍。此外,由于美国多家石油公司与各主权声索国签订有协议,而且美国还与东南亚国家签订了国防合同,所以美国广泛的商业利益是与该地区分不开的。

作为世界上唯一的超级大国,美国有能力确保该地区的和平与稳定,并保证海上航行的安全,尤其是在南沙群岛附近。虽然美国不会"在该地区的和平面临威胁时袖手旁观","尤其是当该威胁影响到美国盟友(菲律宾)的利益的时候",①但美国在该地区的参与以及其执行条约规定的义务的意愿还有待时间的检验。

日本

日本同样也在保持南海地区海上交通线开放方面存在着重大的利益,因为日本每天有 400 艘船舶经过该区域,包括从中东运送石油至日本的船只。除此以外,日本在海运与开采矿藏方面与南海还存在着密切的利益关系。

从这方面来看,在各方准备好谈判或者勾画共同开发区域的时候,日本可以在各主权声索国寻求争端解决方案时发挥中间作用,此外日本还可能继续支持该区域的科学调研。

此外,通过美日联盟,日本还可以在保持该地区力量平衡方面发挥间接作用,阻止该地区霸权国家的崛起。

欧盟

欧洲议会支持和平解决争端,并且强调各方应该在一个公开、公平的和平谈判中处理其主权要求的差异。通过东盟—欧洲会议,欧盟可以明确其在该地区的利益,并确保争端的和平解决。作为争端的一个观察者,欧盟也是在特

---

① 伊恩·詹姆斯·斯托里引用前美国驻菲律宾大使弗兰克·威斯纳的《持续增强的信心:中国、菲律宾及南海》,《当代东南亚》,1999 年 4 月,第 105 页。

定时刻的中间者。或者,其可以发起或资助在环境保护方面或海洋物种保护方面的项目。

结语

南海地区尽管断断续续地发生了小规模冲突,但该海域仍然是重要的海上交通渠道,而且各主权要求国应对本国岛屿受侵扰时也加以克制,所以南海地区整体态势还是相对和平的。

然而,就目前发展情况来看,南海争端短期内不会得到解决,中国也不可能允许第三方的卷入。然而,至少各方已经同意通过和平方式来解决争端,他们还通过采取措施建立信任,及相关外交政策的方式来缓解该地区的紧张局势。所有这些将有助于该地区各国进行合作,共同解决争端,最终实现资源的共同开发和利用。

然而,说南海争端可能成为引发该地区冲突的源头也是有着现实的原因的,包括该地区潜在资源储备丰富、其具有战略性重要意义、该地区军事上的不平衡且缺少仲裁者、该地区军事力量的增强使武装对抗的风险增大。因此,必须建立一个正式的框架来管理并最终解决争端,否则即使各主权声索国之间保持对话,南海争端也始终是该地区安全和国际稳定的潜在威胁。鉴于此,需要做的事情确实还有很多。

第三节　当代海洋战略的技术操作问题①

海洋战略的技术操作问题,或曰海上操作,主要是基于某一地区的整体安全形势和区域内各个国家的利益确认,以及威胁评估等问题,提出的各自应对安全形势及威胁的手段。本文主要关注东南亚地区的形势,尤其是海上通道形势;另外还会进行威胁评估并分析该地区的海上操作需求。其中的要求

---

① 作者:格奥尔格·埃希勒。

（或愿望）不一定符合该地区的所有国家。

威胁评估

日本：日本 GDP 高达 36,750 亿美元，是世界上第二大工业国，东亚最发达的国家。然而，日本几乎没有自然资源，因此非常依赖原材料的进口，如石油。另一方面，日本大部分的出口商品都是通过太平洋运送到美国，或者欧洲、非洲和中东地区。通向西方的主要运输航道是马六甲海峡。日本仍在要求俄罗斯归还其千岛群岛，该岛于二战结束时被苏联占据。日本不希望通过军事途径解决这一争端，而是希望与俄罗斯进行谈判。根据日本宪法的规定，武装部队只限于国防。

中国：作为东亚的新兴力量，中国把军事力量和经济力量紧密地结合起来使用。中国与欧盟及中东地区的主要贸易海上通道是马六甲海峡。中国声称其拥有南沙群岛的主权。这引起了中国与越南、菲律宾等邻国的冲突。台湾问题仍未解决。近年来，中国试图通过展示其军事力量并在台湾海峡开展重大海军演习影响国内的台湾政策。中国毫不畏惧美国的口头抗议，其行动显然对台湾造成了重大威胁。

对于那些视中国为威胁的国家而言，力量平衡（本文主要讨论海上力量）至关重要。中国拥有一支全面发展的舰队，该舰队配备有核动力及传统潜艇、现代歼击机、护卫舰、扫雷艇及巡逻快艇。

新加坡：新加坡位于马六甲海峡的阻塞之处，因此是国际贸易的中转港。新加坡的财富在于，很多货物都需在其港口进行中转、分发。对新加坡而言，马六甲海峡海上通道的安全至关重要。新加坡拥有一支现代、均衡的舰队保护其利益。然而，由于这一舰队规模太小，无法抵挡重大的威胁。所幸目前新加坡并无此类重大威胁。现在，新加坡对运输航线的保护主要在于创造安全的航道以避免海上撞击及其对环境的破坏。

印度尼西亚：印度尼西亚拥有 17,000 座岛屿，地理位置非常关键，位于印度洋与太平洋之间、亚洲大陆与澳洲大陆之间。所有东西及南北走向的海上交通都需经过印尼的海域。印尼拥有丰富的海洋自然资源,如渔业产品、石油及天然气。然而,印尼面临的困难是如何在保护其自然资源的同时,保护通过其海域的海上通道。由于非法捕鱼,印尼每年都要损失40亿美元。印尼的小岛及海湾为海盗、贩毒、非法捕鱼、原木偷盗及非法移居提供了一片乐土。在这一复杂的地理位置之上,印尼的海军及警力规模太小,无法对其运输及海洋自然资源进行足够的保护。海军现有的船舰速度太慢(23节),无法应付罪犯速度快得多的船舰(40节)。另外,很多船舰年龄过长,缺少一些必要的配件。目前,已知的犯罪行为中只有25%能得到解决,由于缺乏对马六甲海峡的海岸雷达监测,这一问题更加严重。

马来西亚:马来西亚半岛位于马六甲海峡的北部,南海的东部。中西运输都需经过这一核心地带。保护海上通道安全对马来西亚而言利益重大,也需要其履行在该领域的职责。马来西亚没有直接威胁,但对印度尼西亚和新加坡而言,海盗的威胁则持续不断。马来西亚海军正在购置越来越多的近海巡逻船,以增加其现有的舰队,该舰队配备有近海巡逻船、护卫舰及巡逻舰。与其邻国印尼和新加坡一样,马来西亚没有海岸雷达为其提供侦察活动。

越南、菲律宾、老挝、马来西亚、泰国、柬埔寨、印度和文莱海军实力都非常强大,足以保护其海上利益。然而,令人担忧的一点就是,海军经常需要改善及现代化处理,但这些国家由于预算有限往往难以做到这一点。因此,对于这些地理上毗邻的国家而言,印度尼西亚、新加坡和马来西亚共同开发一个系统来保护相互的海上通道非常重要。

如果目前亚洲国家之间发生冲突的可能性很小,那么主要的精力就应该放在对海上通道的保护,因为海上通道对于这些国家的经济及发展来说至关重要。下一节将会谈到保护海上通道的海上操作需求。

海域监视

上文的威胁评估已表明,一个完整的监视系统必不可少。这一系统至少应有指挥及控制设施、配备雷达的监测站、识别、通信设备及总部,及其他相关监测设备。

监视指对某一地区进行暂时或永久监控,以掌握其全面大体的形势。为了获得某一可疑或未知目标/接触的具体详细信息,还需要采取其他的措施。这一过程主要通过侦察完成。

监视系统

海岸雷达组织。海岸雷达组织是位于某一海岸线或受限水域的固定系统。为了了解整体全面的形势,海岸线需安装多个雷达站。实际需要的覆盖率取决于雷达站的位置(高度)及其操作的频段。所有雷达站覆盖的区域必须存在一定的重复。雷达站获得的信息必须当场直接处理或通过语音播报进行处理。最好的方法就是与监视中心或总部进行数据连接。所有的方法都需要可靠的通信线路。

监视中心的有经验的员工对所有信息进行搜集、处理和评估。一旦发现可疑的接触或行为(如可能的海盗行为),必须立即作出决定采取行动。因此,建立直接的通信线路与其他有权动用部队的组织联系至关重要。所有在保护区航行的船舰都需表明自己的身份,报告他们的位置及去向。识别目标的另一途径是使用技术设备。海岸雷达站能识别发射雷达信号的船只并读取所谓的电子支援措施。然而,大多数航行雷达都有类似的特性,包括识别系统。而且,想要对使用相同雷达的海盗进行识别(如果可以的话),只能依靠其行为来判断。因此,还需要其他的识别手段,如巡逻快艇或直升机。

例如,在德国湾和通向汉堡、不莱梅及威廉港港口的河口处就有这样的一个监视系统。进出的船只都需向监视中心报告其位置及去向。中心的管理人员(通常是有经验的领航员)会发出航行指令,避免船只发生碰撞或其他事故。理想情况是控制人员对整个形势掌握得非常清楚。

亚洲水域一些狭窄的水路的监视尤其需要海岸雷达组织,因为该地区面临的海盗威胁层出不穷。马六甲海峡是一个关键的位置,尤其是在吉隆坡南部到新加坡的特定水域。安装这样的海岸雷达站不仅能够确保船舰的航行安全,还可以侦察该地区可能的海盗行为。然而,对海岸雷达系统的有效使用有赖于一个关键因素,那就是毗邻这一受限水域的三个国家即新加坡、马来西亚和印度尼西亚之间的合作。

水面装置。船舰是进行适当监视的最为灵活的武器之一。船可以移动,因此可覆盖大片区域对目标进行识别,需要的话还可以对可疑船只采取干预行动。

大型船舰。轻巡洋舰大小的船舰是最方便的,耐力很强,还有可能操纵直升机。轻型巡洋舰甚或是近海巡逻船都无须技术维护。他们只需充当直升机平台即可。轻型巡洋舰是理想的监视装备,既能移动,又配备雷达系统、被动元件、指挥与控制中心、良好的通信线路,合理的速度及在操作区域有更加持久的耐力。除监视设备之外,有效的武器系统还可帮助这些船舰拦截可疑船只。强行登船队可对可疑船只进行检查,如有必要还可没收船只将其带至港口。

护卫舰主要用于反潜战及/或防空站和水面战,当然也可用于监视任务。它们的耐力一般比轻型巡洋舰大小的船舰长。它们的指挥与控制设备以及武器系统也更加复杂。护卫舰应用于多项任务,而不仅仅是监视。其他大型船舰也同样如此,如歼击机和巡洋舰等。与小型船舰相比,大船的优势在于他们有直升机维护能力,这样就能减少对岸上服务站的依赖。

巡逻快艇。军事、警卫及海关巡逻快艇的用途非常有限。一般情况下,这些船舰在海上停留的时间不能过长。由于船员数量有限,部署时间不能超出36小时。另外,这些船的使用取决于天气状况,在狂风暴雨的海域操作时间需有所减少。和轻型巡洋艇与护卫舰相比,指挥及控制设施也是有限的。在与海岸雷达组织紧密合作的情况下,巡逻快艇很容易就能用于识别及干预任务,还可当作备用。

潜水艇。潜水艇完全不适用于监视任务,它们的速度相对较慢。另一个问题是,潜水艇的天线高度很低,所以雷达覆盖面积非常有限。想要派遣船队强行对可疑船只进行检查几乎是不可能的。潜水艇的主要目的是秘密操作以逃避监测并产生最大的水下火力,因此它根本就不适合执行监视任务。

飞机

固定翼飞机。固定翼飞机可覆盖较大的监视区域,因此在海上巡逻中具有很大的优势。固定翼飞机可通过使用科技设备或低飞慢飞的方式识别入侵者。虽然一些种类的飞机无须燃料补给就可在空中停留 12 小时,但持续的监视花费是很大的。想要在一个地区停留更长的时间,飞机需要足够的维护和工作人员。

海上巡逻机。有欧洲宝玑大西洋反潜式巡逻机、英国猎迷反潜巡逻机、美国 P3 猎户座反潜巡逻机及印尼 CN235 反潜巡逻机等。由于任务时间相对较短,歼击机不适于监视任务,但或许能用于侦察这样的特殊任务。

直升机。通过识别及干预行动,直升机可有效支持监视任务。除视觉识别之外,直升机还可轻易装配任何种类的轻兵器,如机关枪或火箭。比如在海盗行动中,直升机可迅速抵达目的地进行干预,迫使海盗终止行动。但直升机不能将非法船舰强行送至最近的港口等候进一步的控诉。

卫星。卫星是监视的战略资源。可惜不是所有国家都有卫星,比如那些不具备太空科技的国家就没有。因此,多数亚洲国家只有在态势紧张的情况或通过特殊要求才能接收卫星信息。拥有卫星的国家可持续监测大片区域,因此占有一定优势。但一个较大的不足之处在于,天气情况可能影响卫星的使用(如浓密的云层遮挡了观察地区)。雷达及照相卫星都是如此。

搜索与救援

海上运行的所有设备在搜索与救援方面的功能都相对有限。在海上发生事故之时,他们可以在救援协调中心的控制下协助主要的搜救活动,救援协调中心位于海洋总部的岸上或在另一个救援协助中心之内。

结论

在监视任务中,很多不同的资源都可使用。在沿海地区及受限水域,一个配备雷达、监视中心及可靠的通信系统的海岸雷达组织是最合适的系统。可以对某一地区进行持续的监视,但还需要其他船舰及飞机的支持。国际合作在马六甲海峡至关重要。这样的合作可减少海盗的威胁以及海上撞击或其他引起环境破坏的航行事故发生的可能性。

在开阔水域应使用大型水面船舰,同时需要固定翼飞机的协助。在和平时期,大型水面舰只可降低非法捕鱼、非法移民和走私等非法活动的威胁,因为他们可以在海上停留更长的时间。值得一提的是,要想高效运作,这些水面舰只必须具备足够的监测及识别途径、指挥及控制设备以及使用武力的能力。

海上阻绝

海上阻绝指阻止其他海上工具(如战舰或商船)使用某一海域。海上阻绝是危机管理中的第一步,也是海洋战争的一个后续选择。

危机管理

在危机的情况下,某一国或联盟(如北约)甚或联合国都可阻断海上某一区域。危机处理可设立所谓的"禁区",该地区不允许战舰的进入。它也可以是海上封锁,主要是用于阻止装有敏感物品的商船进入被封锁的国家的港口。例如,在古巴危机中,当苏联试图向古巴运送导弹从而威胁美国大陆时,美国就实行了海上封锁。还有一个例子是在前十年,当时南斯拉夫受到了海上封锁。封锁的目的是阻断南斯拉夫进行战争所需的战略物品的输送。

在危机管理领域,海军部队是政治家的理想武器。由于上述行动发生在国际海域的公海,因此与冲突相关的国家的领土并未受到侵犯。海军部队可通过在危机管理中增加或减低战争范围的方式应对冲突。危机管理通常是一个敏感问题。与岸上危机中心的政治人员及海上的特遣队指挥员进行密切合作是一个至关重要的前提条件。因此,必须建立各种各样可靠、加密的通信方式。

危机管理中最不严格的一步是跟踪其他(海上)工具。如果是在对这一意图进行政治宣告之后或之中展开跟踪,那么跟踪可表明执行这一行动的国家强烈的意图。这一任务需要大型海洋船舰。但这些船舰的使用取决于跟踪所在的区域。在沿海地区可使用任何工具,不管是小型快速巡逻艇、扫雷艇还是轻型巡洋艇。其他区域则至少需要一艘轻型巡洋舰大小的船舰或近海巡逻艇。参加跟踪任务的所有海上工具都必须保证与其海上总部保持永久可靠的通信。

海上阻绝需要大型水面舰只,因为他们可以在海上停留更长的时间。根据区域的大小,需为海上的指挥员准备一定数量的船舰。这些船舰执行上文所说的监视任务。远洋船舰可获得海洋巡逻机的支持,这些巡逻机可覆盖的区域更大。为了检查可疑船只的装载,需要组建一个经验丰富、训练有素的登船小组。该小组最好通过直升机或小艇从母船上转移到可疑船只之上。当然,检查小组及母船之间良好的沟通是非常重要的。

在海上建立禁区之后,监视区域可辐射200海里;该地区须有船舰或海上巡逻机持续监控。需要船舰来加强对该地区的监测并阻挡可能的入侵者。潜艇是一个未知威胁,因为即便知道他们可能存在,也无法掌握他们的具体位置。如果潜艇利用环境(最佳深度)及其可操作的相对较大的区域,那么通过攻击性搜索行动侦察潜艇的可能性很小。比如皇家(英国)海军在1982年的福克兰战役中就建立了一个这样的禁区。当时有一艘阿根廷潜艇没有被侦察到,因此对英国军队造成了持续的威胁,这艘潜艇差一点就成功地击沉了一艘大型船舰。如果当时阿根廷成功击沉了一艘贵重装置,战争的结果很可能是阿根廷获胜。

战争时期,以上的行动继续进行,可能还会有布雷活动。雷区会改变地理。在国际海域布置雷区意味着宣战。可能只有那些事先得到国家政治批准的船舰才敢布雷。

在形势紧张的时候,比如说战争或危机期间,海陆空三军(如果有的话)

经常进行联合演习。联合演习需要指挥及控制设备。如果是跨国演习，还需要配备指挥及控制设备的联合总部。当然，还需要情报部门为演习收集、评估信息，它是整个系统当中不可或缺的一部分。

另外还需要用于军队运输的登陆舰、用于材料运送的货船或载货渡船及必要的流通支持。大型运输飞机或直升机都可运输人员及材料。由于这些海上运输方式往往有限而且购买和维修费用高昂，许多国家（尤其是发展中国家和群岛国家）必须依赖船舰。

后勤

考虑到海上操作需求时，必须提一下后勤。没有足够的后勤支持，海上行动是不可能顺利进行的。海上的船舰和飞机既需要海上后勤设施，也需要陆地后勤设施。提供石油、水、食物、弹药和备用元件的油船和补给舰大多是海上特遣部队的一部分。岸上还需要仓库和造船厂保证战斗装备能完成各自的任务。由于后勤保障是项国家责任，如果各国设备不协调往往会产生问题。为保证关键设备之间的工作协调，各国之间必须达成相关设备标准的协议，但这说起来容易，做起来就不那么容易了。

训练

舰队的质量主要由船上人员决定。因此，对船员进行良好、专业的训练与船上的材料一样重要。训练不仅需要学校或训练中心，还需要模拟装置。程序及系统操作的使用都可在岸上进行培训，从最简单到复杂的操作。但不管是岸上训练还是模拟训练，都无法代替海上训练。

总结

不管是在目前还是可预见的未来，亚洲国家之间发生武装冲突的可能性都非常小。这些国家的主要关切在于保护其自然资源及阻止海盗攻击其海上通道。原则上，东亚国家的海上操作需求与其他拥有海军的国家是一样的，但由于配备直升机的近海巡逻船能立即对任何出现的威胁作出反应，在狭长的马六甲海峡安装海岸雷达的需求变得更加迫切。海岸雷达组织还可用于保护该地区的密集运输，从而促进航行安全、避免海上事故并保护海上环境。对那些需要高昂的维护费用的过时船舰和飞机进行现代化是必要的。另外，像印度尼西亚这样的国家需要购买更多的船舰来覆盖其广阔的海域，从而保护其自然资源并促进马六甲海峡的整体安全状况。

第四节　核与生化武器威胁的问题[①]

在 2001 年 9 月 11 日恐怖分子袭击世贸中心和五角大楼，以及炭疽攻击威胁发生之后，拥有大规模杀伤性武器的恐怖组织袭击给美国带来了真正的威胁。在国内准备项目的范围之内，美国政府在 2001 财年拨款 16 亿美元用于加强联邦、州及地方政府应对恐怖袭击的准备。美国前总统克林顿预测，一场涉及生化武器的事件"几乎绝对会发生"。

自从 2001 年 9 月曼哈顿世贸中心、1995 年 4 月俄克拉荷马市的一栋政府办公大楼及 2000 年也门"科尔号驱逐舰"遭受恐怖袭击之后，具有恐怖主义背景的暴力行动威胁受到了越来越多的关注。这些袭击有可能涉及生物化学武器。1995 年 3 月日本奥姆真理教徒在地铁发起的沙林毒气攻击属于化学战争，而 2001 年 9 月一直到当年年底美国发生的炭疽攻击则显然属于生物战争范畴。

美国在加强 NBC（核与生化武器威胁）防御能力方面采取了重大的措施。1998 年展开的化学战争模拟凸显了当时美国在这一方面严重的不足。时任美国国防部长曾说："我认为我们在很多方面都有所欠缺，包括在处理化学武器方面。"因此，2001—2005 年，美国将拨款 42 亿美元用于 NBC 防御项目。

这一系列事件及已经采取或需要采取的措施表明，虽然全球范围内东西

---

① 作者：伊恩斯特·哈普勒。

之间的冲突已经结束,但 NBC 武器的威胁依然存在。但在过去的几年中,这一威胁的类型及程度都发生了重大的改变。

大规模杀伤性武器的恐怖袭击的可能性已大大提高;恐怖主义势必成为一种战争形势。另外,生物及化学武器也受到越来越多的关注。部队在危机应对及管理方面面临的日渐增长的挑战也改变了威胁态势。对于新的威胁情景必须要有所预见,这些威胁情景可能会导致对化学及生物攻击的预测和评估越来越难。

虽然各国及国际社会都在努力进行武装解除及军备控制,但想要在可预见的未来在全球范围内安全地消灭大规模杀伤性武器似乎是不可能的。

出口管制及防扩散的政治手段最能够限制(但不能阻止)这些武器的扩散以及零部件、投射手段和相关技术的传播。

冷战后大部分海军不断扩大任务范围,尤其是在参与维和行动、采取强制措施,以及海岸监视方面,迫切需要更高水平的 NBC 防御能力。

核与生化武器的威胁

除了《核不扩散条约》的无限延长、《化学战争公约》和几个双边多边协议的生效等积极趋势之外,核、化学及生物武器造成的总体危险水平仍然令人担忧。过去几年的发展展现了生化战争武器及其投射手段的交易及自主生产方面日益增长的趋势,而那些努力禁止核与生化武器的国家与组织在这方面的影响却非常有限。

对于那些政治体制激进、试图拥有大规模杀伤性武器的国家而言,由于各种原因出口管制至少有一定的延迟效果。但出口限制最终没能发挥太多效果主要有两个原因,一个是几乎所有用来开发及生产生化武器的材料都有"两用"特性,另一个是基本原则及技术的传播无法阻挡。扩散问题,也就是 NBC 武器的存在、转移及进一步开发的问题需要克服巨大的困难才能最终解决,这主要与其获取动机有关。

很多国家试图拥有大规模杀伤性武器,这主要有三个原因。

第一，拥有核武器可让一个国家在国际关系中获得特殊地位，因为这会让其他国家在与这些国家的交往当中有所限制。对一些工业国家的武装力量而言，传统的核武器仍是威慑的必要手段，而对于另一些国家而言，核武器则是政治再保险的有效手段，也是他们的"最后一招"。

第二，国际政治力量在拥有核武器方面分布极不平衡。很多所谓的"第三世界"国家及即将进入工业发展的国家一开始在传统军事冲突中没有任何机会对抗高度发达的国家。结果，为了将本国的意志强加于敌人，非传统途径变得必不可少。这种战争类型也有在跨国危机行动中阻止或中断维和或调停任务的意图。

第三，拥有核武器使一国有可能开发生产大规模杀伤性武器。伊拉克就曾经进行过核武器的研发项目，而且在国际原子能机构的检查过程中并未被发现。

然而，核武器及其配件的开发及获取非常精密、复杂、昂贵，而且需要强大的基础设施。打造核武器的大部分材料都只能用于这一目的，也就是说，它们是"单一用途"，很容易就能识别。由于其信号涉及辐射，因此也能够监控。

防止核武器扩散的大量双边及国际协议和措施（如《防核扩散条约》1968（1995）的延长）以及位于维也纳的国际原子能机构不断增加的权力发挥了明显的效力。在化学武器扩散方面，《化学战争公约》（1993）的签署及部分生效以及在海牙设立的负责核实的控制机构都是很大的进展。然而，过去几年一些严重的趋势已经出现。

一个令人非常担忧的问题是苏联残留的巨大的化学武器战争储备库。虽然有很多具有法律约束力的条约和多边协议要求摧毁所有化学武器，但分析师对库存大小的准确性有所怀疑。由于缺少资金，俄罗斯的专家认为他们不可能实现设定的到2007年清理完其化学武器库的目标。

秘密生产化学武器的机会很简单也很多。例如，可以开发新的战剂，还可以挪用或进一步开发民用项目（如农药行业）的化学物品。这些都不需要高科技，其中的成分也很容易获得。生产化学武器所需的所有材料和设备都符合"两用"规则，也就是说，他们还有无害的民事用途，而且在多数情况下都能低价在市场上买到。在化学武器的投射手段方面，一些国家过去几年对弹道导弹的关注越来越多。越来越多的国家,尤其是那些在危机地区的国家,都拥有扩大射程的弹道导弹。

目前公众对生物武器的关注越来越多。因为相比核武器和化学武器,他们拥有许多独特的优势。"穷人的原子弹"这一短语已经不再是简单的口号而已了。生物战剂的生产很简单、快速,数量也很大。微生物学的学生都能完成这一任务。这些武器所需的材料价格适中,另外由于它们的"两用"性能,很容易就能获得。武器化,如基于气溶传送系统的武器化,在过去几年已获得了很大的发展。但目前在该领域提供及时警告的侦察科技还不存在。

联合国检查员在伊拉克发现了做好战斗准备的、填充肉毒菌病原体的战术火箭弹头及炸弹。科学家已计算出,100千克的炭疽病菌被气溶胶发生器传播之后,在一大片城区内(如华盛顿特区)造成的伤亡比100万吨热核弹造成的伤亡还要大。1975年的联合国生物武器公约(目前正在修订中)尚未包括任何检定规程,关于其是否能够保证安全这一问题存在很大的质疑。

随着基因工程及生物科技的快速发展,生物威胁出现了一个全新的层面。现在可通过转基因生物生产新的生物战剂。生物武器的运用在今后的军事冲突中会如雨后春笋般爆发。

使用大规模杀伤性武器的恐怖袭击所带来的危险,不仅仅引起美国的关注,它已成为每一个重大危机中考虑的一部分。毋庸置疑,恐怖组织及军事派别正变得越来越突出。一些组织,尤其是那些受扭曲的宗教及文化意识形态驱使的组织,已经表现出他们想要造成大量伤亡的意图。

虽然大多数恐怖分子仍然倾向于轰炸、射击、绑架等经验证的传统战术,但化学及生物武器的诱惑也越来越大,因为使用这些武器几乎不会被发现。成功的化学或生物武器所需的材料数量很小,因此很多国家都想使用,而且这些武器也很容易隐藏。在东京沙林毒气事件发生之前,奥姆真理教已经在对杀手武器炭疽病毒、肉毒杆菌毒素及Q热病和霍乱的病原体进行了许多年的试验。恐怖袭击很难预测。因此,预防措施的效果非常有限。

海上核与生化武器威胁的方方面面

原则上,只要有核武器,就有核风险。核武器运载器、海上战略船舰、操作指挥及控制装备以及港口和操作基地都应视为防止核风险的首要目标。

对海上船舰使用核武器的威胁相对较小,因为想要在开阔的海洋上的一大片范围内产生有效的战剂浓度非常困难。但单个船舰或护舰,不管是靠近海岸操作,穿过运河还是停在港口,停泊还是行驶,都面临巨大的威胁。在这种情况下,持续化学战剂的威胁也许比非持续战剂的威胁更高。

对单个船舰、护舰或海军装置使用生物武器几乎在任何情况下都是可以想象的。破坏小组可将生物战剂植入共同的保护装置、饮用水或食物当中,因为这样可污染整个储藏,也可以将海上的船舰伪装成渔船,通过生成器向护舰释放气溶形式的病原体。因为没有探测器以及潜伏期的长度不同,在港口内对船舰的攻击可能直到疾病在海上爆发之后才会被发现。

2000年10月也门"科尔号"驱逐舰遭受的爆炸袭击清楚表明,海军也可能成为恐怖袭击的对象。基于以上种种原因,下一个这样的攻击可能会涉及化学或生物武器。大规模杀伤性武器对世界各国的海军带来的威胁多种多样,而且由于海军承担的新任务,这些威胁甚至有所增加。因此,海军在跨国危机管理行动中必须做好特别准备以应对不安全的情况或意外袭击。在核、生物或化学威胁冲突之下,这也许要求在早期阶段采取保护措施,进行预防,如穿上个人NBC保护衣以及在共同保护装置中寻求庇护。

海上船舰的核、生物、化学防御措施

总体

高水平的NBC防御能力能提高敌人使用化学或生物武器的判定门槛,降低核攻击的副效应。通过平衡的NBC保护及防御措施,海上海军设备可实现有效地预防及最大可能地降低损害的程度。

核与生化武器防御准则

以下准则是用于海上部队的 NBC 防御能力:

- NBC 防御训练必须在任务开展之前完成;

- 上级部队应对下级部队的 NBC 防御能力进行周期性检查;

- 当接到一项必须在 NBC 威胁或 NBC 环境之下完成的任务时,海上部队须做好充分的材料准备;

- 不论共同保护的类型及能力如何,NBC 威胁下的任务的开展不能受到任何限制;

- 尽可能避免在危险区域持续停留或穿越该地区;

- 在具体情况中可能会出现一些限制,尤其是时间上的限制,如在持续化学战剂的污染或共同保护失败的情况下。

岸上核与生化武器防御

岸上 NBC 防御主要包括胰腺癌主要任务:

- 建设性 NBC 保护;

- NBC 警告及上报服务;

- 岸上 NBC 防御部队的组织;

- NBC 防御材料准备;

- NBC 条件下的行为。

建设性核与生化武器保护

为了满足 NBC 保护的要求,军航应应用最可行的技术设计,来保护其内部免受污染、热辐射、压力或冲击。这主要通过以下方式实现:

- 为所有战舰及安装设备进行防震设计;

- 使用防火防震材料及抗化学战剂涂层;

- 运用不透气的船体划分;

- 安装 NBC 过滤系统、NBC 锁及冲洗系统。

根据任务类型,军舰采用渐进的建设性 NBC 保护措施。这些任务包括:

- 战舰;

- 与战舰共同操作的补给舰;

● 不与战舰共同操作的补给舰；

● 其他船舰。

大多数战舰及补给舰都是完全或部分作为"大本营"使用。这些共同保护装置包括整艘船或其中的主要部分。

大本营的所有房间都是密闭的。它们应通过 NBC 过滤系统配备未受污染的空气,同时置于超压状态之中。这些房间里的军人不需要个人的 NBC 保护。

这一密封的大本营可维持几周而不降低速度或影响武器使用。在大本营受损失,可形成次级大本营。

在密闭大本营的使用过程当中,驾驶设备巨大的气流需求可通过一个独立的燃烧系统提供给发动机。

大本营内应设定覆盖站。由于其在船体内部的位置及其非常靠近战斗所,这些覆盖站可用于削弱伽马辐射。

为了人员的去污染考虑,NBC 船闸应设在各个污染风险区域的接点,如露天甲板、存储空间及大本营。具体设施取决于军舰的类型。最基本的设备包括一个人员去污染装备、去污染衣物袋、额外的保护面具及滤毒罐。

对于没有大本营的船舰而言,必须要有防护罩及临时的 NBC 船闸。

所有被几块甲板或其他区域包围起来的房间都是合适的防护罩,包括播音室和驾驶台。相互连接的防护罩就是大本营。

对于临时的 NBC 船闸而言,应设定两个共用一扇不透气的连接门的房间,这两个房间应该位于上甲板和大本营之间。可能的话还应包括一个浴室或盥洗室。

所有船舰都应配备一个永久或临时安装的 NBC 清洗系统,该系统由消防系统提供。通过水管或喷头在军舰上形成一个水帘。这样的话,如果及时激活清洗系统(如配备 NBC 武器的攻击开始之间),上甲板及上盖结构 80% 的污染物都可被清洗。如果在攻击发起之后激活清洗系统,去污染的效果会有所下降。

所有船舰都应安装有不同数量传感器的辐射监控设施。

应引进对带有固定或移动传感器的化学战剂自动警报系统。

核与生化武器警报服务

保证海上 NBC 防御有效进行的一个重要前提是电脑化的警报系统。海洋 NBC 搜集中心首先对即将发生或已经发生的大规模杀伤性武器使用的所有报告进行评估,然后将合适的信息发布给海上部队。警告信息包括以下几种:核、化学、生物及泄漏警告,还有紧急情况下的 NBC 警告和核警告。军舰本身应装有自动警报系统,在出现泄漏或化学战剂之时及时发出警告。

海上核与生化武器防御部队组织

在实际操作过程中,掌管船上 NBC 防御的军官可担任负责损害控制的专职官员,在较小的部队中则由轮机长或机械员的高级军士担任。

为了完成任务,负责 NBC 防御的军官应随意支配以下内容:

- 由损失控制部门指派的永久专员完成所有需要的 NBC 防御任务;
- 临时指派的支持人员执行 NBC 防御的部分任务。

在发出 NBC 警报之后,负责 NBC 防御的军官必须配有最少的 NBC 防御人员负责现有的每一个 NBC 船闸,包括:

- 侦察队内外各一个;
- 一个去污染小组组长;
- 一个船闸队;
- 每一个覆盖站应各指派一名站长。

核与生化武器防御材料准备部门

任务分配之后,应采取以下措施:

- 召集部分储存在仓库的 NBC 防御材料;
- 向 NBC 过滤系统安装汽油及气溶过滤器;
- 试用 NBC 清洗系统;
- 完成并检查单个的 NBC 保护设备;
- 分发、试穿个人 NBC 保护衣;

- 集中储藏个人保护衣;
- 建立与 NBC 手机中心的通讯系统;
- 加强环境及天气观察。

核与生化武器条件下的行为

根据来自 NBC 收集中心的警告信息或警告的类型,应在海上采取适当的保护措施。由于很多措施经常雷同或重叠,此处只列出那些在收到化学警告之后所需采取的措施。

当与化学武器相关的攻击即将发生或已经发生,或存在由漂浮的战剂云雾造成的危险之时。NBC 收集中心会发出化学警告,具体来说,应采取以下保护措施:

- 清理船舰准备行动;
- 在甲板上的其他措施;
- 清除所有任务必需的可运输材料及设备,包括 50% 的浮标;覆盖所有很难用帆布或塑料薄片去污染的固定装置或设备,前提是当前的任务不需要持续使用这些设备;
- 通过激活 NBC 清洗系统定期进行再湿润,以保持最上面的甲板一直湿润;
- 准备密封的遮盖物;
- 维持大本营内的超压;
- 为一个 NBC 船闸配备人员及材料;
- 在指定侦察点粘贴化学战剂侦察纸;
- 向船员分发解毒剂;
- 未受集体保护的船员穿 NBC 个人保护衣作为部分保护。

训练

船上人员的 NBC 防御训练应采取海洋训练中心的损害控制课程的形式。除侦察、去污染及对单个 NBC 保护设备的信心训练之外,还应包括所有船上具体的 NBC 防御措施,如通风设置、清洗系统及 NBC 船闸的激活,以及 NBC 过滤系统的过滤器交换。

此外,船员在其船舰接受后方维护时也应接受 NBC 防御训练。这一训练是舰队培训的必要前提。比如在德国,每艘船舰每两年就要进行一次这样的训练,主要包括维持七天的损失控制战斗训练。这两年间还会有维持三天的补充训练。另外,护卫舰及驱逐舰每四年会进行维持数周的作战演习,在此期间还会有高强度的 NBC 防御练习。

总而言之,海军面临着 NBC 威胁,而且这一威胁不可小觑。预防性技术手段及人员培训有助于降低 NBC 攻击对海军的负面影响。采用德国的训练周期可保证任何海军的船舰在 NBC 威胁或 NBC 环境中圆满完成任务。

第三章　太平洋地区的海洋
战略力量及其政策

第一节　美国亚太区域海洋战略①

展望 21 世纪,美国海军正在对海权重新定义:构建战略环境,打击任何反对势力,投射并保持足够的陆地力量,如航空母舰、炮火、导弹以及海军陆战队,遏制冲突的发生,终止一切侵略活动,或是为更大的同盟力量扫清障碍。简而言之,美国海军在任何时间、任何地点都将对从海岸到海洋上发生的一切事件产生直接的、决定性的影响。

——美国海军上将、海军部门主管　J.约翰逊

导论:历史对海洋战略影响

斯坦利·罗斯是美国前总统比尔·克林顿第二任期内负责东亚与太平洋地区事务的助理国务卿,在其卸任时发表的告别演说当中,罗斯做了一个安全的预测。他说:"从过往的历史来看,美国对亚洲的政策将更多地体现出延续性而非要改弦易辙。"②任何一种美国对亚太地区③的政策模式都受到两个结

---

① 作者:约翰·多斯奇。
② 斯坦利·罗斯,2001:《美国对亚洲政策:我们的过去及未来》。致亚洲社会,华盛顿特区,1 月 11 日(http://www.state.gov/www/policy_remarks/2001/010111_roth_uspolicy.htlm)。
③ 和美国国务院的定义类似,亚太地区指的是太平洋在亚洲的部分,包括东南亚和东北亚各国、澳大利亚、新西兰及俄罗斯的"太平洋部分"。本文中东亚与亚太同义。

构性因素的影响，这两种因素深深植根于历史当中。首先，一般说来，美国在
国际关系中占有优先地位，这一点深深植根于人们对美国例外论与道德论的
强烈信仰。按斯坦利·霍夫曼的经典定义来说，就是"对非同凡响、独一无
二、前无古人、后无来者"的美国特性的深刻、持久的信仰。① 其次，影响美国
对亚太地区战略的第二个因素是将太平洋视为美国影响力下的一个天然区
域，或为美国"内湖"这样的一种观点。这个概念可以上溯到 19 世纪晚期。
"任何查看 1898 年地图的人都会很快注意到，从所有重要的战略点来看，整个
北太平洋边缘地区都处于美国的控制之下"。② 20 世纪前夕，夏威夷的合并
与菲律宾的殖民化都标志着美国向太平洋扩张的重要阶段。历史学家创造了
"受邀而至的统治者"、"感性的帝国主义"这样的词语来描述美国向太平洋扩
张的过程，虽然最初有战略上的考虑，但其发生更多出自计划之外，而且一直
都备受争议。然而，美国介入亚太地区的结果却是无可争议的。在一个多世
纪的时间里，太平洋一直被认为是创造美国机会的主要地区。"地中海已成
为过去，大西洋主导现在，而未来将属于太平洋。"③美国国务卿约翰·海 20
世纪早期的言论与约八年后美国驻日本大使詹姆斯·浩德格森的言论极其相
似。他说："目前繁荣的太平洋地区是人类历史上发展最为快速的地区之一。
从现在开始，'太平洋'即是'未来'。"④

　　亚太地区是华盛顿外交政策战略的焦点，目前这一理念丝毫不变，不仅如
此，保持在亚太地区持久深远影响力的战略也一直未变。其中，美国海军扮演
了最为重要的角色。进入 19 世纪末期，西进运动的想法与海权理念的关系变
得更为紧密。阿尔弗雷德·塞耶·马汉将军（1840—1914）是那个时代最具
影响力的研究海洋理论的作家，他"详尽地说明并在很大程度上帮助宣传了

① 斯坦利·霍夫曼：《首要地位还是世界秩序》，冷战以来的美国外交政策，纽约等，1978
年，第 6 页。
② 曼佛雷德·莫尔斯：《亚太地区的区域化》，《政治学杂志》1996 年第 4 期。
③ 阿里·瓦德汉纳：《泛太平洋挑战》，《亚太经合组织及亚太区域合作的印尼视角》，雅加
达，1994 年，第 175 页。
④ 阿里·瓦德汉纳：《泛太平洋挑战》，《亚太经合组织及亚太区域合作的印尼视角》，雅加
达，1994 年，第 175 页。

海洋、商业与帝国扩张的狂热"。① 很多人都认为，马汉将军对海洋战略的重要性相当于卡尔·冯·克劳塞维茨对军队的重要性。"对马汉将军而言，掌控海洋意味着控制商业以及拥有政治霸权"。② 即便马汉对美国海军转变的影响时常被夸大，但有一点很确定，那就是马汉的《海权对历史的影响》一书的到来尤为及时，对美国海军而言极为重要，马汉也因为该书被奉为美国著名的海权预言师。19 世纪 90 年代末期的特征便是地缘政治的重新组合。最终，美国从一个海上力量较弱的陆权国家转变为一个占据太平洋主要领土的帝国力量。③ 西奥多·罗斯福总统在 1901 年就职之时，美国海军军力比法国、俄国甚至是意大利和日本都要弱。然而，八年后当他的任期即将结束之时，美国海军已经发展到世界第二，仅次于大英帝国了。1916—1918 年间美国经济实力的快速增长促使美国打造一支"世界无敌的海军"。④ 伍德罗·威尔逊总统宣布了该项计划，美国国会提供了立法框架。然而，美国并没有开展军事竞赛挑战大英帝国的重要地位，特别是 1902 年的英日海上同盟，相反，继任的哈定总统签订了一个关于海军军备限制的国际性条约。1921—1922 年的华盛顿会议构造了一个框架，用以支持一战结束后持续发展的三国海军体系。美国当政者的利益基本得到满足，1922 年制定的《五国海军条约》将英国、美国与日本海军拥有的主力舰与航空母舰的数量限制在 5∶5∶3 的比例，这一条约主要维护了美国当局的利益⑤。在随后的十年当中，这一海权的会议体系，作为首个现代国际公约之一，得到了非常有效的运作，虽然日本政府

---

① 阿尔伯特·维恩伯格，1963【1935】：《宿命：美国历史中民族扩张主义研究》，芝加哥【巴尔的摩】。

② 弗兰克·基波尼：《太平洋关系：美国及崛起的"太平洋地区"》，出自安托尼·麦肯格鲁、克里是多夫·布鲁克：《新世界秩序下的亚太》，伦敦，纽约，第 19 页。

③ 肯尼斯·黑根：《马汉的回复：美国海洋战略：1889—1992》，1995 年，出自凯斯·尼尔森，简·伊丽莎白：《海军及全球防御，理论与战略》，韦斯特波特/康涅狄格，伦敦，第 94—95 页。

④ 艾瑞克·歌德斯坦：《华盛顿会议英国外交战略评估》，1994 年，出自艾瑞克·歌德斯坦、约翰·毛雷尔：《华盛顿会议》，1921—1922；《海军对手、东亚稳定及通向珍珠港、伊尔福德和埃塞克斯之路》，第 16 页。

⑤ 该协议还包括批准法国和意大利海军各 175,000 吨，美国和英国各 525,000 吨以及日本 315,000 吨。

最初对这一结果非常不满。然而,该条约最终未能阻止日本在东亚的帝国主义侵略,也没能阻止太平洋战争的爆发。1945 年 8 月日本的战败标志着美国在广袤的亚太区域霸权的开始,这一霸权一直持续到冷战结束。虽然"霸权"一词在两极格局结束后的这一全球化世界中显得有些过时,但亚太地区的大部分国家仍然认为也倾向于将美国视为区域内的稳定者、中间人与平衡者。55 年以来,美国在亚太地区的重要地位建立在其强大的海洋力量之上。今天这种结构性优势比起二战结束之后更加重要,正如保罗·迪伯所说:

> 从防御计划的角度讲,在亚太地区,军事行动将主要集中于海上,认识到这一点非常重要。除了朝鲜半岛之外,美国军事力量不可能卷入大规模的地面军事行动之中。亚洲地区日渐兴起的对权力的争夺将主要集中在海洋而非陆地方面的政治断层线。中华人民共和国军事力量的增长,以及印度与日本两国军事对此的回应可能会对美国在沿海地区的友邦和同盟带来压力,该地区东起韩国和台湾,南至东盟国家和澳大利亚。①

在这样的背景之下,主要需解决三个问题:首先,在后冷战时期,美国的海洋利益与战略将如何影响华盛顿对亚太地区总体的安全观念? 其次,美国的海洋战略将在多大程度上与亚太地区的国家、同盟、友邦及可能的竞争对手合作。第三,与上一问题接近,目前的双边与多边合作是否足够应对海洋安全当前及未来可能出现的挑战?

亚太安全战略框架内的海上利益与目标

布什政府仍需形成一个新的全面的防御观念。眼下,1998 年制定的"美

---

① 保罗·迪普:《战略趋势:十字路口的亚洲》,《海洋战争大学评论》,2001 年冬,第 1 期 56 卷,在线版本:http://www.nwc.navy.mil/press/Review/2001/Winter/art2-w01.htm。

国东亚—太平洋地区安全战略"仍旧是华盛顿与区域国家之间的关系以及美国参与该地区行动的权威性蓝图。地区安全战略的基石虽然在较广的范围内建成,但均由双方协商一致决定,这些基石包括:

•维持美国对亚太地区事务的广泛参与,包括美国在亚洲驻扎将近 10 万军事人员;

•持续提升与日本、韩国、台湾、澳大利亚、泰国与菲律宾的同盟关系;

•广泛参与与中华人民共和国的合作,以求建立基于共同合作与双方共同利益的长期合作关系基础;

•扩大与东南亚国家在安全与信心建设方面的共同合作;

•扩大与俄罗斯的区域合作;

•支持包括区域内的多边及双边对话在内的安全多元主义的发展;

•促进民主;

•阻止与控制大规模杀伤性武器的扩撒;以及将恐怖主义、环境恶化、出现的传染性疾病、毒品走私及其他跨国挑战的作为"综合安全"的关键因素,加强关注。

美国国防部向总统及国会所作的 2001 年年度报告将这些战略目标进行了总结,并未作出任何重大修改。① 更为重要的是,在 2000 年 11 月,一个由美国两党组成的国家安全方面的前高级官员与主要专家提出了一个包括四部分的战略作为补充,并部分修改了 1998 年的文件。他们的"致新政府的国家外交政策与安全报告"强调,美国应该做到以下几点:

•重申其已经存在的双边关系。作为该进程的一部分,美国应该支持日本在修改其宪法方面的努力,以求实现日本将其安全防卫领域扩大至领土防卫之外,并获得适当的能力去支持联合行动;

•通过促进信息共享、举行联合军演及发展联合计划维持地区稳定来提升其与该地区双边盟友的伙伴关系及其他重要关系;

•指出任何可以促使他者使用武力的情况。因此,美国可以清楚明白

---

① 威廉姆・柯亨:《致总统及国会的国防部长年度报告》,华盛顿特区,2001 年。

地宣称其反对中国大陆对台湾地区使用武力,以及反对任何台湾寻求独立的声明。美国应该准备好帮助解决地区的一系列,包括南海在内的领土争端;

    ● 解决任何可能导致他国使用武力的情况。这样的话,美国可明确声明其反对中华人民共和国对台湾采取武力行为,也反对台湾宣告独立。美国应做好准备解决该地区各种各样的领土争端,包括南海的争端在内;

    ● 提升并引导尽可能大范围的亚洲国家之间的安全对话,包括东盟国家。①

    尽管这些及与此类似的研究产生的直接政策影响非常有限,最近的一项发展确实表明在这件事情上的看法有了一些改变。乔治·布什已经制定了"长期军事前景"的目标。② 为了实现这个目标,国防部长唐纳德·拉姆斯菲尔德已经要求国防部国内政策智囊团的领导人安德鲁·马歇尔来分析美国的安全环境,他曾获得激进改革者的称号。他的报告无疑是"对美国军事战略、结构与使命的彻底重审"的核心③。马歇尔已经对五角大楼传统的地缘战略观念提出了质疑。在其 1999 年的一份研究中,他指出,"美国大部分军事基地都在不会对美国重要利益产生威胁的欧洲……真正的威胁来自亚洲"。④ 目前,想要从地理位置上彻底转变美国的军事部署几乎是不可能的。跨大西洋关系是美国所有重大的军事战略的主要支柱,这一传统观念仍然处于主导地位。华盛顿主流看法似乎是基于像兹比格纽·布热津斯基(1997)这样的老一辈安全防卫专家的观点,他们更加倾向于将东亚视作欧亚大棋盘的一部分,而不是美国战略利益的重要领域。而其他人则反对这一以欧洲为中心的视角,他们认为当前美国在亚太地区的军事部署结构可能不足以应对未来可能

---

    ① 弗兰克·卡路奇、罗伯特·亨特、扎梅·卡里扎德:《控制:致总统的外交政策及国家安全两党报告》,圣塔莫妮卡:兰德公司,2000 年。

    ② 《华盛顿邮报》2011 年 2 月 9 日。

    ③ 弗兰克·卡路奇、罗伯特·亨特、扎梅·卡里扎德:《控制:致总统的外交政策及国家安全两党报告》,圣塔莫妮卡:兰德公司,2000 年。

    ④ 弗兰克·卡路奇、罗伯特·亨特、扎梅·卡里扎德:《控制:致总统的外交政策及国家安全两党报告》,圣塔莫妮卡:兰德公司,2000 年。

出现的安全挑战与威胁(详见下文)。美国太平洋司令部统帅丹尼斯·布莱尔将军是诸多批评者中的一个,他对司令部是否有能力做好充分准备满足未来的一切要求表示了质疑。①

太平洋司令部负责的区域覆盖了地球上50%以上的地区,从美洲大陆的西海岸到非洲的东海岸②,从北极圈到南极圈。目前大约有9万名军人③在亚太地区前沿部署,主要是在日本(特别是在冲绳岛,驻日本的4.7万名士兵中有60%都驻扎在此)④、韩国、关岛和迪戈加西亚。美国在该区域的海权主要建立在美国第七舰队及其使命的基础之上,该舰队是太平洋舰队的一部分,也是太平洋司令部的核心力量之一。第七舰队成立于1943年,是美国海军最大的前沿部署舰队,包括40—50艘舰船,200架飞机及大约20,000名海军与海军陆战队人员。其中18艘舰船位于美国在日本及关岛的海军基地,它们是整个舰队的核心。其他舰船则被轮流部署在夏威夷和美国西海岸的基地上。在西太平洋、印度洋与阿拉伯海湾的运作过程中,美国第七舰队承担了美国国家安全战略中的三个主要因素:威慑、前沿防御与联盟团结。在这一战略背景之下,该舰队的主要目标包括⑤:

1.对美国的领土、公民、商业、海上航线、盟国以及其他重要利益进行防御与保护;

2.利用美国海军的能力、机动性与灵活性,与其他的美国军事力量及其盟国与友邦的军事力量进行密切协作以阻止一切形式的侵略行为;

3.如果上述阻止行动失败,将采取对美国及其盟国有利的迅速而持续的

---

① 丹尼斯·布莱尔,《美国太平洋指令》:2000年3月15日在美国众议院军事委员会前发表的2001财年姿态声明(wysiwyg://235/http://Russia. shaps. hawaii. edu/security/us/blair_20000315.html)。

② 不包括南纬5°以北和东经68°以西的水域。

③ 根据五角大楼的官方数据,东亚军队的数量约为100,000。然而,一些评论者认为这一数据并不可靠,目前只接近90,000(瓦格纳,1999:270;迪普,2001)。

④ 美国军队在日本的任务、角色、问题以及总的美日安全联盟的详情可参见乌木巴赫(2000)。

⑤ 这些目标反映了1986年戈德华特—尼古拉斯国防部重构法(美国公共法99—443)所带来的变化,这一法案加强了联勤总部的地位,从而促使了军队之间的进一步合作。

作战行动结束战斗（美国海军第七舰队）。

具体来看，在传统的日常军事活动这一层面，美国海军力量的核心任务包括提供人道主义援助；执行国际制裁，如禁运及禁飞区；支持或参与维和行动，积极推动海上通道的安全。① 尤其在海上通道安全方面，美国海军已经加强其自身活动以保证地区秩序的稳定与安全，甚至在对美国国家安全利益的重要性降低的地区也是如此。②位于印度洋与南海之间 600 英里长的主要航道马六甲海峡，每日船只来回经过大概有 220 次③，"美国已决心保证这些船只的航行自由。"④正如时任美国太平洋司令部的统帅约瑟夫·蒲如福指出，"我们有一支极其强大的军队时常在南海巡逻。我们从不过度宣传自己，但目前我们正在考虑增加在该地区的军事人员。"⑤作为后冷战时期重大战略调整的其中之一，1997 年美日防卫协议调整后的防卫大纲为针对"日本周边地区的情况"所展开的联合军事活动提供了一个更大的框架。"日本周边地区"这一概念包括对海上通道的保护，许多观察家也因此认为台湾海峡与南海也包括在内。依据美国官方的解释，"日本周边区域"这一极具争议但却模糊的辞令是从地理位置而非根据实际情况界定的。

虽然对英国在地中海的海权战略、美国在加勒比海的霸权以及历史上其他军事强国的例子的分析，对多数人所持的前沿海洋势力对于维持和平至关重要这一观点提出了质疑，⑥但是下面美国海军对自身角色积极的自我认知反映的绝不仅仅是一个超级大国对自身超强实力的怀念与傲慢：

---

① 唐纳德·丹尼尔：《关于美国海权的建议》，讨论文件，海洋战争研究中心，海洋战争大学，2000 年（http://www.fas.org/man/dod-101/sys/ship/docs/000810-seapower1.htm）。

② 例如，丹尼尔（2000：4）提出，由于美国能源的多样化，即便是"石油海上通道"最后也将变得对美国不那么重要了。

③ 季国兴：《亚太地区的海上通道安全》，中心文件，亚太安全研究中心，火奴鲁鲁，夏威夷2001 年（2 月）（http://www.apcss.org/Paper_SLOC_Ocassional.htm）。

④ 理查德·哈洛伦：《品读北京》，《远东经济评论》2/25/1999：28—29。

⑤ 理查德·哈洛伦：《品读北京》，《远东经济评论》2/25/1999：28—29。

⑥ 爱德华·罗德，乔纳森·迪奇科，摩尔·米尔帮等，2000：《前沿部署与参与——"塑造"海洋战争的历史视角》，《海洋战争大学评论》，第 1 期 53 卷（冬季），在线版本（http://www.nwc.navy.mil/press/Review/2000/Winter/art2-w00.htm）。

马汉是对的:海军不仅仅是用来对付他国海军的;它们是国家政策的强有力的工具……事实上美国安全需求的核心基于一个前提条件——对海洋的控制。美国军事战略基于先前部署及力量投射,即保持在关键区域的部署,并在必要的时候,加强部署在海外的陆海空三军的力量。如果我们不能控制海洋与领空,就无法投射我们的力量控制或影响岸上的活动,无法实施遏制,无法形成安全的环境。①

美国潜在的竞争对手例如中国可能有能力建立起海军力量来部分限制甚至阻碍美国海军的自由航行;但他们缺乏相关的资源与途径去建立与美国海军规模相当的海军。事实上,美国拥有海上优越性已是不争的事实,真正的争议在于这一优越性有多大。而且这种优越性可能正在持续的增长之中。根据美国海军战争学院的研究报告,②有几个因素可能会提升美国海军在战略核领域及传统领域的作用。首先,美国战略核报复能力最安全的基础将在于部署的弹道导弹战略核潜艇(SSBN)。③ "随着美国逐渐减少其总体的战略核武库,缩短陆基导弹的使用年限,的确应该将其威慑力量更多地转向海洋,而不是去修建新的(昂贵的、可移动的)的陆基系统,在陆地上,这些陆基系统更易成为目标,因此非常不稳定。"④第二,也是联系较为紧密的一点是,如果美国执意为了自身及亚太地区的盟国部署一个战区导弹防御系统(TMD),海基平台将比陆基系统更具灵活性。⑤ 第三,在美国被迫减少对海外基地及传统盟国的依赖的情况中,海军将发挥更为重要的作用。1991—1992 年美国撤出在

① 约翰·强生,1997 年:《任何时间任何地点:21 世纪的海军》,海事研究所会议记录,第 11 期 123 卷(11 月),在线版本(http://www.usni.org/Proceedings/Articles97/PROjohnson.htm)。

② 唐纳德·丹尼尔:《关于美国海权的建议》,讨论文件,海洋战争研究中心,海洋战争大学,2000 年(http://www.fas.org/man/dod-101/sys/ship/docs/000810-seapower1.htm)。

③ SSBN:弹道导弹战略核潜艇。

④ 唐纳德·丹尼尔:《关于美国海权的建议》,讨论文件,海洋战争研究中心,海洋战争大学,2000 年(http://www.fas.org/man/dod-101/sys/ship/docs/000810-seapower1.htm)。

⑤ 保罗·曼,2000:《亚太地区的战区防御》,出自《航空周与太空技术》,第 4 期 153 卷(7 月 24 日):50—52。

菲律宾的军事基地一事即是这方面的一个先例。①第四,在全球化的世界里,国际关系日益复杂,海军力量拥有最大的战略及策略灵活性。由于在法律及外交方面所受的限制极小,因此美国海军可转向海外的沿海地区,"调整海军部署的可见度、水平及组成来适应目前的政治状况……海军可以提供全方位的传统力量投射……随时做好准备展开行动"②。

即便是那些完全赞成这些言论的人也不得不承认,不管是拥有超级大国地位还是海洋霸权地位,美国仍然需要与该地区的其他国家合作以实现东亚安全战略及相关蓝图中所制定的目标。正如第一次世界大战后的国际秩序需要来自美国方面的大国合作,后冷战结构也需要"整体的安全关系网络"以求"促进一个稳定、安全、繁荣与和平的亚太共同体,而美国则是其中积极的参与者、伙伴及受益人"。尽管如此,20世纪20年代的海洋制度与今天的海洋合作方式仍然存在一个非常大的区别。华盛顿会议的胜利成果并未付出任何代价就打破了英国皇家海军的卓越地位,并为美国提供了时间针对应对不同的战争情况做准备,然而,现在之所以要加强双边及多边合作,主要是为了分担负荷并增强美国在亚太地区重要地位的合法性,而非出于之前限制海军军备的需要。

双边与多边海军合作的挑战与必要性

1992年,为了应对地缘政治蓝图上的巨大的变化,美国海军与美国海军陆战队提出了一个新的战略视野"从海上开始",这一概念自推出之后不断被更新。这一视野将美国海军战略从海上的全球战争转向对美国安全利益比较重要的地区的区域性关注。海事服务关注的焦点在于沿海地带的冲突,其相应地更加依靠对美国视为威胁的事件作出快速、高效的反应。和克林顿政府

---

① 作为一个部分的选择,新加坡准许美国进入樟宜海军基地。

② 唐纳德·丹尼尔:《关于美国海权的建议》,讨论文件,海洋战争研究中心,海洋战争大学,2000年(http://www.fas.org/man/dod-101/sys/ship/docs/000810-seapower1.htm)。第四点详细说明了盖埃诺(1997)对"全球化对战略的影响"的大体设想。

第一任期内的"参与与扩展"外交途径一样,修改后的海军战略高度强调"美国不再是一个致力于遏制竞争对手的联盟或联合体的领导者。我们也不再向盟国或者友邦寻求支持以应对一个有敌意的全球威胁。我们基本的'反对'联盟——反苏联盟、反共产主义联盟等已不复存在。今天,我们比近半个世纪以来的任何时候都有能力去强调积极的国际目标——支持民主、贸易、自由市场、保护人权等。"

在这一背景之下,我们认为国际海洋合作应该做到以下几点,如:

- 通过提高自信与透明度促进和平;
- 培养对美国的信任并且通过开展多国联合军演来改善区域内关系;
- 构建一个共同利益与价值观的基础,以提高美国利益的国际合法性;
- 扼制有损美国利益的行为,反对"流氓国家的冒险主义";
- 通过与盟国或者友邦开展联合军演与协作直接提升美国海军的战斗效率;
- 通过让区域内的国家参与联合演习以增加海军的可信度,这一做法更加可信,因为这样做能"向该地区潜在的挑战者传递一个信号,即区域内的演习参加者有政治意愿与美国一道,在危机时刻使用武力";
- 减轻联合国维和行动中美国的负担。

尽管克林顿政府一开始的"新威尔逊"言辞很快为一个更加普遍的"现实政治"的模式(主要是 1994 年以来共和党占据了国会半数以上的结果)开辟了道路,前文简要总结的国际海军合作这一概念丝毫未变。与此同时,不管是亚太地区国家分担还是责任共享,都从未想过要让其取代美国的领导与首要地位。克林顿政府一直以来都把促进合作作为一种手段,去保障后冷战国际关系结构中(比起前一时期,这一结构更不清晰)美国在亚太地区的主导地位,并同时他也将其视为一种委托并分散金融和政治责任的策略。乔治·布什政府若想对这一总体姿态作出任何重大的变动,都有可能造成一番轰动。

随着冷战后美国太平洋舰队规模的缩小以及美国可能卷入的紧急事件的范围扩大,美国可能希望从它的传统盟国那里得到更多。特别是日本与澳大利亚有能力补充太平洋舰队的水面舰只、海底潜艇及海事巡逻飞机。这两国海军的传统潜艇拥有美国海军所不具备的操作上的优势。日本与澳大利亚一共有 22 艘潜艇(太平洋舰队有 30 艘核攻击潜艇);66 艘驱逐舰与护卫舰(太平洋舰队有 53 个主要的水面战舰);109 架 P—3 海上巡逻机(太平洋舰队有 77 架)。① 升级后的《美日防卫大纲》在 1999 年 5 月的会议上获得通过,它为美日在以下领域进一步的合作提供了制度性框架:

- 处理难民问题的救济活动与措施;

- 搜救;

- 对联合国采取的经济制裁的强制执行;

- 在远离常实战操作区域的国际水域为美国海军提供后勤补助。

为了实现这些目标,日本自卫队采取了一系列措施,其中一项就是打造一艘 13,000 吨级的补给船来更好地支持美国海军的军事行动。日本 2000 年的国防预算(484 亿美元,位居世界第二)也允许其建造了四艘快速导弹舰船,部署在日本海的海岸线上。② 与此同时,新的防卫大纲不能掩盖的一个事实就是,扩张日本力量投射的任何计划都面临着重大的政治障碍。即便在一些情况下,日本宪法及历史负担都无法阻碍进一步的海洋合作,美国的盟国与邦国积极支持美国太平洋舰队的利益或者说是能力仍然是有限的。例如,到目前为止,东盟③陆海空三军仍需依靠美国第七舰队来保持东南亚航道的安全与自由,如马六甲海峡和斯普拉特利群岛(即南沙群岛)周边海域。除了海军、空军力量的不足之外,各国之间对各自军事现代化项目及整体意图的相互猜疑,尤其是印度尼西亚、马来西亚、泰国、新加坡等国,是建立更加有效的地区海洋秩序的主要障碍。④

然而,把安全合作仅仅理解为共同的军事行动过于狭隘。以下矩阵列举

① 保罗·迪普:《战略趋势:十字路口的亚洲》,《海洋战争大学评论》,2001 年冬,第 1 期 56 卷,在线版本:http://www.nwc.navy.mil/press/Review/2001/Winter/art2-w01.htm。
② 谢尔顿·西蒙,2000:《亚洲武装力量:内外部任务及能力》,NBR 分析,第 11 卷(5 月)。
③ 东南亚国家联盟(东盟)成立于 1967 年,目前成员国包括文莱、柬埔寨、印度尼西亚、老挝、马来西亚、缅甸、菲律宾、新加坡、泰国和越南。东盟内国防合作的详情请参见道奇(1997:186—197)。
④ 谢尔顿·西蒙,2000:《亚洲武装力量:内外部任务及能力》,NBR 分析,第 11 卷(5 月)。

了美国所青睐与支持的四种合作类型,纵向来看它结合了双边与多边的合作,横向来看结合了硬安全与软安全的合作。"硬安全"只涉及军事防御方面的,"软安全"则包括一些非军事领域,如外交和信心建设。

美国在亚太地区推进的"安全合作"类型

双边、"硬安全"合作主要是指美国与其盟国日本、韩国、澳大利亚与泰国之间的合作,例如:

- 联合军演与训练;
- 共同执行任务;
- 共同使用相关设施;
- 情报与信息共享;
- 海上交通协作;
- 访问部队协议(美国—菲律宾)。

双边、"软安全"合作包括一系列信心建设措施,主要是为了与可能的对手"交战"(中华人民共和国、朝鲜)并且提升对美国与其友好国家和"中立"国家之间的关系的信任与信心,如:

- 外交;
- 武装部队之间的"善意访问"(例如中美舰队之间);
- 教育交流项目(如"外国军事长官培养"项目)。

亚太地区跨国"安全合作"包括:

- 跨国军演①,如一年一度美国与日本、韩国、澳大利亚及加拿大等环太平洋国家海军的军演;

- 支持开展与维护美国友好国家之间的区域内论坛及其他制度化模式的合作,以求促进军事训练、防卫、演习、交流与情报共享。最新的一个项目是

----

① 1999年,美国海军与世界上57个国家进行了140多项合作性海军演习。美国海军与盟国、中立国,甚至还有潜在对手进行了93次"海上通道演习",这些演习旨在训练各国在海上基本的沟通与合作(美国海军,2000)。

"亚太区域倡议"。

国际军事教育与训练包括在第一、第二批次水平上的非军事安全论坛与对话：①

- 东盟区域论坛；
- 安全合作对话委员会；
- 东北亚合作对话机制；
- 美、日、俄与美、日、韩之间的对话进程（"小范围"分组）。

东南亚国家条约组织（SEATO）失败之后，直到冷战结束，在亚太地区建立多边机制的计划才再次出现在美国的外交政策与防卫计划中。支持软安全多边主义（"多元安全"）已然成为克林顿政府第一任期内的核心战略以及 1995 年东亚国家安全战略，即所谓的（国防部）报告的焦点。虽然从那以后华盛顿在这类合作上整体兴趣有所下降，但它仍然被视为对维持亚太地区长期稳定及秩序至关重要②。其中的设想是在软性安全方面的多边主义可鼓励那些部分或者完全缺乏适当的双边对话机制的地区之间进行对话（如朝韩、中国大陆与台湾、日本与俄罗斯以及在一定程度上甚至是日本与韩国）；还可以与美国潜在的对手交战（中国、朝鲜与俄罗斯）并增加透明度。美国认为软性安全合作可以促进各相关方之间的信任从而减少硬安全威胁，如军事威胁。换句话说，当各国看到在一些低敏感领域的合作所带来的利益，就更可能在一些更为敏感的领域去考虑争端解决及冲突解决方案。在亚太地区的海上安全方面，其中一个重点在于创造"海上政策体制"，以求共同维护、管理和开发可再生与不可再生的海洋资源并发展争端解决机制。③ 另外一个重点则是协力打击海盗行为。

---

① 第一层面指政府与官员之间的合作；第二层面主要指非政府参与者之间的合作，如著名的学者及前高级官员，但政府参与者定期会以"个人名义"参与这些合作。亚太地区第一及第二层面的活动往往都是紧密联系的。

② 乔恩·道奇：《亚太多边主义及美国的角色》，出自乔恩·道奇，曼佛雷德·莫尔斯（编辑），《亚太地区的国际关系》，明斯特，纽约，2000:87—110。

③ 马克·瓦伦西亚，1996:《东北亚的海洋体制》，牛津及纽约。

虽然软安全多边主义可以回溯到 20 世纪 90 时代初,但增加硬安全问题方面的多边合作近几年才产生。用海军上将丹尼斯·布莱尔(2000)的话来说,最近美国的亚太区域倡议主要致力于提供"亚太邻邦计划与开展区域内紧急行动的能力,例如东帝汶对安全与和平发展至关重要,同时也可降低美国在应对这些危机中的作业"。

展望:威胁感知、战争方案与对美国海权战略的未来挑战

通过多边合作实现信心建设是一项重大的成果,因为就在不久之前,中国(目前已是多边软安全合作进程中的一部分)还是拒绝参与任何机构性的国际安全对话。很多国家都认为中国通过东盟地区论坛及相关的第二轨道形式参与区域内活动是和潜在超级大国达成协议的最好战略。也许对中国而言,抛弃多边对话体制的政治代价,已经超过了在诸如南沙群岛争端等问题上采取非妥协态度所带来的战略利益。① 现在,中国政府及其他成员国的高级官员与高级陆军军官,在与来自其他亚洲国家及美国的官员进行非正式会晤时,已变得更加开放与坦率,而不再不停发表与重复单边的政府官方观点。但目前的对话机制是否足以阻止海上的武装冲突或至少大大降低威胁感知呢? 从美国国防计划中主要的新现实主义观点来看,多边机构的建立可以使亚太地区的关系更具预测性与透明度,但对减少威胁并不会有很大的作用。这并不奇怪,中情局局长乔治·泰勒特最近告诉美国参议院,说中国"试图成为大国的野心是我们当前面对的最大挑战"。② 在其 1995 年获奖的一篇文章"潜艇战争的艺术"中,弗兰克·博瑞可(美国海军)设想了在 2006 年美国与中国在

---

① 参见茱莉亚·赫兹西、艾波赫·桑德施耐德:《国家利益及跨国合作》,中国及其对亚太经合组织及东盟地区论坛政策,出自乔恩·道奇,曼佛雷德·莫斯:《亚太地区的国际关系、新的力量模式、利益与合作》,明斯特,纽约,2000:25—241。

② 乔治·特内特,2001:《世界威胁:变化中的世界的国家安全》,中情局局长在参议院委员会前的情报声明,12 月 7 日(wysiwyg://232/http://russia.shaps.hawaii.edu/security/us/tenet_02072001.htlm)。

亚太海洋通道的准入与南海自然资源的争夺方面将会发起一场战争。博瑞可假定中国可能会采用一种"不对称战争"战略,即使用潜水艇、小型的水面舰艇与非传统的战术来对付美国海军。在其非常挑衅且最具争议性的《即将到来的与中国的战争》一书中,理查德·伯恩斯坦与罗斯·姆卢若设想了一个场景,那就是在 2004 年,中国军事封锁台湾及随后的导弹攻击将导致中美之间的战争爆发。2000 年 2 月中国白皮书《一个中国原则与台湾问题》进一步加剧了对中国军事目标的怀疑。这份文件尖刻地批评了台湾地区的政治领导人,而且修改中国对台湾采取武力行动的条件。美国政府机构及智囊团对未来的情况作了一系列情况的猜想,不管这些猜想是否准确,都体现了中美关系存在的高度不确定性。因此华盛顿对北京的国防方案中任何全面性的战略目标都难以实现。由于不知道中国会在什么时候、什么样的情况下发展力量投射的能力(比如建造航空母舰),前任美国国家安全委员会委员多福·帕奥很好地总结出了最现实性的战略途径。虽然美国应该"努力融入该地区……(华盛顿)也必须做好准备,在该一体化进程失败之时对中国采取威慑政策"。

美国究竟是要对中国采取融合政策还是威慑政策,又或是采取两者的结合,这在很大程度上取决于亚太地区国际海洋关系的总体结构。目前海洋力量投射的结构性条件与 19 世纪晚期马汉将军所处的世界已大不相同。越来越多的国家已成为海洋强国,而且这些海军之间的合作越来越紧密。从美国的角度来讲,俄罗斯的海洋利益及重新统一朝鲜半岛潜在的海事能力可能会带来重大的战略挑战。乍一看,五角大楼认为俄罗斯视"对亚太地区的安全至关重要的亚太强国",这一观点似乎只是为了取悦莫斯科的辞令而已,并未准确描述现有的力量关系。但同时,如果美国认为"曾经威慑众国的苏联太平洋舰队现在只是停靠在彼得巴洛夫斯克和符拉迪沃斯托克港口生锈而已"①,那就太不明智了。不管是弗拉基米尔·普京在推进俄罗斯民族主义方面的雄心抱负还是俄日在北方四岛的紧张态势,都表明莫斯科不可能永久地

---

① 詹姆斯·普利萨普,1999:《今天的东北亚:安全环境与安全结构,一个美国人的视角》,特别报告"IPS—KIDA 海洋安全联合报告",和平与安全研究所(http://village.infoweb.ne.jp/~rips/project/report/ekaijyo_1.htm)。

远离太平洋。

重新统一后的朝鲜半岛(如果真的实现统一的话),未来的海洋角色则更加难以预测。从德国的例子来看,统一后的朝鲜半岛的海军力量绝不可能只是两者的简单相加,现在朝鲜有 800 艘舰只,韩国有 200 艘舰只。① 在军队方面,现在韩国陆、空、海的比例是 83∶8∶9,朝鲜是 88∶8∶4,相比之下,而美国则是 34∶26∶40。② 然而,美国一个高级智库做过一项机密研究表明,统一后的朝鲜很可能建立一个更为平衡的军力结构,可能的军力比例是 60∶20∶20。朝鲜半岛的统一在很大程度上依赖于贸易所需的海上通道的安全,这一统一同时也受到东亚迅速的海军军备及现代化进程的挑战,目前,统一的朝鲜尚不可能拥有足够的自卫能力。假如说朝鲜半岛的统一需要得到美国的支持才可能实现,那么不管在什么情况之下,统一后的朝鲜都不可能对美国构成威胁。

在亚太地区的海洋环境面临的最直接挑战并非来自哪一个特定国家、政府或者参与者,而是"从空中或海上发射的高速、高精度的巡逻导弹及可能威胁到固定的前沿操作基地的远程弹道导弹所带来的日益增长的威胁"。这些技术上的变化意味着在亚太地区复杂的海滨及群岛水域部署的美国及盟国军队将变得更加致命。③ 五角大楼及美国海军部主要依靠反介入战略(水雷战和反潜战)以及不对称战略(生物、化学与信息战)来应对这些技术上的挑战。另外,美国海军还投入开发无人机和无人潜水器、潜艇情报收集与通信系统以及太空系统。海军发展的底线就是提高"掌握战场知识并将这些知识转化为操作能力的能力"。说到底,"操作能力"不仅仅是技术上的领先。美国在亚太地区的海上战略要想取得成功,主要依赖一个良好的政治环境。美国在冲绳的军事部署导致的日益加剧的政治问题以及 2000 年 2 月日本训练舰只

---

① 国防部长,2000:《致国会的朝鲜半岛军事形势 2000 年报告》,9 月 12 日(http://defenselink.mil/news/Aep2000/korea09122000.htlm)。

② 国际战略研究所,1998 年:军事平衡 1998/99,伦敦。

③ 保罗·迪普:《战略趋势:十字路口的亚洲》,《海洋战争大学评论》,2001 年冬,第 1 期56 卷,在线版本:http://www.nwc.navy.mil/press/Review/2001/Winter/art2-w01.htm。

"Ehime Maru"被美国格林维尔号潜艇击沉一事都表明,即便是美日关系这一亚太安全架构的支柱,也有可能出现问题。

第二节　俄罗斯的海权追求与实力局限[①]

下一个世纪将是世界海洋的世纪,俄罗斯必须为之做好准备。

——俄罗斯海军总司令弗拉基米尔·库罗耶多夫在2000年5月评论俄罗斯海洋利益与俄罗斯新的海军制度时的言论[②]

历史背景:"俄罗斯需要海军吗?"

在1996年俄罗斯庆祝其帝国海军建军300周年之际,俄罗斯是否需要一个远洋舰队再次出现在公众的讨论与军方探讨之中,同时公共出版物似乎也热衷于研究一般历史、海军历史与海军艺术史之间的关系。作为世界上最大的陆权国家,国土主要集中在陆地上的俄罗斯一直以来都将其大部分资源用来维持其在欧洲最大的常备军,以此来保护其战略及国家利益,同时也保卫欧洲和亚洲的边境。历史上,俄罗斯总是遭到来自陆上的入侵但从未遭到来自海上的入侵。对海洋思维与海上利益的忽视使得俄罗斯的军队经常将其海岸线上海洋基地视作战略性承诺,而非潜在的海上力量的来源。俄罗斯之所以能够在19世纪欧洲"大国协调"中占据强国地位,最终还是得益于其最大的常备军,正因为如此,俄罗斯的军队得到了最多的财政资源。

俄罗斯的社会、经济与技术非常落后,缺乏内部改革、有效的训练及足够的前沿海军基地,未能实行技术创新而且对外国船运与技术极度依赖,所有的这些因素都导致了俄罗斯帝国海军地位的下降,与此同时,这也反映在军事效

---

① 作者:弗兰克·乌姆巴赫。

② 弗拉基米尔·库罗耶多夫,红星,2000年5月24日,第1—2页。

用方面,这种情况一直从 19 世纪中叶持续到 20 世纪末。①

　　然而,在俄罗斯海军 300 年的历史中,其一共正式参加了 22 场战争,指挥了 87 场重大的海上战役。② 1905 年俄罗斯海军在对马海战中的失败,明显地体现了苏联及如今的俄罗斯海军持续面临的挑战之一:三支海军部队在地理上完全分开:一支在欧洲(波罗的海),一支在黑海,一支在太平洋,由于存在通信及流通问题,缺乏足够的维护基础设施及前沿海军基地,这三支部队受到了极大的限制及损害。其中一个部队仅仅想要向另一支提供一个舰队最终都导致了历史性的灾难。苏联成立的时候,新生的苏维埃政府仅仅在波罗的海存有少量的俄帝国时期的海军力量,而在黑海、太平洋和北方都没有。

　　然而,17 世纪到 20 世纪前半叶的历史显示,与大多西方思维不同的是,虽然俄罗斯主要是一个陆地强国,但也不乏海洋传统、杰出的海军军官、独特的海事服务传统、与众不同的战略途径和武器。一些西方历史学家甚至指出俄罗斯有着很长的海运历史,这一历史甚至比大不列颠还要长,可以回溯到 3 世纪。另外,俄罗斯的地理也很好地说明了这一问题,它有着长达 15,000 英里(38,000 千米)的海岸线。由于气候与战略上的困难,这也阻碍了俄罗斯进入公共海域,从而导致必要的军事力量集中变得更为复杂,尤其是在危机与战争时期。

　　2000 年 8 月 12 日库尔斯克号核潜艇的沉没使得 21 世纪俄罗斯海军的未来布满阴霾。这一事件清楚地暴露了俄罗斯锈迹斑斑的舰只、日渐稀少的海员、海军基地骇人的生活条件以及整个俄罗斯海军弥漫的不满情绪(这使得海员士气大为不振),而且,对此事件的政治处理方式,不管是在本国还是西

---

　　① 见雅各布·基普、依斯库:《1696—1917 年帝国俄罗斯的海军:彼得"第二臂膀"的模糊遗产》,出自弗莱德·卡根/罗宾·海厄姆(编辑):《俄罗斯军事史》,纽约:圣马丁出版社,2001 年。即将发行。

　　② 见伊戈尔·卡萨托诺夫海军上将:《300 年俄罗斯海军史教训》,《皇家联合服务研究所期刊》,1996 年 8 月,第 52—57 页,此处第 52 页;鲍里斯·马基夫:《俄罗斯国家安全海军视角》,《斯拉夫军事研究杂志》,1995 年第 1 期(春),第 85—106 页,此处第 85 页。

方国家看来都极具灾难性。对许多西方专家与俄罗斯军队观察员来说,这个灾难迟早都会发生的,只是时间问题而已。① 就目前的情况而言,俄罗斯海军随时可能再次发生这样的灾难。与此同时,均在 2000 年春公布的俄罗斯新军事条例与新海军条例都对俄罗斯的海上利益与角色给予了更多的关注与重视,同时也更多地意识到俄罗斯海军对 21 世纪俄罗斯的外交、安全与国防政策至关重要。

俄罗斯的海上利益与俄罗斯海军的角色将会放在二战结束后苏联海军兴衰的历史背景中审视,考虑 20 世纪 90 年代俄罗斯海军的进一步没落以及俄罗斯新军事与海军条例中公布的俄罗斯海上利益——从而突出其巨大的海权抱负与严峻的经济金融状况之间的差距,还会特别需要分析俄罗斯在亚太地区海上利益及太平洋舰队的角色。这一分析主要基于俄罗斯的材料以及西方的分析。

20 世纪 60 年代——苏联末期:一个超级大国海军舰队的崛起

在二战期间,苏联海军主要是一支"黄色海域"海军,为斯大林的地面部队的战略性军事活动提供海岸支持。在 1937 年西班牙内战后以及后来的 1948 年,斯大林两次命令建造一支远洋舰队。然而当时,欧洲大陆面临的迫切的安全挑战以及发展核武器都成为斯大林的首要任务。因此,虽然 1941 年 6 月希特勒采取"闪电战"战术进攻苏联的时候,苏联海军已有大批舰只在建,但建造远洋舰队的任务却一再被推迟。

对赫鲁晓夫而言,在 20 世纪 50 年代,打造一支足够打击美国领土并使整个欧洲成为核"人质"的核弹远比对苏联武装部队的其他力量进行现代化及扩展更为重要。然而,1957 年的海军的规模已经是 1917 年的 3 倍,1923 年的

---

① 俄罗斯武装力量的整体不确定性和前景及中期的军事改革,请参见弗兰克·乌姆巴赫:《俄罗斯这一"虚拟大国":在欧洲及欧亚安全方面不断下降的作用》,《欧洲安全期刊》,2000 年秋,第 87—122 页,此处第 97 页。

20倍。① 1955年,苏联成为第一个从潜艇发射弹道导弹的国家。尽管这样,这一不平衡的舰队仍然只是一个拥有大型潜艇舰只的海岸防御力量而已,由于技术上的限制以及海军在参谋部军事战略中的地位,这一舰队本身的运作受到了很大的限制。这一情况在1962年10月古巴导弹危机之后发生了改变。危机中的核边缘政策成为苏联未来军备建设的催化剂。正如许多苏联政治家、评论员及军事机构的代表之后说的,西方再也不可能将苏联置于这样的战略劣势了;任何核外交都需要军事能力作为保障。因此,在苏联大部分军事机构看来,赫鲁晓夫高估了苏联核武器在解决所有军事威胁及增强莫斯科在第三世界中影响力的作用。1964年,勃列日涅夫成为赫鲁晓夫的继任者,他再也没有像过去一样在薄弱的军事力量之下采取高风险的外交政策。

与此同时,保障第二次核武打击并保卫苏联心脏地带的核武海军诞生了。1963年,它开始在传统海岸区域之外运作。一年后,它首次在地中海海域常驻。到20世纪60年代中期,苏联海军又为其潜艇发射的弹道导弹舰队开发了北极中转路线,但这些导弹当时的射程非常有限。随着1972年后洲际导弹的研发成功,苏联海军的防御计划越来越多地开始保卫其位于巴伦支海域的、邻近的北极海域以及后来远东鄂霍次克海海域的海军基地。② 60年代末,苏联海军甚至开始在印度洋和加勒比海执行常规任务,到1970年又到了非洲的西海岸。③ 从那以后,弹道导弹核潜艇还必须要保证苏联洲际弹道导弹力量的核威慑能力。在当代海权理论背景之下,不同学派均支持在和平时期维持前沿部署,重点关注战时确保弹道导弹核潜艇安全的要求以及长远来看海军如何影响战争的进程与结果。④

---

① 见杰弗里·蒂尔:《俄罗斯:不同的海上大国》,《皇家联合服务研究所期刊》,1996年8月,第38—55页,此处第42页。

② 见卡尔·雅各布森:《苏联海洋战略:海洋方针》,出自同上(编辑):《战略力量美国/苏联》(纽约:圣马丁出版社),1990年,第470—477页。

③ 见艾雷:《俄罗斯海权有未来吗?》,《皇家联合服务研究所期刊》,1995年12月,第15—22页,此处第16页。

④ 见迈克尔·马奎尔:《苏联外交政策中的军事目标》(华盛顿:布鲁克林研究院,1987年),此处第90页。

20 世纪 70 年代是"苏联海军的黄金时期",当时苏联远洋舰队快速及大规模的建设消耗了大量的国防预算,从而引起了其他军种的反对。当时,苏联拥有着世界上最庞大的潜水艇舰队,而且在潜水艇艇身建造中钛的使用一直处在领先地位。当时全世界用于海事的核动力潜艇共用 485 艘,其中 249 艘在俄罗斯的船坞厂建造。①到 1990 年,苏联海军拥有 305 艘潜艇、126 艘大型水面战舰(大型护卫舰、驱逐舰及导弹巡洋舰),还有海员 47,000 人。②四年前,整个苏联海军的舰艇排水量是 3,428,000 吨,相比十年前增长了将近 40%,与当时美国海军的舰艇排水量仅有 6 万吨之差而已。③

从那时起到 1985 年,海军上将谢尔盖·戈尔什科夫(1956 年到 1985 年统率苏联海军)一直负责打造苏联远洋海军,并履行马汉关于海军在和平时期在较远地区"保护国家利益"这一使命。④20 世纪 70 年代末,苏联海军在第三世界中的政治作用有所下降,虽然其舰船及潜艇越来越大,越来越精密,而且持续性及火力都大大提高。谢尔盖·戈尔什科夫打造远洋海军的愿望直到他 1985 年 12 月退休还没有实现。他留下一支拥有大量舰只及世界上最大潜艇舰队的海军,然而当时这个国家已无力维持这一遗产。

在戈尔巴乔夫执政的头几年,苏联海军的战略目标及存在的目的从战略上来看完全没有改变。然而,随着"国防充分性"这一新的军事政策在从 1987 年推出以来,苏联整个武装部队尤其海军部队不得不进行"瘦身"。20 世纪 80 年代前期,苏联海军需削减 25% 的水面舰艇,75% 的两栖登陆艇及 75% 的攻击潜水艇;由于后者更加安静且不易受攻击,对美国而言是一个更大的威

---

① 见瓦莱里·马里宁:《俄罗斯核动力潜艇建设》,《军事博览》(莫斯科),1998 年 11—12 月,第 50—53 页,此处第 52 页。

· ② 见艾雷:《俄罗斯海权有未来吗?》,第 16 页。

③ 见道格拉斯·克拉克:《锈迹斑斑的舰队重燃海军任务的讨论》,《RFE/RL 研究报告》,第 25 期,1993 年 6 月 18 日,第 25—33 页,此处第 25 页。

④ 见谢尔盖·戈尔什科夫:《战争与和平时期舰队的角色》,《最新航路》,第 2 卷(慕尼黑:慕尼黑雷曼出版社,1975);谢尔盖·戈尔什科夫:《苏联海军》,汉堡,1978 年,同上(编辑),《海军:角色、发展前景及就业》,莫斯科,1998 年;罗伯特·维登:《苏联海军回顾:苏联舰队海军上将谢尔盖·戈尔什科夫及苏联海军的兴衰》,《斯拉夫军事研究杂志》,第 2 期,1998 年 6 月,第 48—79 页。

胁。从 1985 年到 1987 年,在海上的时间从 1985 年的 456 次下降到 1986 年的 206 次,到 1987 年就只有 114 次,从而缩短了北方舰队在挪威海域的出海次数。① 1985 年以后就没有什么大型的海上演习了。另外,在 1988 年出版的一本书中,戈尔什科夫强调的海洋外交丝毫未被提及,该书引起西方的广泛关注。② 然而在 20 世纪 80 年代,即便是一个拥有 8 艘航母、20 艘巡洋舰、120 艘驱逐舰和大型护卫舰以及 120 艘核动力潜艇的高质量精简海军也足以令西方生畏。进入 20 世纪 90 年代之时,苏联海军的舰队的确是其海军历史上最为强大的。

与此同时,欧洲的历史变更终结了冷战时代。苏联的解体极大地改变了地缘政治环境,但同时留下一支使命不再的巨大海洋舰队。苏联海军(包括苏联战略导弹力量)在许多方面将苏联的改变纳入一个真正的全球超级大国,这一超级大国第一次让世界感觉到它的存在。与此同时,它也显示了苏联外交政策的军事化及其经济负担,但这些和经济现实的基础并无关系。

俄罗斯继承的遗产——日益减少的舰队

在苏联解体之时,1992 年刚建立的俄罗斯海军不再拥有戈尔什科夫所描述的使命。苏联解体后的问题不在于俄罗斯是否需要舰队,而是在新的安全环境以及现有的经济—财政资源之下,俄罗斯需要一支什么样的舰队,以反映其真正的防御需求。随着俄罗斯的外交与安全政策越来越多地聚焦"近邻国家"以及 1991 年后俄罗斯从东欧撤军带来大量社会经济问题,俄罗斯海军的重要性自然有所下降,而陆军、空军与国内安全部队的地位则不断提高。

俄罗斯是否应该、是否能够保持其之前的海上霸权地位,俄罗斯的国家利

---

① 见唐·修特菲尔德:《苏联挪威海上演习的大减》,《简氏国防周刊》,1988 年 5 月 3 日。
② 见海军少将 N.P.V'yunenko 等(编辑):《海军:角色、发展前景及就业》(莫斯科:军事出版社,1988 年)。有趣的是,戈尔什科夫在该书的前言中对其著名的言论进行了重申及证实。

益和经济现实又是否意味着该国只能拥有一支仅承担国土及海岸防卫这一传统角色并为地面军队提供支持的普通海军力量,这些问题在规划俄罗斯未来军事力量时必须得到再一次的思考。俄罗斯海军失去了乌克兰船坞建造厂及波罗的海舰队七个舰船维修厂中的六个,这意味着俄罗斯海军只有其所需的34%的舰船维修能力。①总体而言,俄罗斯保持着高达70%的舰船制造能力及高达85%的用于舰船建设的科研和设计能力。②除此而外,在90年代,俄罗斯海军不仅要处理财政不足的问题,同时还面临技术与人力不足的问题。

从1992到1996年,俄罗斯海军拥有的军事资源缩减了一半,海军航空部队也缩减了将近60%。由于经济资源的缺乏、军事调整以及人员问题,海军部门不得不将海军服役人员从1990年的410,000人(还有所有类型与大小的战舰近1,400艘)缩减至2000年的171,500人。而实际的人数比这还少,因为海军部队与其他部队一样,所有部门的人员配备均有不足,尤其是那些初级军队。尽管如此,从1992到1996年,俄罗斯海军仍建造了34艘战舰(总排水量大约在150,000吨),尽管这仅仅是苏联海军规模的五分之一。③1997年6月,60%—70%的俄罗斯战舰需要维修,但是用于维修的财政拨款却只能满足5%—10%的迫切需求。④

考虑到这些客观的限制因素,俄罗斯海军不得不大量限制其海事行动的角色及范围,主要将其用于国家防卫。大规模的远程演习也不能以苏联时期的模式展开。⑤在这样的情况之下,俄罗斯海军必须做到以下几点:

与其他武装力量一起提高对国外军事侵略的核威慑能力;

与其他武装力量一起加强俄罗斯的海上防卫;

遏制俄罗斯边境地区的武装冲突;

① 见艾雷:《俄罗斯海权有未来吗?》,第16页。
② 见拉迪·左巴科夫:《俄罗斯海军在21世纪初将会怎样?》,出自英格玛·奥尔德伯格(编辑):《21世纪的俄罗斯海军》,斯德哥尔摩的一次会议记录,1996年12月2日(斯德哥尔摩:国防研究所,1997年12月),第11—32页,此处第29页。
③ 见拉迪·左巴科夫:《俄罗斯海军在21世纪初将会怎样?》,此处第30页。
④ 见科里季科夫:《今日报》,1997年6月30日。
⑤ 见鲍里斯·马基夫:《俄罗斯国家安全海军视角》,此处第91页。

保护俄罗斯的海上利益及全世界的海员；

参与维和行动(包括联合国赞助的)、搜救及灾难救助行动。①

除此而外,自1992年以来维护俄罗斯在海洋上的经济利益就成为一项重要的任务。这包括:"保护邻近水域与大陆架极其丰富的自然资源,支持运输业及渔业的安全,打击海洋走私、恐怖主义及海盗。"②从这种角度来看,俄罗斯海军越来越关注经济与军事问题也就不足为奇了,尤其是在北极地区,因为几个大油气田都是在那里被发现的。③

虽然俄罗斯黑海舰队的能力有限,但俄罗斯海军专家并不认同这一观点,即"俄罗斯海军已不需要部署在地中海。地中海是俄罗斯连接南欧国家、亚洲与非洲最短的线路,因此不管是在和平时期还是战争时期俄罗斯都需采取相应的行动。"④经济上的限制迫使俄罗斯海军放弃"远洋海军",重新将保卫海岸与支持陆军部队作为其首要任务。

在俄罗斯国内关于这些问题的讨论中,出现了两种不同流派的观点。"传统派"仍然倾向于一支拥有航空母舰和重型导弹巡洋舰这样的大型船舰的远洋舰队。而"新派"则呼吁建设一支配备轻型、多功能警卫船(或护卫舰)的廉价舰队来保证俄罗斯海岸免受直接入侵。直到1998年,俄罗斯海军仍然希望在2010到2015年建成"远洋海军",配备大约300—320艘现代化的基础级别的战舰,其中一半足以执行远洋任务。这一数量是1990年苏联海军的三分之一,但在战斗能力上却是其2.5—3倍之大。⑤该舰队还包括6—8艘航

---

①　如见伊戈尔·卡萨托诺夫海军上将:《300年俄罗斯海军史教训》,此处第53页,尤里·科威阿特科夫斯基:《俄罗斯海军的未来》,出自英格玛·奥尔德伯格(编辑):《21世纪的俄罗斯海军》,第35—50页,此处第38页。

②　见鲍里斯·马基夫:《俄罗斯国家安全海军视角》,第87页,见伊戈尔·卡萨托诺夫海军上将,同上,及克拉夫前科,莫斯克·斯班尼科,第5期,1999年,第11—13页。

③　见鲍里斯·马基夫,同上,此处第92页。

④　见鲍里斯·马基夫,同上,此处第96页。

⑤　"传统派"与"新派"之间的争论在20年代末的苏联曾出现过,当时所谓的"新派"在一定程度上受到19世纪末法国海军热恩·埃克勒关于海洋战争的早期观点的鼓舞。"新派"还倾向于发展海岸保护行动及配备由飞机、地雷和海岸大炮支持的小型快艇的"蚊子舰队"。

母、600 架飞机和 300 架直升机。①然而,考虑到目前海军的状况以及这十年的经济—财政限制,那一目标从一开始似乎就不现实。依据俄罗斯官方的军事威胁分析,俄罗斯在波罗的海的军力仅仅是瑞典的三分之一,德国的五分之一。在黑海,其军力是土耳其的一半,如果失去塞瓦斯托波尔的话,军力将只有土耳其的七分之一。②然而,我们一定要认真、批判地考量这些不同的分析,因为在国内争论中,这些人都受到了海军财政资源限制的诸多因素的影响。③

俄罗斯缺乏财政预算对其舰队进行现代化还因为其面临大规模海军退役的问题。④俄罗斯舰队及核燃料生产厂的核废料、废料处理及核安全问题都非常严峻而且系统。⑤这些困难与缺乏合理的规划、俄罗斯环境政策的变化、缺乏拆卸的相关设备、缺乏贮藏设备及资金直接相关。自从 1993 年加入《伦敦核排放条约》开始,俄罗斯就不能像以前那样从关闭的反应堆向海上任意排放液态放射性废弃物了。俄罗斯核潜艇的退役可能产生的扩散与安全风险比之前的建造与安装还要大,因为它更易遭受恐怖袭击或扣押。眼下,对俄罗斯及其邻国(例如挪威、瑞典与芬兰)而言,俄罗斯所担心的并不是车臣恐怖分子袭击俄罗斯战舰及海军基地,而是军舰退役和海军基地关闭所带来的威胁。⑥同时,一些积极的进展已经使得俄罗斯海军水面舰只退役与参与国际合作的核潜艇的退役,例如 1991 年的源自美国的 CTR 项目或者与挪威相似的项目或者其他西方国家的项目。

---

① 见海军少将阿拉克森及俄罗斯海军首席航海家奥根耐克的采访,第 29 期,1995 年 7 月,第 36 页及他在《独立报——独立军事评论》中的文章,第 35 期,1998 年 9 月,第 4 页。

② 见尤里·科威阿特科夫斯基:《俄罗斯海军的未来》,此处第 36 页。

③ 见理查德·斯塔:《俄罗斯海军仍在衰败》,美国海军研究所会议记录,1998 年 8 月,第 45—48 页,此处第 45 页。

④ 尤见挪威非政府组织贝隆那基金会的报告—尼尔森/库德克/尼基丁(编辑):《俄罗斯北方舰队:放射性污染源》(奥斯陆:贝隆那基金会,1996 年)。

⑤ 见弗兰克·乌姆巴赫:《东亚的核扩散挑战及合作前景——欧洲视角》,出自科特·拉德克/雷蒙德·费德马(编辑):《亚洲全面安全:不断改变的安全环境及其对欧洲的影响——亚洲及西方的看法》(布里尔出版公司:莱顿—波斯顿—科隆 2000),第 66—133 页,此处第 71 页。

⑥ 关于背景,见雅各布·基普:《俄罗斯的西北战略方向》,《军事评论》,1999 年 7—8 月。

俄罗斯需要何种类型的舰队？

俄罗斯当前声称的海洋利益与其经济—军事限制：

数个世纪之前，拜占庭精英在执行对外对内政策时，像是仍然主导着"罗马帝国"，而实际上，当时他们的国家已经败落。随着帝国野心与拜占庭实际能力之间的差距不断拉大，情况变得愈加糟糕。今天，一直以来"拜占庭式"的俄罗斯似乎正在重蹈覆辙。

　　　　　　　　——帕维尔·费尔根豪尔，俄罗斯最杰出的

　　　　　　　　军事分析家之一，2000 年 11 月①

在组织方面，俄罗斯海军仍然拥有四支舰队（北方、太平洋、波罗的海及黑海舰队）、里海船队、诺沃西比尔斯克海军区域以及四个作战兵种：潜艇部队、水面部队、海军航空部队与岸上部队。到 20 世纪 90 年代末为止，俄罗斯海军在争取国防预算方面一直处于劣势。

　　1999 年起，俄罗斯海军在整个国防部署中的角色与使命得到了加强，至少在纸面上是如此。②与 1997 年 12 月公布的国家安全报告③不同，2000 年 1 月公布的新的安全报告④与 2000 年 6 月公布的国家外交方针⑤以及 4 月公布的军事方针⑥都更加关注外部安全威胁及国际政治中军事因素的重要性。例如，

---

　　①　帕维尔·费尔根豪尔：《莫斯科时报》，2000 年 11 月 9 日。

　　②　见杜马副主席尤里·库兹涅佐夫：《独立报——独立军事评论》，第 21 期，1999 年 6 月 4—10 日，第 4 页，及海军上将瓦列里·阿列克辛：《独立报——独立军事评论》，第 28 期，1999 年 7 月 23—29 日，第 3 页。

　　③　见《俄罗斯报》，1997 年 12 月 26 日，第 4—5 页。

　　④　同上，2000 年 1 月 18 日。

　　⑤　见《独立报》文件，2000 年 7 月 11 日，第 1、6 页。

　　⑥　见《独立报》，2000 年 4 月 22 日，第 5—6 页，及《消息报》，2000 年 4 月 25 日。

新的军事方针指出了国家安全面临的 13 个外部威胁,而内部威胁只有 6 个。①

依据新的外交政策报告,虽然亚洲的整体情况有所改善,但该地区"面临着多国日益增长的地缘政治野心、不断增加的军备竞赛及各种紧张与冲突源头,该地区对俄罗斯有着根本的重要性。"②

另外,普京的新国家安全策略与新军事方针对俄罗斯海军有着重要的意义,因为它们更加强调俄罗斯整体国防部署中核武器的防御作用,这部分是因为俄罗斯传统武装部队面临的裁减及条件不断恶化等问题,目前武装部队现役军人已削减了 365,000 人,降至 850,000 人。在一定程度上由于战略武器削减条约的原因,海军拥有的攻击性战略武器可能会增加到 60%(而非现在的43%)以保证足够的陆基及空基核威慑力。尽管俄罗斯自 1992 年已经降低了使用核武器的门槛,但新的军事方针和新的国家安全报告一致肯定了那些已经在俄罗斯国防部署方案中开始的"核化"趋势,该军事方针清楚指出"为了应对别国对其及其盟国使用核武器及大规模杀伤性武器,同样为了应对别国对俄罗斯联邦使用常规武器发起大规模侵略行为从而威胁其安全的情况。"③

另外,该方针还规定:

在现今的情况下,俄罗斯联邦需具备一定的核武能力,保证在任何情况下都能对其入侵者(国家或者国家联盟)造成一定程度上的伤害。

俄罗斯联邦武装部队及其他武装力量应做好准备反击敌人的入侵、有效地与入侵者交战,并在任何战争、武装冲突及敌人大规模使用现代化的先进作战武器(包括所有类型的大规模杀伤性武器)时开展积极的行动(包括防御和进攻)。④

新的军事方针也明确指出了俄罗斯的海上利益,包括:

1.保护俄罗斯联邦在公海、太空及外国领土上的设施与装置;保护近海区域以及在远洋海域的运输、打鱼以及其他各种活动;

---

① 见谢尔盖·奥尔洛夫:《红星村》,2000 年 9 月 29 日,第 3 页。
② 《独立报》,2000 年 7 月 11 日,第 1、6 页,此处第 6 页。
③ 《独立报》,2000 年 4 月 22 日,此处第 5 页。
④ 《独立报》,2000 年 4 月 22 日,此处第 5—6 页。

2.保卫俄罗斯联邦的边界、领空、领海环境、专属经济区、俄罗斯联邦的大陆架及其自然资源。①

由总统令批准并于2000年3月4日发表的2010年前俄罗斯联邦海洋活动的政策基础②,这一文件更加明确地指出了俄罗斯海洋利益及海军新的战略意义。因此,俄罗斯的国家利益必须将在"对世界海洋的研究、开放与探索"方面的新的战略趋势考虑在内。

这些战略趋势包括:

世界海洋对于实现各个国家及军事政治集团在政治、军事战略、经济、社会、科学、文化及其他领域的重要任务方面发挥着越来越重要的作用;

世界上的发达国家争夺世界海洋资源及对其具有重要战略意义的地区和区域的控制权的竞争日渐激烈;

国家海军潜力包括核武力量对国家关系、战略稳定以及战争与武装冲突的发展及结果的影响力日益增强;

为争取海洋货物及服务,世界市场中的世界一体化进程及国际劳工分化将进一步深入。③

除此而外,俄罗斯特殊的军事利益还需考虑新出现的安全威胁,如:

俄罗斯联邦在获得世界海洋资源及进入国际主要运输航线方面力量有限,尤其是在波罗的海与黑海区域;

主要海权国家发起的海军活动;海军力量方面不利于俄罗斯联邦的变化;主要的外国海军舰队集团战斗力的提升;旨在限制俄罗斯海洋活动的经济、政治与国际法律压力;

在未经许可的情况下对俄罗斯自然海洋资源的大规模攫取,对俄罗斯海上活动日益增长的国外影响力;

在大量复杂的国际法问题上(首先就是里海、亚速海与黑海的合法地位)缺乏管理;大量邻国与俄罗斯联邦的领土纠纷;

---

① 《独立报》,2000年4月22日,此处第5页。

② 该文件发表于独立报—军事评论,第11期(184卷),2000年3月31日—4月6日。

③ 《独立报—军事评论》,第11期(184卷),2000年3月31日—4月6日。

俄罗斯海上力量在质量与数量上提升的速度落后于国外。①

因此,俄罗斯海军被视为是俄罗斯国家海上实力的重要组成部分以及国家对外政策的主要工具。其基本的对外政策与国防使命如下:

遏制别国从海上对俄罗斯联邦及其盟国使用武力或遏制这一潜在的威胁,包括参与核威慑行动;

通过军事手段保护俄罗斯联邦在世界海洋中的利益;

保证俄罗斯联邦海军做好准备,随时听候指示;

对国外、邻近俄罗斯领土的海洋军事集团以及世界海洋中对俄罗斯联邦的安全有重要意义的其他地区的海军活动进行监控;

揭示、警告并且阻止遏制军事威胁,反击别国从海上对俄罗斯联邦及其盟国发起的入侵,共同遏制冲突或在冲突的早期阶段使其本地化;

在世界海洋上可能对俄罗斯联邦的安全造成威胁的区域及时扩大军力与装备;

确保在地下环境中保卫俄罗斯联邦的国家边界;

在世界海洋水域与俄罗斯联邦海岸区域开辟可能的军事活动区域;

创造并维持一定的条件,保障俄罗斯联邦在其领海、专属经济区、大陆架以及在世界海洋上偏远区域的经济及其他活动的安全;

保证俄罗斯联邦在世界海洋上的海军部署,展示俄罗斯联邦的国旗与军力,进行舰船互访,参加国际社会共同发起、满足俄罗斯联邦利益的军事、维和及人道主义活动。②对于俄罗斯最近公布的俄海军未来指导方针的重要性决不能太过夸大。正如一位俄罗斯评论员在评价新方针时所叹息的:"该方针充满全球野心,但却没有解决任何一个海军问题。"③另一位记者称新方针为"一本满是痴心妄想与美好愿景的教科书",因为海军的财政拨款正在逐步减少。④

---

① 《独立报—军事评论》,第 11 期(184 卷),2000 年 3 月 31 日—4 月 6 日。
② 《独立报—军事评论》,第 11 期(184 卷),2000 年 3 月 31 日—4 月 6 日。
③ 见叶尔莫林:《消息报》,2000 年 10 月 21 日,第 3 页。
④ 见德格·普季林,时间 MN,2000 年 6 月 6 日,第 3 页。

尽管在数量上俄罗斯海军仍拥有 80 艘主要战舰,包括一艘航母、160 只小型战舰、24 艘水陆两栖舰船和 70 艘反水雷舰艇,其实际总体战备完好性只有 10%,而冷战时期高达 70%。①海上任务,如俄罗斯潜艇部队(名义上其仍有 67 艘潜水艇)减少了 25%。水上舰只在 1998 年 33% 的计划行动都被取消。②根据 2000 年 3 月一份独立俄罗斯分析资料,在四支舰队中,仅有 4 艘潜艇与 8—10 艘水面舰只在执行战斗任务,只有 12 艘核潜艇、10 艘柴油动力潜艇与 37 艘水面战船是做好战斗准备的。③

考虑到整个国防预算的问题,俄罗斯海军面临运作限制也不足为奇。尽管俄罗斯国防部游说到了 3,100 亿卢布的预算,但是 1998 年官方的国防预算仅有 817 亿卢布。在这一计划内的国防预算中,军方到 1998 年 11 月底仅收到 300 亿卢布。那时,军事部门的债务高达 600 亿卢布,其中包括 160 亿卢布的薪资与抚恤金④,目前已经被减少到了 450 亿卢布。⑤在这样的情况下,远东军区 90% 以上的官兵及乌拉尔军区 80% 以上的官兵都认为他们的社会物质状态极其严峻。⑥根据一项民意调查,即便是在北方舰队,都有 40% 的海员抱怨生活条件过于艰苦、船内缺乏卫生设施、军官及军士长过于冷漠、烟草配给不规律以及食品质量低劣。仅有 28%—38% 的被访问者称自己每天进餐超过一次。⑦ 1998 年,薪资经常被克扣三到四个月;北方舰队以及其他舰队的海员

---

① 见约翰·唐宁:《海军的需要:很难证实》,《简氏国防周刊》,2000 年 8 月 2 日,第 23 页,此处第 24 页。

② 见国际战略研究所(编辑):《军事平衡(2000—2001)》(伦敦:牛津大学出版社,2000 年),此处第 121 页。

③ 见维克多·巴伦奈特:《共青团真理报》,2000 年 3 月 28 日,第 12 页。

④ 见格雷格·赛格:《美国报告详谈了俄罗斯不断下降的军事准备性》,《简防御周报》,1999 年 3 月 3 日,第 5 页。

⑤ 见瓦列里·别吉舍夫:《俄国报》,2000 年 10 月 17 日,第 6 页,此处接《前苏联 15 国:政策和安全》,2000 年 10 月,第 85 页。

⑥ 见奥列格·格特马年科:《消息报》,1999 年 5 月 15 日,第 5 页。

⑦ 见埃琳娜·纳加夫,MV,1999 年 7 月 1 日,第 2 页,此处接《前苏联 15 国:政策和安全》,1999 年 4 月,第 66 页。

无法送他们的孩子去南方过暑假,而且大部分家庭遭受营养不良的问题。①
1999 年,北方舰队的总司令、海军上将波波夫发起了一场打击犯罪及"任何攻击其同伴的人"的战争,因为在军营中上级虐待下级的情况增加了 45%,达到历史新高,而且还出现了各种不同的虐待形式。② 上级虐待下级这一问题在北方舰队所有犯罪形式中占据了高达 50% 的比例。另外,俄罗斯广泛的健康危机导致年轻服兵役的条件不断下降。1990 年,仅有 27.8% 的海军应召士兵存在精神不适的情况。而到 1998 年,这一数据却上升到了 48%。精神与心理问题导致每一个二次征召入伍者无法顺利完成自己在海军的任务。③尽管如此,大型的军事演习(如 1999 年 6 月代号为 Z—99 的盛大演习是自 1985 年以后规模最大、花费最高的演习!)表明俄罗斯海军部署大型联合武装部队的能力超出了许多西方军事专家的预测。但就像俄罗斯海军一直面临的问题一样,Z—99 军演消耗了其全年的燃料储备。④

　　还有一个例子再次体现了维持俄罗斯海军行动的困难,那就是事先计划好的在 2000 年 8 月,俄罗斯北方舰队的一个航母多功能海上编队、一艘侦察船及一艘多功能核潜艇从太平洋舰队航行至地中海。⑤然而,由于 2000 年 8 月 12 日库尔斯克号事件后的营救行动消耗了预先计划好的地中海航行所需的燃料费用及其他资金出现从而引发资金问题,这一计划不得不被取消并推迟了至少有一年之久,那次航行本来还包括海军上将"库兹涅佐夫"号(原"列奥尼德·布莱斯涅夫")航空母舰。1995 年年末,该航母首次开启了到地中海的远程巡航,但结果表明它根本无法完成这样的航行。航行六个月时,该航母消耗了所有的能源。当它好不容易以最小水量到达摩尔曼斯克时却出现了故

---

　　① 见古德科夫:《商人日报》,1999 年 4 月 23 日,第 5 页。

　　② 见尤里·班科,MV,1999 年 7 月 1 日,第 2 页,此处接《前苏联 15 国:政策和安全》,1999 年 6 月,第 73 页。

　　③ 见海军少将迪阿科诺夫,NSZ(北方舰队刊物),第 15 期,1999 年,第 1—2 页,此处接《前苏联 15 国:政策和安全》,1999 年 4 月,第 66 页。

　　④ 关于这一规模最大的军事演习,请见乌姆巴赫:《俄罗斯这一虚拟大国》,此处第 103、120 页(脚注 68)。

　　⑤ 见米哈伊尔·柯达论诺克:《独立报—军事评论》,2000 年 10 月 20—26 日,第 1 页。

障必须进行修复,后来由于资金问题那次航行到最后也没有完成。①

目前俄罗斯武装部队已减少到 85,000 服役人员,照这一趋势进行下去,海军人员还将进一步从目前的 171,000 减至 120,000 人,如果那样的话,海军可能最多只能维持 90 艘潜艇和水面舰只、约 160 艘舰船而且只能在海岸区域行驶、还有不到 300 架飞机与直升机。

然而,尽管俄海军遭遇了 90 年代的缩减问题与最近的库尔斯克号事件,其潜艇舰队(和海军的反舰巡弋飞弹)仍然在技术上给其对手造成很大的威胁,这也将是俄罗斯海军的支柱。先进的核潜艇攻击与阿库拉级反潜潜艇正在进行技术上的升级换代,将配有更加高级的传感器及更好的降噪处理器。计划中的北德文斯克后续级(885SSN 工程)预计会更加安静,而且是第一艘拥有大量潜射巡弋飞弹及反潜作战功能的真正的多功能潜艇,从而引起了美国以及北约的关注及担忧。该潜艇可能在 2004—2008 年投入使用,具体时间取决于可用的资金数量。②

考虑到俄罗斯支离破碎的造船业目前正在进行大规模重组,而且正在生产越来越多的民用船,俄罗斯海军希望到 2015 年保持 900,000 吨的排水量(几乎相当于沙皇俄国海军舰队的水平)这一愿望在许多方面看来似乎过于乐观。③虽然俄罗斯海军战略主要倾向于战略性防御,但俄罗斯海军专家仍然认为其面临来自海上的意外军事攻击的风险,尤其是在美国部署远程陆基巡航导弹并掌握其他精确打击能力之后。为了实现有效充足的战略国土防卫,在俄罗斯的防空部队没有足够的能力有效抵制巡航导弹威胁的情况下,海军就可以增强在远距离区域的防御活动。俄罗斯武装部队及海军为潜艇及空军增加远程巡航导弹军械库以及开展先发性防御及预防性防御活动可能会更便宜,但这些活动最终可能会损害未来的危机稳定性。

1999 年,俄罗斯海军司令部制定了一个分四个阶段的改革及重组项目,

---

① 见萨福伦诺夫/布拉维诺夫:《商人日报》,2000 年 2 月 2 日,第 3 页。

② 见维拉·巴特勒/艾利克斯·姆拉威尔:《俄罗斯新的攻击型潜艇技术挑战》,《亚太国防报告》,2000 年 2—3 月,第 42—43、70 页。

③ 见拉迪·左巴科夫:《俄罗斯海军在 21 世纪初将会怎样?》,此处第 30 页。

据称该项目已将有限的财政情况考虑在内：

第一阶段（到 2002 年），海军将为未来 5 至 10 年海军的使用和发展以及更长时间内政府在海事领域的角色制定一系列的重点与首要任务，还将为海军阻挡一切破坏性趋势并为海军发展的长期目标设定一个专门的资金储备；

第二阶段（2003—2007 年），海军希望提高维持俄罗斯海洋强国地位的可能性并保证俄罗斯联邦在世界海洋中邻近海域的安全；

第三阶段（2007 年以后），海军希望提高维持俄罗斯海洋强国地位的可能性、促进国家经济的稳定发展以及对世界海洋资源的获得及开发；

第四阶段（2020 年以后），俄罗斯海军将从用更加优质的舰队完全替代现有舰队开始进行"大规模"的重整装备。①

俄罗斯海军总参谋长兼副总指挥海军上将维克多在 2000 年 1 月指出②，海军司令部仍然遵循着前司令高希可夫"传统派"思想，梦想着能够重建苏联海权。1999 年 11 月的国家安全委员会会议上讨论了海军战略草案。会议上清楚指出，俄罗斯目前无力建造任何舰只或潜艇。③

俄罗斯在亚太地区的海上利益以及太平洋舰队的角色

在冷战期间，苏联海军三分之一的核潜艇（约 45—50 艘船）都部署在远东地区。冷战后，俄罗斯太平洋舰队平均减少了一半，而亚太地区对俄罗斯在 90 年代的外交及安全政策却变得越来越重要。除中东和波斯湾地区之外，东亚（包括东北亚与东南亚）是世界上唯一在近十年国防预算有所上升的地区。④这已经改变了该地区的军事平衡，给俄罗斯、西伯利亚与远东地区带来

---

① 见海军上将克拉维前科：《莫斯卡收藏》，第 5 期，1999 年，第 11—13 页。

② 见对他的采访：《红星》，2000 年 1 月 11 日，第 1 页。

③ 见叶尔莫林：《消息报》，2000 年 11 月 24 日，第 2 页。

④ 见弗兰克·乌姆巴赫：《金融危机减缓，但并未阻止东亚的军事竞备—第一部分》，JIR，1998 年 8 月，第 23—27 页，及第二部分，同上，1998 年 9 月，第 34—37 页。

了大量安全与防卫上的困境。① 根据俄罗斯官方的威胁分析,俄罗斯海军的大型水面舰只数量仅仅是日本的三分之一。② 太平洋舰队总共包括 16 艘一级和二级水面战舰,其中一部分没有做好战斗准备,俄罗斯军方资源也已承认了这一事实。③

　　此外,不断扩大的基地供应系统及其大规模的基础设施,还有堪察加半岛、滨海地区、鄂霍次克海盆地、萨哈林—库页群岛及北部海域等传统的自主运作战略地区的特殊地理及人口情况使得情况进一步恶化。今后,俄罗斯远东地区的人口趋势,——尤其是和中国相比,可能会进一步阻碍该地区的经济发展以及未来总体的国防潜力。这一情况已经是主要以核防御应急计划为基础的,但它通常都非常不可靠,即便是在军事范畴中也如此。④ 单纯依赖核保护伞并不能保证俄罗斯在任何情况下的国防安全,包括应对来自中国的潜在威胁。⑤

　　然而,当前更重要的是俄罗斯与其东北亚邻国之间复杂的双边关系,尤其是日本。1992 年夏天俄罗斯总统叶利钦准备访问日本时,他已经考虑至少把归还千岛群岛作为一个可能的选择。一些俄罗斯民众不仅私下抗议这一计划,甚至还在公共场合表达了抗议。俄罗斯总参谋部、独联体武装部队以及俄罗斯海军所有人员一致认为,千岛群岛对于俄罗斯而言有着至关重要的战略意义,决不能归还日本。由于对外交政策及国内改革的方向和构想的争论日益激烈,叶利钦不得不推迟了东京访问的计划,而且并未说明新的访问时间。⑥ 虽

---

　　① 见弗兰克·乌姆巴赫:《俄罗斯在南亚和北亚的战略军事利益》,美国军事战争学院组织的"俄罗斯武装力量的未来"会议的准备文件,卡莱尔,2000 年 2 月 7—8 日;美国军事战争学院的修订版(80 页)即将发行。

　　② 见尤里·科威阿特科夫斯基:《俄罗斯海军的未来》,此处第 37 页。

　　③ 见亚历山大·马尔塞夫:《海参崴》,2000 年 2 月 11 日,第 2000、20 页,此处接《前苏联15 国:政策和安全》,1999 年 6 月,第 70 页,此处第 70 页。

　　④ 见弗兰克·乌姆巴赫:《俄罗斯在南亚和北亚的战略军事利益》。

　　⑤ 见安奈·皮昂科夫斯基/维塔利·茨吉克:《今日报》,2000 年 5 月 31 日,第 4 页。

　　⑥ 见弗兰克·乌姆巴赫:《军事机构对俄罗斯在叶利钦时代的安全及外交政策的作用及影响力》,《斯拉夫军事研究杂志》,1996 年 9 月,第 467—500 页,此处第 474 页。

然俄罗斯迫切需要日本的财政援助,但东京已明确表明,要想获得资金援助,俄罗斯必须归还千岛群岛。

在随后几年中,太平洋舰队开始面临比其他舰队(除黑海舰队)都要严重的问题。该舰部署的地区历史上一直存在严重的供给及通讯问题。由于极度缺少燃料,资金与训练有素的人员的短缺导致海上作业时间大幅缩减,进一步加剧了造船厂的维修问题。在太平洋舰队中,水面舰艇一般都在海参崴和彼得巴甫洛夫斯克的大型舰艇基地进行维修,之后再回到黑海进行主要的改装,但现在这些都不可能了。因此,相对于其他舰队而言,太平洋舰队由于资金、燃料短缺以及基础、支撑结构不足等问题所遭受的困难是最大的。① 一些水面舰艇和潜艇多次在邻近区域造成放射性污染问题,这也表明了太平洋舰队的没落以及远东地区广泛的社会经济问题。更有甚者,1997 年 11 月 7 日,太平洋舰队位于海参崴附近的 56 个贮藏地雷和鱼雷的仓库中有 12 个发生爆炸。② 这已是多年以来发生的第五起重大意外爆炸事故。

太平洋舰队的战船总共减少了 60%,从 333 艘降至 100 艘(表面上看)。而考虑到技术条件及维护问题,其中只有 30%—40% 能够正常运作。③ 1997 年,海参崴一家报纸称太平洋舰队有可能解散,此时在当年 7 月的国防部会议上得到了讨论。④ 虽然海军否认了解散计划,但称到 1998 年底海军将进一步削减 30,000 人。一年后,太平洋舰队的一份内部官方文件警告,若各个种类、等级的核潜艇的维护缺乏资金保障这一情况不能得到根本的改变,到 2002—2003 年俄罗斯海军将失去其在远东地区及太平洋的核部队的海军要素。

长期的资金不足,尤其是在俄海军的太平洋舰队,引发了许多事件。例如,在滨海地区,由于缺乏资金修理起重机,一艘加满油的核弹道导弹松开后坠落下来。因此,2000 年夏天,俄罗斯已经没有一个起重机能够将核导弹或

---

① 见道格拉斯·克拉克:《锈迹斑斑的舰队重燃海军任务的讨论》,此处第 27 页。

② 见理查德·斯塔:《俄罗斯海军仍在衰败》,此处第 46 页。

③ 见伊戈尔·库德里克:《太平洋海军不会解散》,贝罗纳大众新闻,1997 年 7 月 27 日(网站:www.bellona.no/imaker? id＝7633&sub＝1)。

④ 安德烈·卡拉钦斯基:《新消息报》,1999 年 7 月 15 日,第 1、4 页。

较重的鱼雷装上潜艇或把它们卸下来。对于水手自己以及那些"有幸"靠近海军基地的地区的居民而言，光是装卸这些军备已经是极度危险的"致命游戏"。① 然而，据报道，这一事件仍未说服政府拨款维修起重机。② 仅剩的一点资金都被用来购置新的装备，而不是去修理沿海海军基地现有的武器系统或基础设施。此外，太平洋舰队里的社会问题已经发展到一个未知的程度，尤其是军营里的残酷行为（上级虐待下级）和饥荒问题。2000 年 7 月，一个俄罗斯消息人士称，由于太平洋舰队一艘陆地舰艇的见习军官受辱，一整船的人都纷纷逃离。太平洋舰队的副检察长罗曼·克尔巴诺夫用非常积极的口吻说："所幸他们没有偷取枪炮，也没有杀人，一般这种情况下是很容易发生这些事情的。"③实际上，盗窃财产和武器已经变得越来越普遍，甚至有一个海军少将（弗拉基米尔·摩尔耶夫）因为贪污和滥用职权而被捕。1999 年，俄罗斯远东部队的 22 号装甲师几乎丢失了总计 90 亿卢布的设备。④ 1998 年，贪污款占到了太平洋舰队总计 2,000 万卢布的偷窃款中的 80%。这一情况在燃料部门尤为严重，价值 1,190 万的燃料被贪污。⑤ 1999 年，舰队的燃料供给只能满足一半的需求。⑥ 和其他官方数据一样，这些数据都只是实际情况的冰山一角而已。此外，1999 年夏，俄政府对太平洋舰队的债款高达 20 亿卢布（粮食占 20 亿，拖欠国防工业企业 30 亿，公共用水及住房服务占 50 亿）。⑦

　　然而在地缘政治方面，在美国、中国和日本之间，俄罗斯被视为东亚地区

---

① 见叶尔莫林：《消息报》，2000 年 3 月 21 日，第 2 页。

② 见同上及麦卡洛夫，《论坛报》，2000 年 6 月 28 日，第 1、2 页，此处接《前苏联 15 国：政策和安全》，2000 年 6 月，第 89 页。

③ 引自丹尼斯·德玛金：《商人日报》，2000 年 7 月 18 日，第 3 页。

④ 见叶尔莫林：《消息报》，2000 年 3 月 25 日，第 3 页，关于太平洋舰队另外三位被控滥用职权及船只、非法销售及挪用资金的海军上将，见蓝茨：《今日报》，1999 年 11 月 19 日，第 7 页。

⑤ 见莱维·布莱斯金：《战斗绿洲(太平洋舰队刊物)》，第 50 期，1999 年，第 1—2 页，此处接《前苏联 15 国：政策和安全》，1999 年 8 月，第 73 页。

⑥ 见博遥茨金：《战斗绿洲》，1999 年 8 月 25 日，第 1—2 页，此处接《前苏联 15 国：政策和安全》，1999 年 8 月，第 77 页。

⑦ 见莱维·布莱斯金：《战斗绿洲》，第 50 期，1999 年，第 1—2 页，此处接《前苏联 15 国：政策和安全》，1999 年 8 月，第 73 页。

重要的力量和利益平衡支点,这是保证该地区安全与稳定的前提。朝鲜半岛的不确定性、日本谋求更加独立的政治和军事地位的野心以及中国高速的经济增长与军事加强都是潜在的冲突源头。① 该地区也被看作一个特殊地区,因为"对抗的重心逐渐转向海军的对抗"。② 而此时,俄罗斯海军的主要任务仍是支援和保护其海上战略核力量并有效使用这一力量去打击在堪察加半岛、鄂霍次克海以及日本海北部的敌方海军并阻止敌军在俄罗斯沿海登陆,以此为俄罗斯在远东地区的军队提供保护。封锁海上通道及打击敌方弹道导弹战略核潜艇等传统任务逐渐被视为是不现实的而且经济花费过高,但还不到要对整个海军进行重组的地步。

较为积极的一面是,尽管面临严峻的经济—财政问题,俄罗斯海军加强了与中国、日本以及其他亚洲国家的海上合作,尤其是在俄罗斯远东地区的太平洋舰队。例如,1998 年 7 月,日本和俄罗斯海军舰艇进行了一次空前的海上联合演习以测试搜救行动。1998 年 8 月,日本防卫厅长官野吕田芳参观了俄罗斯在海参崴的海军舰队,这是自二战结束以来的首次访问。一个月后,一艘6,700 吨的俄罗斯导弹驱逐舰驶入日本舰队总部横须贺港,成为历史上第一艘驶入日本军港的俄罗斯军舰。③ 2000 年 2 月,日本海上自卫队总参谋福清藤田将军以海军司令的身份对俄罗斯进行了历史性的访问,这再次显示了两国之间日益加强的军事合作。

同时,在 1999 年 10 月,俄罗斯与中国海军举行了自 1949 年以来的第一次联合军事演习。双方还加深了在军事、军事技术以及非军事领域的合作,包括在太空科技领域。④ 据报道,1999 年秋之前,俄罗斯启动了 1,000 多项技术项目,此事引起了日本以及其他亚洲国家的担忧。俄罗斯也越来越重视东盟

① 见鲍里斯·马基夫:《俄罗斯国家安全海军视角》,此处第 101 页。

② 见鲍里斯·马基夫:《俄罗斯国家安全海军视角》,此处第 101 页。

③ 见简奈特·辛德:《军事关系第一,外交第二》,比较联系,国际战略研究中心—夏威夷,1999 年第三季度。

④ 见《俄罗斯与中国:当科技面临太空政治》,Stratfor.com(www.stratfor.com/services/giu/110499.ASP),1999 年 11 月 4 日。

区域论坛框架下的多边海上合作。然而,由于资金短缺,太平洋舰队无法更加积极地参与这些多边安全合作,因此俄罗斯在此方面的兴趣及其对促进地区军事合作和加强互信的积极作用都受到了削弱。

虽然莫斯科非常担心单极体系对亚太关系的影响,但却没有积极去改善这一关系以及与亚太地区国家的双边和多边贸易(虽然俄罗斯经常声称自己在努力),但有一项除外:军火出口。[①] 同样,尽管俄罗斯在远东及海参崴的军队必须保证在开放的海上通道上的安全及南海的稳定以避免任何可能将俄罗斯牵涉进去的冲突进一步升级,但在其外交政策领域,俄罗斯似乎对一些未解决的冲突及潜在热点问题(如南沙群岛问题)并没有表现太多的关注与担忧。[②]

总结和展望——在海上海下结束冷战

从历史上看,俄罗斯的军事实力一直依赖于其地面部队。虽然俄罗斯海军发展时间不算长,但自 19 世纪以来,它已经成为影响欧洲乃至全球力量关系的重要因素。二战之后,苏联成为世界上第一个在潜艇上安装弹道导弹、反舰艇巡航导弹及潜艇发射弹道导弹的国家。

虽然苏联海军自 20 世纪 60 年代以来发展非常迅猛,但却已经暴露出了许多结构和经济上的问题。苏联海军,尤其太平洋舰队由于地理上的劣势,总是得克服恶劣的气候条件和困难才能进入公海。但是戈尔什科夫试图赶超美国舰队成为海上新霸主的野心就像德国在 20 世纪末的经历一样,在阿尔佛雷德·提尔皮茨那个年代,那些野心在很多方面都是不现实的,尤其是在经济基

---

① 　关于南海及台湾海峡的领土争端背景,见弗兰克·乌姆巴赫:《地区力量平衡的战略趋势及潜在热点问题》,欧洲对亚太安全政策协调会议上的瓦尔德堡小组报告,第三次会议,瓦尔德堡,德国联邦国防军研究与演习办公室,2000 年 3 月 27—28 日。

② 　如鲍里斯·马基夫的结论如此:《俄罗斯国家安全的海军方面》,同见俄罗斯对台湾海峡及南海的军事平衡分析—那拉提·莱茨耶波夫:《独立报—军事评论》,第 40 期(213),2000 年 10 月 27—11 月 2 日。

础方面。

　　苏联海军及其运作要求和实践在很大程度上受到整个部队总参谋的影响和控制,特别是苏联地面部队的参谋部。1991 年之后,俄罗斯海军丧失了位于波罗的海以及黑海的大部分基地、机场、船坞以及培训和教育学校等,这对太平洋舰队的维护造成了非常不利的影响。海军发现很难有充分的理由去获取充足的资金以确保战备、设备的维护及长远发展。到 20 世纪 90 年代末,即便拥有战略核潜艇,俄罗斯海军已衰落成为二流的海军力量。

　　在解读俄罗斯海军新的军事方针时,许多威胁都直接或间接地与海洋或对海洋及海岸线邻近陆地区域的使用有关。而这些威胁又与来自西方国家的大规模军事威胁有着一定的联系。如今俄罗斯面对的是非常小规模的地区性威胁,尤其是一些地方性威胁,比如在说中亚和高加索的南部区域,海军无法更好地解决涉及俄罗斯的小型冲突(如车臣)。因此,俄罗斯海军将其注意力及资产越来越多地放在战略核威慑和保卫沿岸航线之上。所以新的建设项目非常少,甚至是仅有的几个重大工程目前都已被暂停或延期,如"托姆斯克"号和"猎豹"号多功能核潜艇和"尤里·多尔戈鲁基"号战略核潜艇。俄罗斯的水面舰队的情况比起潜艇舰队还要糟糕。

　　2000 年,俄罗斯潜艇舰队以及水面作战舰队都被削减了 80% 的规模。[①]虽然剩下的水面舰艇和潜水艇在历经 90 年代的削减之后,数量乍看起来仍然很大,但实际情况却非常艰难,因为只有少数的军舰处于战备状态。现在俄罗斯海军舰艇的平均服役年限为 16 年,仅是整个服役期(20—25 年)的一半,一位俄罗斯海军的高级官员也承认这一情况。[②] 据报道,到 2000 年 10 月,海军只收到了 30% 用于修理设备的预算。考虑到处于战备状态的俄罗斯海军舰艇的数量,俄罗斯海军可能只有 35 艘水面作战舰艇,差不多与英国皇家海军的规模相当(34 艘水面舰艇)。[③] 一些俄罗斯海军规划者担心,到 2015 年,如

---

　　① 见国际战略研究所(编辑):《2000—2001 军事平衡》,此处第 111 页。

　　② 见与海军上将克鲁耶多夫的采访,Vremya MN,2000 年 7 月 28 日（网站:ftp. nautilus. org/npp/072800vremya.txt）。

　　③ 见叶尔莫林:《消息报》,2000 年 10 月 21 日,第 3 页。

果没有额外的财政支持,俄罗斯甚至可能会裁撤海军。① 这主要取决于一个尚未解决的问题,那就是,在接下来的 10—15 年中,俄罗斯海军部门是否会考虑到资金非常有限这一点,从而在一个更加现实的经济基础之上对 21 世纪的俄罗斯海军进行适当的重组。

虽然俄罗斯在 2000 年通过的新国家安全计划、新军事方针以及海军政策都更加关注俄罗斯的海上利益,但考虑到俄罗斯面临的短期和中期经济—财政限制,国防部的既得利益未来是否会与俄罗斯海军一致还不得而知,因为海军只代表一个武装力量而已。武装力量间的相互竞争可能会愈演愈烈。俄罗斯海军对于新总统弗拉基米尔·普京寄予厚望,希望他能够恢复海军"过去的实力"。普京从 1997 年开始就是海军军事委员会的成员(当时他仍是总统政府的副处长),而且一直对俄罗斯海军的命运表现出了个人的兴趣;但他无法忽视俄罗斯的经济—财政基础。俄罗斯海军最严重的问题是人员问题,特别是那些应征士兵,个个都缺乏培训而且薪资水平很低。在太平洋舰队里,士兵经常没有真正的制服,甚至还挨饿。随着军人们的士气不断下降,船员们的一些基本技能也在逐渐丧失。他们经常来自不同的舰艇,因此缺乏共同的培训,而这正是库尔斯克号核潜艇沉没的原因。但同时,海军也添置了一些新的先进船舰(尤其是潜水艇)和武器装备以维持其可靠的海军力量这一形象,但数量确实非常有限。就像苏联和沙俄时代一样,俄军队越来越忽视对军人们的培训,转而把注意力放到购置新的军事装备之上。

俄罗斯现在的地缘战略要务并非来自海上的威胁,而是国家本身的内部统一以及其周边国家(如中亚和高加索地区的国家)对其国家安全利益和人们造成的直接威胁。俄罗斯海军舰队进行了一些广为人知的航行,主要是到地中海和其他地区,比如 1996 年"库兹涅佐夫"号航母被送到亚得里亚海。然而,海军未来占俄罗斯战略核武库的份额的重要性及陆、海、空三军联合演习声称的重要性(1991 年的海湾战争以及 1999 年北约对科索沃的干涉强烈

---

① 见与海军少将尼可莱·科诺莱夫,海军部门副主任:《独立报—军事评论》,2000 年 7 月 28 日—8 月 3 日,第 73 页。

地向俄罗斯总参谋证实了这一点)并没有削弱俄罗斯整体军事战略,如今这一战略主要以陆地为中心,俄罗斯的欧亚陆上大国这一历史地位几个世纪以来也不断地体现了这一情况。因此,俄罗斯海军的未来在很多方面仍然存在许多不确定因素,一定程度上是因为海军是俄罗斯军队中非常昂贵甚至是最为昂贵的军种。

面对这一情况,俄罗斯海军自1987年开始进行重组,以实现"精简低花费"这一目标。而实际上,到目前为止,海军确实实现了"精简",但"低花费"就相差甚远了。俄罗斯海军司令部要求海军预算不能少于国防预算的25%—30%,但目前却只有11%—12%。① 虽然如此,海军希望在接下来的3—4年中增长到至少20%,而这似乎也是不现实的。② 同时,俄罗斯的商船队和港口在90年代也减少了;港口上几乎所有的海洋基础设施都面临着越来越严峻的财政问题,而且都急需修理。1997年,外国舰只承担了俄罗斯85%的海上运输,而俄罗斯海港的运输量只有英国总量的七分之一。③

另外,俄罗斯舰队的重整似乎更加遵循"传统派"的模式和战略,不管是防御性任务还是攻击型任务都倾向于非常昂贵的航母。然而,经济财政情况引发了这样的一个问题,即航母与其他大型、昂贵的"PV"号核弹巡洋舰是否能够维持下去。同时,那些排水量高达24,000—28,000吨的巨大战舰却成为一个政策因素,因为现任领导人和海军司令部都认为"炮舰外交"有利于维持俄罗斯在世界海洋上的国家利益。④除非俄罗斯愿意承担类似库尔斯克号事件再次发生的风险,否则除了最近俄罗斯所有武装部队经历的缩减之外,海军及其他武装力量必须再次进行削减。拥有着与比利时相同的GDP,俄罗斯根

---

① 见法李基夫:《红星报》,1999年10月1日,第1页。

② 见与海军上将克拉夫前科的采访:《海军正待改革》,《海军部队(莫斯科)》,1999年3月,第16—18页,此处第18页。

③ 见英格玛·奥尔德伯格:《后记:俄罗斯海上雄心及限制》,出自:伊德姆(编辑):《21世纪的俄罗斯海军》,第145—153页,此处第153页。

④ 见尼可莱·库钦:《炮舰外交巡洋舰》,NV,第16期,2000年4月23日,第18—20页。

本无法保持其强大军力,或者甚至是超级海上力量。整个开支过大、资金不足的俄罗斯武装力量,尤其是海军的逐渐衰败,对自己带来的威胁甚至比对潜在敌人的威胁还要大。

库尔斯克号事件(1995 年服役的潜艇)再次表明,俄罗斯军方根本没有改变其冷战时期的心态,即苏联时代的隐秘、骄傲和漠然,而是一直在误导其人民及国际社会,不过此次事件是俄罗斯首次因为对潜艇灾难处理不当(尤其因为俄罗斯迟迟不肯接受西方援助)而遭受空前的公众批评,因此不得不更加公开地处理此事。①

然而,西方尤其是美国也没有放下冷战时期的海上思维,他们将潜艇部署在俄罗斯海岸附近开展行动,就像在两极核竞争时代一样,冒着水下潜艇撞击及其他事故的风险,考验俄罗斯海军的防卫能力或是"遮蔽"俄罗斯的核潜艇。如果美国海军能够提高其潜艇运作的透明度,不仅能够改善海军间的关系,还可以提高另一方的透明度、政治意愿和双边信任,从而彻底结束海下的冷战。②

第三节　澳大利亚的有限海权追求③

引言

冷战之前,澳大利亚海军的典范是皇家海军,因为过去澳大利亚在政治上与大英帝国相关联并且得到英国皇家海军的保护。冷战期间,澳大利亚—新西兰—美国之间的共同防御联盟(ANZUS)是澳大利亚外交政策中最重要的

---

①　1998 年 5 月,当一艘满载导弹的德尔塔级核潜艇在摩尔曼斯克被挪威飞机侦察到时,发生了另一起核潜艇事故。官方称其为搜救演习,但摩尔曼斯克的居民得到了碘片作为保护。当时,俄罗斯媒体并未关注此事。见弗莱莱瑞克·豪格:《库尔斯克事件。为什么保密?》,贝隆那基金会,2000 年 8 月 17 日(网址:www.bellona.no/imaker? id=17585&sub=1)。

②　见耶和华·汉德勒:《华盛顿邮报》,2000 年 8 月 25 日。

③　作者:斯多克维奇。

国家安全主题。那时,澳大利亚还面临马来西亚、印度尼西亚与越南等地的区域性问题,但它当时是与大英帝国或美国共同应对这些问题的。

当澳大利亚认识到经济及其他非军事战略对于确保澳大利亚区域稳定的重要性时(主要是由于其地理位置及这一岛国巨大的海洋优势),立即打造了一支远洋舰队,一方面是出于保护其海岸及海上利益的政治目的,另一方面则是为了加强共同防御的军事目的。

澳大利亚的国防与战略利益

澳大利亚的战略利益直接受到主要的亚太地区国家及其邻国关系的影响。一旦其邻国遭受严重的攻击,澳大利亚的安全将严重受损。澳大利亚最直接的战略利益在于从印度尼西亚和东帝汶一直延伸到西南太平洋的岛弧。想要对澳大利亚发起持续的常规性攻击,必须从这些岛屿出发或是穿过这些岛屿。澳大利亚及内弧的岛屿在稳定方面有着共同的战略利益,尤其是在今天这个"全球化"的世界里,任何地区的骚动都有可能在很多方面影响着澳大利亚利益。在制定国防决策时,这些利益对澳大利亚的重要性各不相同。澳大利亚需要重点关注其战略利益,即与可能将澳大利亚卷入其中的武装冲突的风险相关的利益。

澳大利亚在贸易方面的利益涉及全球,信息传媒让澳大利亚随时了解到世界各地的冲突或灾难,不管有多远。澳大利亚的战略利益主要在于自己所在的区域,即亚太地区。该地区面积很大,呈现三角形状,西北端到巴基斯坦,北到日本、俄罗斯西伯利亚,东到新西兰及太平洋上的岛屿。澳大利亚战略利益主要与亚洲大国之间的关系有关,也就是日本、中国、俄罗斯与印度。对澳大利亚来说,美国介入亚洲事务非常重要,因为这样可以遏制该地区大国战略竞争的任何可能。因此,通过支持美国这一"稳定器"的角色,澳大利亚可以很好地促进自身的安全及利益。1997 年初澳大利亚公布的《国防与贸易政策白皮书》指出:"为保护国家利益,澳大利亚与美国的盟友关系这一财富在冷战后得到了重新定义与加强。这是澳大利亚国防政策的核心内容,它将继续为澳大利亚提供获取技术、军事装备与情报的重要渠道。"①

对于澳大利亚皇家海军而言，这意味着要发展一个由美国主导更加广泛的海上联盟。在这一方面，澳大利亚并没有受到其海军在冷战期间姿态的影响。历史表明，一支能在重大战争中与一个强大的盟友并肩作战的海军，同样也可以通过其外交与政策角色来维护国家利益。

在澳大利亚周边地区，其直接战略利益主要与东南亚地区的安全相关。任何一个东南亚邻邦遭受重大攻击都将损害澳大利亚的安全，尤其是如果这一攻击将潜在的敌对力量带近澳大利亚海滨。因此，与东南亚国家之间紧密的防务关系（包括与马来西亚与新加坡的"五项防务安排"）清楚地反映它们在安全方面的共同利益。在许多方面，这反映战略环境的不确定性，尤其是冷战后亚太地区，同时也凸显了与美国同盟的重要性及海军在支持更加广泛的国家安全政策方面所发挥的外交角色。

保卫澳大利亚

从能力方面来看，澳大利亚的海洋环境使其成为一个非常难以入侵的国家。今天，没有哪一个国家（除了美国）拥有足够的武力去抵挡澳大利亚地理上的自然障碍及其国防部队的强大力量，而成功占领其重大区域。澳大利亚的战略政策也指出，其武装部队根本的、不变的任务就是阻止对澳大利亚的直接攻击。该政策讨论了在海上或海岸对澳大利亚实施攻击的诸多好处和一个弊端（即攻击者在澳大利亚海上通道的脆弱性），并且将澳大利亚朝海洋途径的方向定位，这充分体现了其在这一海洋地区的角色。对于澳大利亚皇家海军来说，这意味着加入一支更大的海军力量去保护澳大利亚广阔的海洋路径并阻止敌方进入可能对澳大利亚发起攻击的群岛区域。如今的武装力量最大地发挥海军、空军及地面移动部队的协同力量。然而，澳大利亚还认为其应该保护并形成自己的战略环境。从海洋意义上来看，这意味阻挡任何进入距离

---

① 《为了国家利益》，见《澳大利亚外交及贸易政策白皮书》，堪培拉，1997年，第58页。

最近的北部及东部群岛海域的海上通道(包括战略通道),因为在这些地区,别国可对澳大利亚进行力量投射。

尽管澳大利亚试图控制这些海上通道,但短期来看这似乎并无必要——因此击败对澳大利亚的直接攻击并不能完全说明澳大利亚皇家海军已准备就绪。澳大利亚想要构建本区域的安全,进而取消从军事上关闭其海上通道的必要性。为了实现这一目标,澳大利亚考虑要大力推进亚太地区的联合行动,因为其战略利益在该地区受到威胁。海空差距及通向澳大利亚的海上通道(包括邻近的群岛海域)仍然是一个不变的地理条件,澳大利亚深知这一点,也有能力维护这一地理优势。①

在某些方面,保卫一个地广人稀的海岛大陆似乎是一个战略责任。总体而言,澳大利亚拥有地理优势,因为任何国家想要进攻澳大利亚,都必须穿过广阔的海洋这一"护城河"。澳大利亚战略环境基本上在海上,而广阔的海洋对于投射军事力量来说是一个巨大的障碍。海上的敌舰,尤其是那些用来运输与支持重大部队的大型舰艇相对比较容易被发现并毁坏。飞机在海上也比在陆上更容易被发现。海军的新技术有望能建立一个监测系统,侦察远离澳大利亚海岸的船只与飞机。正如澳大利亚海军司令所言,澳大利亚国防部队必须不惜任何代价维持其"知识优势"。"我们必须获悉、定位并击败任何攻击者。这是我们海洋通道环境中最重要的一点,我们还必须进入对手的决策周期之中。"②

澳大利亚海军将在击败该国遭遇的任何攻击中发挥着决定性的作用。但这并不意味着在保护这个岛国时,陆军没有那么重要。地面部队越强,敌人需要的军力则越多,让他们通过海上通道也就越难。陆军对于保护实施并支持海上能力的基地至关重要。澳大利亚不可能等到敌船和敌机距离海岸仅几英里才开始行动,而是应该在敌军离澳大利亚很远、邻近其母国或靠近澳大利亚基地的时候就开始攻击。抵抗重大对手的入侵并非只是保卫其海岸,

① 理查德·舍伍德:《后冷战及扩展经济区时期皇家澳大利亚海军的任务及贡献》,中等国家海军,韩国海洋战略研究所,韩国首尔,1999年。

② 副海军上将查尔莫斯:《致皇家联合服务研究所演说》,1998年11月2日。

而是采取一系列的行动瞄准敌军,不管是否能够追踪到他们。这样的做法可以让澳大利亚获取先机、决定冲突的速度、强度和地点度,并在最大限度上削弱敌军的力量。澳大利亚皇家海军在这些行动中可以发挥一个非常重要的作用。

澳大利亚的区域安全

澳大利亚政府在区域内"前向型合作"这一政策理念主要是建立一个涉及军事能力(流动性与灵活性)的伙伴关系,这样的话澳大利亚国防部队可以和其他与澳大利亚有着共同利益的盟国共同协作来保护澳大利亚的关键利益。澳大利亚皇家海军是促进区域安全的主要力量,它定期与该地区的海军进行联合演习、建立相互信任的伙伴关系、展示其专业能力,并努力在更广的联盟及防卫行动中加强其与其他国家共同作战的能力。澳大利亚的战略政策还要求澳大利亚密切参与该地区的活动,建立最广的关系网络,以影响该地区的各项发展。

澳大利亚皇家海军也在迅速地加强与更远的一些国家的联系,比如说,它和中国、韩国与日本的交流正在不断增加。1997 年,澳大利亚皇家海军对中国进行了访问;该访问非常成功,在随后的 1998 年,中国舰队对澳大利亚进行了回访。澳大利亚皇家海军的舰只与潜艇在海外的常规性部署也极大地促进了澳大利亚的积极投射。这些部署,尤其是在南太平洋的部署,对地区的安全与和平有着非常重要的作用。①

澳大利亚皇家海军的联合行动的重点仍然是其首要的伙伴——美国海军。澳大利亚认为与美国海军的伙伴关系对于其海军追求卓越、承担更高级的任务以及实现更高层次的互用性至关重要。

---

① 《澳大利亚战略政策》,国防部,堪培拉,1997 年,第 18 页。

联盟与独立发展

自从结成联邦之后,强大的联盟一直是澳大利亚战略政策中重要的一部分。25年以来,澳大利亚与英国和美国的联盟是其政策的核心。然而,随着经济的增长,这一点已经发生了改变。该地区已经变得更加稳定,美国对盟国的承诺选择也越来越多。因此,澳大利亚发展了一项防卫自立政策。在过去25年,这一政策在澳大利亚决定其需要的军事力量时发挥着非常重要的作用。

然而,美国处于全球力量的"顶峰",因此其联盟,包括太平洋安全保卫条约(ANZUS,由澳大利亚、新西兰、美国组成)在其全球战略之中仍处于较为核心的地位。在任何直接威胁到澳大利亚安全的危机之中,澳大利亚很可能获得支持,包括军事方面的支持。ANZUS条约保护的责任不止一个:

太平洋安全保卫条约的关键条款

该条约的成员国:

……若想公开正式地表明各国共同的统一感,以免任何潜在的敌人误以为某一成员国在太平洋地区孤立无援,若想进一步协调共同防御,从而在建立一个更加全面的亚太地区区域安全体制期间,维护该地区的安全与稳定……

应作出如下声明与承诺:

……

第二条

为了更加有效地实现条约的目的,成员国需单独或者共同地通过持续有效自助及互助活动,维持与发展个人及集体抗拒武装攻击的能力。

第三条

在任何时候,只要任何一方认为其中一方的领土完整、安全方面的政治独立在太平洋地区遭到威胁,各方必须进行共同协商。

第四条

各方都认为其中一方在太平洋地区遭受的武装攻击可能对其自身的和平与安全构成危险,并宣布将依据章程共同应对这一危险。在这一情况下采取的任何武装攻击和措施都必须立即上报给联合国安理会。在安理会采取必要措施恢复国际和平与安全时,这些行动必须终止。

第五条

为实现第四条,任何一方遭受的武装攻击必须是对其中一方领土的武装攻击,或是对在太平洋地区该国辖区内的岛屿的武装攻击,又或者是对该国在太平洋地区的武装部队、公共战舰及战机的武装攻击。

第十条

该条例永久有效。任何一方在上报澳大利亚政府一年之后(该政府将通知其他各国政府),可根据第七条的内容退出委员会。

1951 年 9 月 1 日,签署于旧金山

美国作为最大的全球力量及澳大利亚的盟国,为澳大利亚的自身安全提供了巨大的利益。澳大利亚国防部队经常与其他国家的军队进行密切的协作。联合行动(主要是和美国)几乎已经成为一种常规性活动。澳大利亚打造一支自立自强的国防力量非常重要,但同时它也注重其对不同能力形式的选择会如何影响与其他国防力量之间的相互协调。澳大利亚的目标是在可承担的成本范围内选择一套能力形式,为其提供最广泛的军事选择以支持其战略利益。为了澳大利亚自身领土的防卫,空军、海军有必要发展拒敌于领土之外的能力。为了维护其区域及全球利益,澳大利亚需要有能力为联盟作出贡献。

联合国——维和行动

联合国在阻止和指导国际社会应对一系列政治与人道主义危机的过程中

发挥着重要的作用,包括直接涉及澳大利亚利益的,如东帝汶问题。承认联合国作用对于澳大利亚有直接的利益,因此澳大利亚应做好准备随时为联合国的行动提供支持。澳大利亚政府已经制定了一套标准来评估在何种情况下,澳大利亚可派遣其国防部队提供援助。这些情况包括:

- 这些任务是否拥有明确的授权、目标与终结点;
- 任务成功的几率;
- 任务所需资源充足;
- 其中涉及的澳大利亚的利益,包括战略、人道主义、政治利益及联盟问题;
- 澳大利亚加入行动的花费,包括对其国防部队同时执行其他任务的能力的影响;
- 澳大利亚国防部队在同一时间的任务的性质与范围;
- 澳大利亚国防部队获得的训练及其他利益;
- 人员的风险。①

海上封锁

自 20 世纪 60 年代起,澳大利亚皇家海军便开始着手发展远洋舰队及海岸通用舰队来进行航运保护、地区监测、海岸支持及有限的攻击任务。澳大利亚的海上力量包括水面舰只及直升机、潜艇与战斗机。这些力量帮助澳大利亚阻止敌人使用其海上通道,并将海洋为己所用。海军帮助澳大利亚击退攻击、促进区域安全,还可以进行一系列除战争以外的军事活动。

澳大利亚海军力量还包括九艘大型战舰,其中约七艘可参与行动。这些战舰配备哈普因反舰导弹、鱼雷,用于抵御敌机的防空导弹以及用于打击水面或空中目标或海岸轰炸的枪支。舰载直升机大大提升了这些战机的海上监测与反潜能力。

---

① 《国防评论 2000》,第 33 页。

目前澳大利亚皇家海军的计划包括,到 2005 年拥有一支配备 14 艘战舰及 2 艘补给舰(可以让船在海上运作更长的时间)的舰队。15 艘巡逻艇在澳大利亚北部海域的不同区域运作,它们主要用于和平时期的海上监测。海军力量的一个非常重要的组成部分便是潜艇,这已经在澳大利亚国防计划中占据了很大的比例,因为潜艇独特的性能使其在保卫广阔的海上通道及给敌人造成惨重损失方面都有着重要的价值。

其他主要的海军组成是两栖部队,包括 3 艘大型的登陆艇与 6 艘重型登陆船、一架直升机以及小型的登陆船。两栖部队对于陆上部队的移动性非常重要。战舰被并入其他的防卫力量以提供更加强大的海上力量。P3C"猎户"号海上巡逻机及 F—111、F/A—18 攻击机在攻击水面舰只方面尤其有效。P3C 巡逻机也可用于追踪潜艇。

随着澳大利亚不断扩大其海上经济利益,澳大利亚皇家海军不得不将其稀少的资源用于专属经济区(EEZ)的海岸警卫任务。由于澳大利亚没有海岸警卫队这样的组织,警卫资源的匮乏进一步加剧。虽然多年来关于这种活动的优缺点的讨论此消彼长,但是《海洋法公约》最终还是认为澳大利亚皇家海军有承担 EEZ 内的监测及反应任务的需要。该法案认为,除了作战行动,澳大利亚国防部队或主要是澳大利亚皇军海军还应承担以下任务:

- 监测与回应澳大利亚海岸的海关、移民、渔业组织及其他民事组织;
- 维和与反恐任务;
- 缉毒与保护渔民等任务。

1997 年和 1998 年在南部海域,距离佩斯西南部约 2,000 海里处,澳大利亚皇家海军拘捕了多艘外国渔船,这说明澳大利亚有能力在远离其本土的地区实施其主权及环境管制。澳大利亚皇家海军有能力为东南亚及更远国家的联合行动作出重大贡献,这一点也充分体现了其已准备就绪。然而,由于美国信息技术的迅猛发展以及地区国家海军之间不断扩大的差距,该地区的联合行动可能会成为一种障碍。在未来几年,澳大利亚皇家海军可能得在联盟中弥补与美国及东盟国家之间的差距,以求成为一个次联盟领袖。

今天,澳大利亚皇家海军的主要任务在于实现与美国海军互通性。另外,澳大利亚皇家海军的战争原则及运行体制也与美国海军紧密结合。最后,澳大利亚皇家海军是一支拥有力量投射及海上控制能力的多用途力量,它能够在远距离的行动中发挥现代化、高效的海上作用。

结论

澳大利亚的战略环境主要在海洋。澳大利亚皇家海军在战略平衡中扮演着重要的角色。澳大利亚过去及现在拥有的海军一直都是一支能够保卫澳大利亚利益并在主要战争中与美国海军并肩作战的远洋舰队。澳大利亚未来几十年的军力结构是为了澳大利亚的国防需要。但澳大利亚海军同样也满足其保护海岸区域的国家需要。对外,澳大利亚皇家海军是国家对外政策中的重要外交利器。一直以来,它的结构、训练及教育都是为了与美国海军及其他海军部队在海洋上发生重大的冲突时共同作战,其已经有成熟的结构、得到良好的训练与培训;它是一支具有远洋作战能力的海军,完全有能力与美国海军协同作战。

澳大利亚的战略环境非常复杂。在很多方面它是世界上最安全的国家之一,但其所在的区域极具活力、复杂和不可预测。澳大利亚没有陆地边界,也没有任何领土争端。多年以来,澳大利亚与其邻国一直保持着良好、极具建设性的关系。这些稳固的关系也使其能够通过合作来应对潜在的安全问题。澳大利亚拥有着周边范围内最强大的军事力量,而且与世界上唯一的超级大国美国有着联盟关系。

该地区的经济有可能成为未来几十年世界经济增长的重要引擎之一。这一增长将加强区域的稳定,并为澳大利亚创造重大的经济机会。但同时,这一增长也可能给该地区带来安全方面的挑战,并影响澳大利亚的战略利益。经济增长还将给该地区的许多国家带来更大的战略能力。其中的一些国家,例如中国与印度很可能成为世界强国。

新的战略力量的出现总是会给如何设定新的影响力下的期望带来挑战。与此同时还必须采取措施尊重其他国家的权利与利益,包括中小国家。这在很大程度上取决于日益强大的澳大利亚地区如何定义它们未来的影响力。

还有一大部分也取决于区域内已有大国的方法,尤其是美国与日本。日本目前正在美日同盟框架内紧密合作,多年以来一直是维护该地区和平的重要力量。美国自身在维持亚洲权力平衡及阻止其他强国之间建立破坏平衡的战略竞争方面也扮演着至关重要的角色。我们有充分的理由相信,美国将继续扮演这个角色,而澳大利亚也将不遗余力地支持美国。如果没有美国积极有效的参与,该地区的 安全将严重受损。①

①　《我们未来的国防力量》,《国防评论 2000》,国防部,2000 年 6 月。

第四章 东亚海洋国家的战略发展

第一节 中国海军战略的发展与转变

毋庸置疑,中国海军未来十年的战略就是建立一支"蓝水海军",能够在太平洋和印度洋迅速投入使用并灵活运作,从而成为一支重要的海上力量。为了达到这个目标,自 20 世纪 80 年代以来,中国已经在战略理论、训练方法以及技术装备等方面,作出根本性的改变。在国际化的战略环境之下,中国正不断壮大其海军实力。

中国传统海军战略

中国传统海军战略理论建立在苏联"保守派"于 20 世纪 20 年代创立的理论之上,该流派以米哈伊尔·瓦西利维奇·伏龙芝为代表人物。"保守派"主张对军队和海军实施统一的军事政策,他们仅仅把海军定义为军队的一个战术组成部分,认为海军的使命就是利用轻便快速的船舰、潜艇、海岸火炮和海岸防空力量等主要手段进行海岸防御。在这种强调军队是战略决定因素的理论影响之下,苏联海军司令弗拉基米尔·尼古拉上将在 1927 年提出了"微型舰队应对小规模战争"的理论。大部分"保守"的拥护者在 1937 年斯大林发动的"大清洗"运动中遭到迫害。然而,在第三个五年计划时期,人民海军委员——库兹涅佐夫(二战中苏联的海军总司令)对"微型舰队应对小规模战争"理论提出批评,他强调海军独立运作的重要性,并提出了要求平等发展海军空军、海军陆战队和现代化战舰的"大计划"。只是由于战争爆发得比预期要早,这一理论并没有付诸实践。因此,保守派的影响持续到了 1953 年斯大林逝世。

中国海军成立于 1950 年,不管是战略方面还是设备、设施方面都深受苏联"保守派"的影响。中国新成立的海军随着陆军部队进行改革,并且完全接受了苏联的设备设施和训练模式。那时,中华人民共和国刚刚成立,物资匮乏,经济萧条,"保守派"的"小规模战争"理论正好适应当时中国的国情。

谢尔盖·格奥尔基耶维奇·戈尔什科夫思想在中国

1956 年至 1985 年间,谢尔盖·格奥尔基耶维奇·戈尔什科夫担任苏联海军总司令,他是"海上强国派"的代表人物。巧合的是,在他任职期间,中国前海军总司令刘华清,中国的"海上强国派"的代表,受到了苏联这一现代海军理论的熏陶。1958 年,刘华清前往列宁格勒的伏罗希洛夫海军学院学习。那几年,苏联海军界的理论家之间挑战和争论不断。赫鲁晓夫过分强调"核武器革命"和忽视海军发展的做法遭到很多人的反对。但是,在海军里,除了赫鲁晓夫亲自任命的海军总司令戈尔什科夫反对外,没人提出异议。戈尔什科夫的思想在他的著作《国家的海上权力》(1979)和文章《战争与和平年代的海军》(1975)中有详细阐述。

在《国家的海上权力》一书中,戈尔什科夫第一次提出了"海洋主权"。他说:"为了在世界范围内保卫苏联的海洋利益,海军必须起到战略性作用。海军应该从陆—海联军中独立出来,完成保卫海洋权益的职责,因此,海军要得到平等的发展,并且建立一套完整的攻击体系,包括航空母舰、海军飞机以及潜艇。"戈尔什科夫强调并指出,"海军战略价值"即舰对舰的歼灭战与陆上的歼敌战相配合,通过驱逐敌方战争机器来完成"积极防御"的战略任务。他在文章《战争与和平年代的海军》中指出未来的战争模式将会采用陆上和海上导弹发射相配合的方式。在和平年代,海上实力将是一个国家显示其国力的唯一战略工具。在戈尔什科夫任职期间,苏联不管是政治、经济还是军事都从巅峰跌到了谷底。苏联解体后,在切尔纳温领导的改革下,海军战略有恢复"保守派"的趋势。

中国经济实力与日俱增,同时戈尔什科夫思想又渐渐在中国出现。20 世纪 50 年代到 60 年代受到苏联海军熏陶的一批主张"海上强国"思想的军官是其忠实的信徒。前海军总司令刘华清便是其中的代表人物。他们在 20 世纪 80 年代中国改革开放取得巨大成就,战略地位发生显著改变时开始占据重要地位。1986 年前后,《解放军日报》刊登了有关中国未来战略的系列报道。文章由"海上强国派"的军事家撰写,揭示了中国正在逐渐放弃 20 世纪 20 年代以来所继承的苏联"守旧派"的海防战略。1986 年 9 月 26 日,《解放军报》刊登了一篇署名章沁生等的文章,标题为《地区战争——当前和未来的主要威胁》。该文章间接否定了爆发世界大战及中苏战争的可能性,特别强调威胁未来和平的主要是从海上爆发的地区战争。这意味着中国的前线正从北方转移至南方,从陆地转移到海洋。1987 年 1 月 2 日,《解放军报》刊登了一篇蔡晓宏写的文章,文章第一次提出将海军视为"战略工具",将海洋视为"新的战略空间"。20 世纪 90 年代初以来,中国海军战略有了新的发展。军事理论家认为,20 世纪六七十年代,海上战争仅仅是陆地战争的重要配合,但是 80 年代,已经演变为独立的地区战争(用戈尔什科夫的话来讲就是"要完成独立的战略任务")。一本中国杂志——《现代军事》在其 1992 年 4 月刊的第 35 页中写道:"为了成为现代海战的赢家,我们必须联合空军、水面战舰和潜艇以形成一套全面的攻击体系。"(这与"平等发展"基本一致)该杂志还强调发展航母的重要性,认为这是在和平年代显示国力的最好手段,是综合国力的象征,是国家富强、军力强大的一种象征。(《现代军事》1993 年 3 月)

武装部队的重组

新战略理论层出不穷,军队结构和预算分配也进行了重新调整。传统来讲,中国是个农业国,军队是其国防的主要力量,但军队装备和技术短缺。这种情况自 20 世纪 80 年代的军事改革起,已经发生了重大转变。英国年鉴《军事平衡》中记载的过去十年的数据显示,中国陆军的比重已经从 1980 年的 80.9%下降到 1985 年的 77.97%,再到 1992 年的 75.9%。与此同时,海军和空军的比例则不断上升,海军从 11.01%上升到 12.85%再到 15.55%,空军则从 8.09%到 9.11%再到 8.58%。经过 2000 年新一轮的裁军,中国军队裁减了 500,000 人,陆军规模缩小很多,而且传统的"师"将被改编为"旅"。除此之外,中国还会进一步加强海军陆战队的建设。尽管目前中国与发达国家还存在很大距离,但是这些举措足以证明中国正在加强海军建设,并在不断提高军队技术,增加军费预算。虽然我们得不到具体的数据,但是根据从外国购买的武器的分配情况可以看出,当前重点放在加强海军和空军力量上。这些新型物资包括 4 艘"中华现代"驱逐舰,4 艘"基洛"级潜艇,48 架苏 27SK 战斗机,还拿到了生产 200 多架同类型战斗机的许可证和额外的 50 架苏 30mkk 战斗机。中国还进口了 S-300pmu1 地空导弹和 TorM1 型 SAM 导弹,这些先进设备都已经投入了空防使用。粗略估计,陆、海、空购买外国武器的比例为 2∶3∶5。在与外国举行的军事活动中,海军参与最为活跃。海军方面的资料显示,从 20 世纪 80 年代开始中国海军已经逐渐走出"浅海",走进"深海"。过去十年迈进海洋的旅程达到了之前 30 年的 30 倍。(《现代军事》1993 年 3 月)

海军发展的背景

以前,中国认为国家安全的最大威胁来自于北方。但是,苏联解体以及中苏边境问题的成功解决缓解了中国对来自北方威胁的担心。

另一方面,20 世纪 80 年代中期中国对外公布 12 海里领海和 200 海里经济海域管辖权。这一主张使得中国海洋权限扩大了 38.8%,东海、南海和黄海的总面积为 470 万平方公里,而中国的领海达到了 300 万平方公里。这一声明引发了中华人民共和国与其他东亚和东南亚国家的领土争端问题。尤其是在南海,中国宣称 80 万平方公里的领海被外国所占领,其中菲律宾占领了 41 万—42 万平方公里,越南占领了 7 万平方公里,马来西亚占领了 24 万—27

万平方公里,还有文莱占领了 3,000 平方公里。在东海和黄海,中国与朝鲜(3 万平方公里)、韩国(17 万平方公里)和日本都存在领土争端问题。中日有 65,000 平方公里的争端领域,其中包括钓鱼岛、与其毗邻的五个小岛和三暗礁;此外,中日在大陆架的划分上不能达成一致意见,这涉及 77 万平方公里的海域。中国不愿意与日本共享大陆架,希望以冲绳岛附近的航线作为分界线,但是日本坚持与中国共享大陆架,并希望以 Nanniu 岛为基准的中央线作为分界线。在这一背景下,自 1998 年起,中国海洋科考船已经进入了日本自称的 200 海里的专属经济区超过 40 次。

领海争端存在的本质

中国之所以与其他东亚和东南亚国家存在领土争端问题,是为了争夺这一领域大量的经济与战略资源。① 中国海军已经完成了对南海、东海和黄海的矿藏和海洋资源勘探,探明了在南海海面下有 450 亿吨的天然气和价值 150,000 亿美元的石油资源。南沙群岛和东海石油资源最为丰富,蕴藏着 137 亿—177 亿吨石油,价值 5,000 亿美元。另一方面,中国以及一些以中国为中心的东亚和东南亚国家经济发展迅速,对石油的需求日益攀升。据《中国日报》(英文版)1992 年 12 月 13 日的报道,到 1995 年中国将会成为石油进口国。显然,随着中国经济中心从北方移至沿海地区,中国正在竭力争取时间,尽快开发南海和东海的石油,以满足上海浦东地区和南部经济特区发展的需求。

根据国际法的"时间效应"原则,如果一个国家在足够长的时间内有效地

---

① 中国与周边国家的争端源于西方殖民体系对近代东方国际格局的冲击,以及殖民侵略过程中对中国历史以来固有海上领土主权和海疆的侵犯。第二次世界大战之后,日本借美国托管和归还冲绳行政权利之机,将钓鱼岛纳入主权意图范围;东南亚国家则援引所谓"国家安全需要"、"发现无主荒岛"、"地域临近"等理由擅自占据和开发中国主权所属岛礁及附近海域资源等是中国与周边国家海上领土争端的真正根源。原作者不了解中国与周边国家在南海、东海争端的缘起、发展等进程,故有此说。特此更正,译者。

控制了争端地区,几年以后,该国便可宣称对该地区的主权。期限一般为 50年。中国社会科学院的一些学者指出如果中国迟迟不解决南沙问题,这将会成为一个战略失误。我们可以预测在未来 10 到 30 年里,南海很可能会发生大规模战争。另一方面,南海领海争端问题的不断加剧有利于缓解大陆和台湾之间的关系,因为那时双方将会面临同样的敌人。鉴于台湾没有宣布独立,双方未来将会就某些议题达成共识,例如如何开发和保卫南沙群岛的石油资源问题。

中国海军的新战略

江泽民在 1992 年 10 月召开的中共十四大的政治报告中指出:"今后军队要努力适应现代战争的需要,注重质量建设,全面增强战斗力,更好地担负起保卫国家领土、领空、领海主权和海洋权益,维护祖国统一和安全的神圣使命。"这是江泽民作为国家军委主席第一次提到海洋权益。这表明军委当局非常重视海军的发展和海洋权益。因此,如果中国的"领土完整"没有受到"台独"的威胁,那么其海上打击的目标将会是对其海洋权利造成威胁的国家,首当其冲便是菲律宾和越南,其次是日本和印度。中日在东海钓鱼岛问题上有很大冲突。所以,一旦南海问题急速升温,日本战舰很有可能会在美国战舰的护航中一路南下,间接对中国造成威胁。印度是亚洲的另一个海上强国。为了阻止中国实力渗透进印度洋,印度海军正向南海推进。印度与越南和马来西亚分别签署双边友好合作协议,正是为夺取这一地区的丰富资源做准备。

中国的海防主要集中在北方。冷战时期,北海舰队的主要任务是阻止苏联太平洋舰队南下,以便配合陆军部队建立战略防御。东海舰队的主要任务是应对台湾。而南海舰队则主要承担支援和培训等任务。在苏联的"北方威胁"消失后,种种迹象表明中国正在寻求三支舰队的共同发展。更多先进设备仍然部署在北方,包括最先进的第 112 和 113 号 052 型驱逐舰。但是,有迹象显示也有大规模设备部署至南方。目前,中国最大的驱逐舰——6,000 吨的旅海级驱逐舰已经被正式部署在南海舰队。这样的部署可能是考虑到比其他南亚国家更强大的潜在敌人——日本的存在。当前,北海舰队仍然是中国装备最精良的舰队。至少有 3/5 的 HA 级核导弹潜艇和一艘(夏级)弹道导弹潜艇在北海舰队服役。在维护中国海洋权益战略思想的指导下,三支海洋舰队的任务很可能会作以下调整:战争期间,东海和北海舰队紧盯日本舰队,阻拦其南下。同时,东海舰队还肩负着支援在南海和印度洋执行任务的南海舰队的工作,并且还是应对台湾的主战舰。如果台湾海峡地区出现了任何问题,北海舰队的主要任务将是拦阻南下协助台湾的日本或美国海军。预测表明,中国舰队在 21 世纪会越来越多地南下印度洋。2000 年,中国旅海级驱逐舰已经穿行印度洋并访问了非洲。它们有三个战略目标:

第一,与诸如缅甸、孟加拉国、斯里兰卡和巴基斯坦等国结成同盟,对印度形成战略包围圈,以减轻中印边境地区压力。

第二,扩大中国在印度洋的影响力,并阻止伊朗和其他伊斯兰国家向中亚地区渗透。

第三,阻止印度海军自由出入太平洋和南海地区。

因此,中国可能通过军舰访问和销售武器等方式加强与巴基斯坦、缅甸以及印度洋地区其他国家的关系。

中国海军的"平等发展"主要有以下三个特征。

第一,水面舰艇的体积越来越大,越来越专业化。中国致力于组建舰队,最终扩建成真正的航母部队。过去五年发展了三种新型驱逐舰(4,500 吨 052型驱逐舰)以及旅海级驱逐舰和中华现代驱逐舰,一种新型护卫舰(江卫舰的升级版)以及包括"日炙"反舰导弹和 YJ8—3 超音速导弹等四种以上的反舰导弹。中国海军引进了诸如法国汤姆逊—CSF 公司的海响尾蛇舰对空导弹系统,SA—N—7 防空导弹系统的怀特黑德 A2446 反潜艇鱼雷,六管的诱饵发射系统,海虎地面搜索雷达和 TAVTTAC 信息作战指挥系统等先进设备,显著地提高了其反舰导弹、防空、反潜战、电子战以及信息处理的能力。

第二,海军航空部队的飞机装备也越来越多样化,据推测比空军部队的装备更加先进。Y8X 海上巡逻机马上会投入生产,而 Z9 和 Ka27 反潜战机则使得中国海军的反潜能力翻了一番。为了加强反舰能力,海军航空部队还配备了 16 架国产 JH7 轰炸机。很明显,在不久的将来,国产的 Su27SK、J10A 和进口的 Su30MKK 将会在海军航空部队投入使用。而且,中国已经拥有 Kh31p 反雷达空对地导弹。

第三,海军步兵团的登陆舰速度越来越快,规模越来越大并且越来越灵活,并且正在着手制造新型中型登陆舰,如"玉亭"级中型登陆舰。同时,为了增强部队登陆台湾时的攻击力,海军步兵团还配备了新一代的水陆两用坦克。

据西方各种情报证实,中国开始建立新一代的弹道导弹战略核潜艇和攻击核潜艇。据《简氏世界舰船》(1999—2000 年)指出,中国已于 1994 年准备制造攻击核潜艇,可能于 1999 到 2000 年投入使用。另计划 2001 年初建造弹道导弹战略核潜艇,但是这可能会推迟到 JL2 战略核潜艇建造完成之后。

中国花了五年时间设计了第一艘汉级攻击核潜艇。官方记载显示,其于 1968 年 11 月投入建造,1970 年 12 月 26 日下水,1971 年 8 月 23 日开始试验并于 1974 年 8 月 1 日开始服役。

张万年将军在 1999 年 9 月视察渤海造船厂的时候强调,未来的任务是艰巨的,需要分秒必争地投入军需供给的生产,即使在时间计划表的最后一天也不能放弃。负责人造卫星发射弹道导弹的航空工业部的最高领导也参加了此次视察。

张万年的讲话说明了什么?是意味着弹道导弹战略核潜艇建造的开始,还是放弃?五角大楼倾向于相信中国将很可能会建造新型的弹道导弹战略核潜艇。

因为中国新一代的弹道导弹战略核潜艇和攻击核潜艇采用了同样的反应堆,攻击核潜艇的生产通常会比弹道导弹战略核潜艇早。既然现在中国已经开始制造弹道导弹战略核潜艇,自然意味着攻击核潜艇的制造已经持续了相当长一段时间,或许很可能即将完成。从中国开发第一代攻击核潜艇的经验来判断,如果新一代攻击核潜艇的建造从 20 世纪 90 年代中期开始,则可能在 2001 年或 2002 年下水。

20 世纪 80 年代之际,中国的技术落后于西方长达 30 年之久。据估计,中国海军通过 10 年的改革,不断进步,已经把这一差距缩小至 15 年。中国海军的显著变化让人想起 20 世纪 60 年代早期的苏联海军,之后其逐渐发展为真正的"深海"舰队。在未来十年里,低估中国海军的潜力是不明智的。

第二节　面向新世纪的日本海洋战略[①]

导论

这篇文章主要是从一个更为广阔的视角看待日本的安全问题,对各个国家间以共同利益为基础展开的海洋合作方式提出建议,并就日本海上自卫队和国防工业进行概述。

21 世纪初区域安全的不稳定因素

21 世纪初,有六大不稳定因素影响着东亚和西太平洋地区的安全。第一个因素是大规模杀伤性武器和弹道导弹的扩散,这个问题不仅在东北亚地区存在,而且也存在于南亚地区。第二个因素是冷战对峙结构仍然遗留在朝鲜半岛和台湾地区,这使得区域形势变得不稳定、不确定、不明晰。第三个因素是区域内某些国家军事力量的快速膨胀,这容易打破地区的军事平衡。第四个因素是由于历史问题导致的领土、宗教和民族冲突,特别是岛屿主权的冲突很有可能给整个地区安全产生重大影响。第五个因素是围绕海洋权益而产生的冲突,这与岛屿的归属问题密切相关。第六个因素是发生在地区海域的国际化、组织化的非法活动,比如走私、贩毒、非法移民等。

在这些不稳定因素中,我们或许可以找到共同之处。在第一个不稳定因素中,大规模杀伤性武器和弹道导弹的扩散主要依赖地区和邻国的海上交通线,弹道导弹的威胁也从地区扩散至整个海域。至于第二个因素,朝鲜问题和台湾问题,如果发生任何危机,确保海上军事优势是至关重要的,包括保护海

---

① 作者:金田秀昭。

上交通线、海上封锁以及抢滩登陆等。第三个因素，一些国家乃至地区都明显地把海军和空军力量的发展及现代化当作军事力量建设的首要任务。第四至第六个因素也都与海洋有关。换句话说，"海洋自由"及"海洋航行自由"和"各种海上活动自由"正在成为21世纪地区安全的关键问题。①

确保"海上自由"成为区域安全的首要问题

东亚和西太平洋地区的区域安全形势呈现出各种各样的特点，最主要的特点是区域内国与国之间依赖广阔的海洋作为彼此的联系纽带，实际上，区域内大多数国家承认他们是海洋国家，而且其他国家也表现出对海洋利用的强烈兴趣。

东亚和西太平洋海域的经济发展对海洋的依赖程度远远高于其他地区，海洋为该地区提供了极为重要的战略价值。近年来，东亚和西太平洋地区经济的迅速发展与海洋是分不开的，海洋充当了国家间经济交流的纽带，并为地区沿海国家的发展经济提供了必不可少的海洋资源。考虑到整个地区的发

---

①　海上自由：自史前时代开始，海洋一直是人类自由活动的场所。随着欧洲现代国家的产生，"国际水域自由"就建立在国际法的国际价值基础之上，并于1958年以法定形式写入《公海公约》。这一原则又载入1982年发行，1994年生效的《联合国海洋法公约》之中。海上活动自由的权利作为"国际水域自由"的延伸，也就是所谓的"海上自由"，就是指最大限度地行使海洋权利而不损害国际法（如《联合国海洋法公约》）规定的沿海国家主权。可分为"海上航行自由"，即允许将海洋用作航行通道，以及"各种海上活动自由"，即利用海洋所提供的各种资源。近年来，由于全球经济联系的加强，"海上自由航行"变得越来越重要，因为海上运输成为唯一成本较低、运送量较大的运输方式。冷战的结束加速了前社会主义国家由计划经济向市场经济的转变，所以在全球经济范围内，国际社会能够进一步加强相互依赖。所以，"航行自由"变得越来越重要。《联合国海洋法公约》对领海、岛屿海域、专属经济区（EEZ）以及大陆架等重要概念做了界定，规定了沿海国家的领海主权、专属经济区和大陆架的天然资源管理权并为环境保护提供了仲裁依据。沿海国家的专属经济区以及其他规定意味着地球上有一半的海域处于某些国家的管辖之下。另一方面，未来陆地资源存在枯竭的可能，各国对丰富的海洋资源—渔业资源和洋底资源—的兴趣不断增加，这也加剧了各国在开发海洋资源上的冲突，同时也增强了"各种海上活动自由"的重要性。一个典型的例子就是当《联合国海洋法公约》生效后，关于深海资源管辖权的激烈争论。

展,稳定而开放地利用海洋即"海上自由"是极其重要的。除了 20 世纪 90 年代后期的金融危机外,区域经济一直保持稳定持续的发展。尽管东南亚一些国家仍然受到金融危机的影响,但是毫无疑问,这些国家将会恢复平稳发展的趋势。未来可能出现的问题就是这些国家——还有中国和区域内其他经济迅速增长的国家最终会遇到一些问题,包括:确保能源和资源供应以支撑经济发展;经济发展造成的人口快速增长;确保粮食供应、应对未来经济发展过程中产生的全球环境问题。甚至发达国家也在采取措施应对这些问题,因此有必要提出一项有效措施,使得新兴国家能够参与进来。

区域内每个国家都强烈要求与其他国家协调合作,采取有效措施来应对这些问题。但是实际上,由于政治和技术问题,解决这些问题并不容易。每个国家都把本国利益放在首位,并极力采取符合本国利益的措施。关于区域水域问题,很多国家都希望海洋作为确保能源、资源与粮食供应的通道,为国家间的交流提供平台。这就是为什么有必要通过多边安全框架,围绕"海洋自由"达成共识,这也是区域安全最重要的因素。

在区域"海上自由"基础上构建安全框架

东盟地区论坛是唯一包括东南亚地区各国在内的多国安全机制,但是东盟的核心政策是不干涉国家内政,所以,除在东盟地区论坛框架内自愿推行的多国安全合作之外,东盟对其他问题的干涉持极为谨慎的立场。

东北亚是大国力量集中的地区,冷战时期是东西方对抗的前沿。东北亚地区仍然遗留这样的对峙问题,如朝鲜问题和台湾问题,使得区域安全仍然存在不稳定因素。因此,该地区各个国家都追求独立的安全政策。美国的军事力量,建立在与美国结盟的两大军事同盟即美日同盟和美韩同盟的基础上,在这微妙的平衡状况中扮演着轴心的作用,在东北亚地区稳定方面发挥着重要的作用。

东北亚地区安全框架未来如何发展是经常谈论到的问题。两个主要问题是以区域特点为基础产生的。一个是构建可施行的多国合作安全框架。这并不意味着把东盟地区论坛扩展到东北亚地区,而是保持与美国的双边军事同盟,作为部署武装部队的基础,就对峙发起反击。另一个是,随着冷战体制的瓦解,逐步废除双边军事同盟或削弱同盟关系,以建立一个包括美国在内覆盖整个地区的多边安全机制。其中第二个概念是一个相当理想主义的方案并且缺乏可行性,只是一个令人满意的未来的标志。实际上,未来的路很有可能通过不同的方式,沿着第一种方案走下去。在这种情况下,未来的主要问题是东盟能否脱离目前以合作为基础的政策方向而采取一种更具"强制性"的政策,以及东盟地区论坛如何与以美国为中心的区域双边军事联盟分配任务。

不过,像之前提到的,关于"海洋自由"的各种问题未来很有可能在东亚和西太平洋地区出现,这些问题可能成为地区安全的不稳定因素。由于缺少一个整体安全框架,我们应该理解其建立多边组织的急迫性。因为这样就能够经常就一些问题进行讨论,并且在必要的时候作出决策。因此,确保这个地区"海洋自由"的第一步就是要建立这样一个"海上联盟"。

"海上联盟"框架

达成共识来保障地区"海上自由"极为重要,这并非依靠单个国家的努力就可以实现的,只有区域内所有国家(如果是海上交通线这种情况,也包括周边地区)通过互相理解与合作才能实现,只有这样,所有国家才能共享利益。这虽然不容易,但也并非不可能——展望区域国家和整个地区的未来,就是通过合作来达到目标、共享利益。

毫无疑问,"海上自由"是一个国家安全问题,因此,我们必须认识到"海上自由"也就是"海上航行自由"和"各种海上活动自由",归根到底还是区域安全问题,这是每个国家都要面对的问题。但是,在可预见的未来,要构建一个类似于军事同盟的安全框架相当困难。所以在现实中,必须考虑首先在多边国家安全框架范围内建立合作关系,同时保持与美国的双边和多边军事同盟关系,并将其作为核心。最好首先在区域相关国家间进行谈判,包括东北亚国家,以巩固完善松散的多边联盟来保障"海上自由",并且构建一个地区特有的合作框架。在谈判过程中,最重要的要尽量避免政治干预,要首先就一些实际和紧迫的问题展开谈判,如海盗问题以及自然灾害爆发时互相帮助的问题等。在逐步达成共识后,各方应承担相应"义务"。在这种情况下,要根据不同的问题采取不同的解决方式。下一部分会详细阐述这个问题。

通过上述方式建立巩固的区域联盟的过程中,国家间获得信任也是建立"海上联盟"的重要方式。这就需要:建立加强联系与交流信息的渠道;建立共同的常设机构;推行联合训练以增强协作能力;提出技术性、操作性和辅助性措施。这样做可以使区域国家海军(某些情况下,包括海军陆战队)通过多边和双边的协商机制,提高共同应对的能力。

保障"海上航行自由"的具体措施

如上面所提到的,地区内海峡和岛屿领域是东南亚重要的海上交通线,也是东亚和西太平洋地区海上交通线最重要的区域,这些地区一直受到国际化、规模化的海盗侵扰,对和平时期的"海上自由航行"构成了威胁。海盗问题不仅是沿海国家,也是地区内海上交通线所有受益国要面对的问题。另外,海盗与我们社会的黑暗势力联系密切,包括国际辛迪加犯罪组织和恐怖分子。抗击海盗,需要区域合作;认识到海盗问题会影响区域和国家安全,区域国家要采取合作的方式共同应对。第一步就是要构建有效的区域和多边框架来解决这些问题。虽然各国期望值不同,有些国家仍存在领海争端,但是目前各国都认为海盗问题是一个区域性问题。各国在尝试不同的方式,但没能成功提出一套解决方案。虽然日本首相(已故)强烈要求日本主动应对海盗问题,但是海上安全厅发出的出击并没有取得显著成果。这种情况表明,只要牵扯到其他国家的海军,事情就会显得很微妙。

从更宽广的视角看待这个问题,并着手处理各项事宜以实现和平时期"海上航行自由",只有这样才能更好地解决上述问题。立即成立"和平时期的海上联盟"有利于推动对一系列问题的广泛讨论,包括为维持海上秩序进行的海上活动,如:抗击海盗;控制毒品贩卖和非法移民;大规模自然灾害爆发时的海上救援以及人道主义活动,如国内发生动乱时安全疏散外国人。海上联盟的成立可以遵循东盟地区论坛的原则或者可以作为西太平洋海军论坛①的一个分支。西太平洋海军论坛拥有专家委员会,能够促成共识的达成,并推动多边共同应对问题的讨论。赋予西太平洋海军论坛更多的权力还比较困难,这个问题亟待解决;所以,将来东盟地区论坛以及其他一些团体组织会发挥重要作用。

危机时刻的“海上联盟”——军事联盟

在“海上自由航行”受到影响的危机时期建立“海上联盟”,比在和平时代建立“海洋联盟”更困难。但是建立一个“海上联盟”应对危机对于保障区域安全来说是非常重要的。原因有以下两点。

首先,从“防范”和“树立自信(建立互信)”的角度分析。时刻谨记危机的存在,努力达成共识,并在此基础上建立“海洋联盟”,可以消除各国之间的误解与顾虑,使区域国家间的目标透明化,从而树立自信,避免产生纠纷,增强维护“海上航行自由”的可行性与有效性。

第二个原因与“共同应对”相关。假设在区域海域发生紧急情况,这种紧急情况可能会造成海上交通线附近国家军事和经济发展的中断,会对相关各方产生重大影响,甚至会影响到其他国家。但是“海上航行自由”的中断不仅会影响经济发展,如果这种紧急情况持续很长一段时间,甚至会威胁国家自身的存亡。在危急时刻,必须确保安全与可靠的海上交通线。美国海军拥有区域最强大的海军力量,即使有这样强大的海军力量存在,也不能够阻挡危机的发生。依靠单个国家的能力是无法应对这些危机的,这就要求区域国家在适当的时间共同应对以保持“海上航行自由”。保持开放的海上交通线也需要

---

①　西太平洋海军论坛（WPNS）:美国海军不再举行每半年一次的国际海权讨论会（ISS）一年之后,召开了西太平洋国家的海军指挥官会议。这次会议是要讨论各国海军共同关注的问题。第七次西太平洋海军论坛有 17 个国家参与,法国、加拿大和印度派遣代表作为观察员参加。

相关各方之外的其他国家以个人或是共同的名义参与其中。

鉴于上述情况,毋庸置疑,即使会遇到很多困难,推动构建一个"海上联盟"框架以应对危机是十分重要的。有这几种方法可以考虑:作为东盟地区论坛的附属机构,就像前文提到的"和平时期海上联盟"一样,或者是协商组织的扩展如西太平洋海军论坛,组织内部已经达成共识。就这一方面论争的焦点是如何使各国接受美国向该区域派军。重要的是在区域国家间达成共识,但是因为海上交通线通过水域连接了区域各国与世界其他地区的国家,所以有必要考虑与南亚和中东国家建立联系。

采取有效措施保障"各种海上活动自由"

区域内各国将依赖并寄厚望于海洋为国家未来的发展提供各种宝贵的必需资源。国家的期望值越高,国家间保障"各种海上活动自由"的冲突就会越多。这些冲突肯定会对区域安全造成严重影响。在过去,这些问题经常通过双边协商来解决。随着区域国家经济规模的快速膨胀,越来越多的国家会牵涉其中,而双边协商这种方式似乎不再有效。协商和谈判迟早会变得越来越困难。

区域各国和整个地区发展离不开各种宝贵的资源,"海洋是这些资源的来源"这种共识是必要的。为此,我们建议建立区域多边协商机制保障"各种海上活动自由"。这样能够促进达成共识维护海洋和地区利益。

实现这一目的所采用的方法有别于"海上航行自由"。保障"各种海上活动自由",首先要判断区域各国对未来可能出现的跨界问题的反应,同时保持当前的双边谈判。然后,将谈判的覆盖面扩大到"各种海上活动自由"的方方面面。这个问题需以《联合国海洋法公约》为基础,所以东盟地区论坛类的框架机制可能不再适用。参与其中的政府部门一定是那些从经济的角度出发,负责渔业和海洋资源的部门。海洋和海床的国家主权问题与"各种海上活动自由"这一问题联系密切,"海上航行自由"问题也是如此。区域国家海军之间的"海上联盟"也在其中扮演重要的角色。

在"海上联盟"中主要海洋国家扮演的角色

为了在地区内建立"海上联盟",区域内主要的海洋国家应主动达成共识,这一点是很重要的。特别是日本需要承担相应的责任,发挥相应的作用,因为日本最依赖"海上自由"的实现来完成国家的长远目标。而且,区域内许多国家需要从通过海洋与日本形成的相互依存关系中获得重要利益。

在不久的将来,日本可能会成为联合国安理会的常任理事国,所以日本能够更好地代表亚洲地区的安全需求和计划。目前日本已经有了这样一个基础:日本是七国集团中唯一的亚洲国家,代表了区域的政治、经济和安全问题。另一方面,日本要想在这些问题上发挥带头作用,必须首先解决国内反对派的问题,然后是其他国家会欢迎日本这么做。随着区域各国合作不断的深化和加强,再加上"海上联盟"不断发展①,针对日本的"禁止行使集体自卫权"的问题也会被提上讨论的议程。起初,对宪法解释的争议在国内政治领域是个"禁区",不允许提及。对此,内阁立法部门(仅仅是政府的一个机构)作了极为保守的解释,甚至国会都不会轻易在此解释的范围之外进行讨论。

面对冷战后变化迅速的安全环境,1998 年,日本国会在两院设立宪法修正委员会,并决定在国会内部讨论宪法的各项事宜。人们希望这项举措能够在"禁止行使集体自卫权"这一问题上取得进展,这样能为日本在"海上联盟"中争取主动。毫无疑问,这项尝试需要考虑与美国的关系;以美国为中心双边和多边联盟是地区稳定的支柱。特别是"海上自由"与美国海军在这一地区的优势存在是不可分割的。所以,目前美国海军在这一地区的重要性不会发生根本性的转变。可以说,"海上自由航行"以及美国海军

---

①　禁止实施集体自卫权;日本政府对实施集体自卫权的观点是这样的:根据国际法和联合国公约第 51 条规定,我们国家享有个别自卫权和集体自卫权,尽管如此,我国宪法规定,最小限度地行使自卫权打击任何对我国主权的非法侵犯,所以仅限于行使个别自卫权,而不行使集体自卫权。

采取的各种措施使得这一区域保持稳定；反对美国海军存在的争论是站不住脚的。

"海上自卫队"应采取的政策

日本海上自卫队必须采取相关政策，确保日本能够应对21世纪任何新的战略环境，与整个地区和区域各国建立联系。海上防卫体系要适应中长期的发展——美日同盟作为轴心——需要：确保拥有应对任何威胁的能力；保障国家安全与稳定，同时利用每一次机会逐渐深化与区域各国的联盟与合作关系；充分利用自身的特性和能力并与美国保持合作关系。因此，最重要是在任何方面都与美军保持紧密联系，特别是美国海军，还要加强美日联盟。如果通过与美国海军对话明确了需求，如果达成了区域共识允许美军势力的存在，那么就有必要改变美国海军与日本海上自卫队的功能分配和附属关系。

另一方面，日本要积极推动建立一个协商机构，利用区域内合作框架机制，如东盟地区论坛和西太平洋海军论坛，实现建立整个区域的"海上联盟"这一目标，同时也要保持与美国海军的协商。同时，日本要发挥积极领导作用，通过双边与多边协商机制以及西太平洋海军论坛这样的框架机制，扩大并完善联合训练项目，增加该区域的军事透明度。联合训练项目应该首先从有利于区域安全的"非战争军事行动"领域开始，主要是指人道主义援助；接下来就朝着更为实际的方向发展，以建立区域"海上联盟"。至于与区域各国海军的关系，在政治和经济双边关系框架内，增强各国海军力量之间的信任是更合适的方式。这些措施意味着日本海上自卫队在整个区域内的行动要变得高度透明。因为只有这样才能推行防务建设项目等一系列防御政策，包括建立区域"海上联盟"，推行防务建设项目还需要在国内和国际社会方面付出努力。上面的这些措施一定会使海上自卫队成为可靠的存在，不会引起区域内各国不必要的怀疑。

日本海上自卫队防务建设方向

1995 年 12 月发布的中期防务力量发展计划(1996—2000)被看作第一份可行的大纲,因为相比 1995 年 11 月发布的国家防务计划大纲,它就防务能力方面作出了调整。中期防务计划大纲指明"重建防务能力"的方向,其目标是要重新审视日本陆上自卫队、海上自卫队和航空自卫队的分队以及主要装备,同时保证国防生产和技术的根基。但是,由于财政恶化,1997 年 12 月大大削减了必要的开支。在 2000 年 12 月,日本内阁以及安全委员会通过了一份新的中期防务力量发展计划(2001—2005)。①

回顾新中期防务力量发展计划的主要条款,第一点是强调要适应科技革命。第二点,在原来国家防务计划大纲的基础上制定的中期防务力量发展计划规定,继续有步骤地调整国防军的结构。第三点,根据先前的中期防务力量发展计划,继续保持日美在弹道导弹防御技术项目上的合作,这项合作计划于新的中期防务计划大纲的中期完成。防御系统下一阶段的发展可能要受到新的政治决策的影响。通过早期完成的技术鉴定,进一步推动导弹防御系统朝着下一个阶段发展。最后,提高应对能力,实现武器装备的更新和现代化,提高自卫队应对能力,为国际社会作出贡献,并在国内外赈灾行动中发挥作用。

---

① 新中期防务力量发展计划:制定《新中期防务力量发展计划》时,首要的问题就是根据《防卫计划大纲》规定"保持军事平衡和必要的防卫力量",因为日本面临许多不确定因素,而且日本周边到处都是强大的军事力量。但是当情况突然发生变化时,这样的一种政策可能无法保证及时有效的应对。鉴于未来肯定要提高应对突发情况的能力,另外一个重要议题就是"保持应对各种国内和国际突发状况的能力以及应对后冷战时期任何危险和威胁(类型多样和方式不一)的能力"。另外,保持灵活性(这是应对未来各种情况的基础)也是必要的,因为防御力量要时刻准备应对未来各种不断变化的状况以及任何不可预测的突发事件。

新中期防务力量发展计划规定的海上力量建设方针

尽管面临严重的预算限制,但是新中期防务力量发展计划中规定的海上自卫队防务建设项目表明,将会分配开支和资源促进相关工程的展开。毫无疑问,在中期防务力量发展计划中规定的海上自卫队建设最重要的是应对科技革命,特别是要适应 C—4—ISR 系统的全面发展。在这方面,强调要提高与美国海军的协同能力,保持并进一步加强美日双边防御合作;提高与陆上自卫队和航空自卫队的合作以增强联合防御能力。扩大并强化与区域各国海军的联合演习计划是海上自卫队和日本防卫厅面临的首要问题。进一步增强与区域各国海军的交流,在东亚和西太平洋地区加强防务交流,特别强调要确保通信协作与信息交流①。因此,海上自卫队明确表明其目的是为了推动与区域各国海军的联系与交流,尊重与各国海军的相互关系。这是日本海上自卫队第一次指出要努力与各国海军达成共识,保障将来在行动与后勤支持上的合作。日本海上自卫队未来的主要任务就是建立同美国海军间双边操作的三极体系,与陆上自卫队和航空自卫队进行联合行动,与区域各国海军展开合作,以推动建立"海上联盟"。

日本海上自卫队的装备建设大纲

基于"海上联盟"的海上实力建设计划不仅涉及上面所提到的 C—4—ISR 系统,而且涉及武器装备的采购,还包括研发领域。关于海军舰艇,军舰的数量基本上没有增长,驱逐舰的数量却随着防务力量结构的调整有所下调。但

---

① 确保通信与信息交流领域的协作:信息交流在每个领域都是非常重要的,要加强与区域各国海军的联系,首先要运用 C—4—ISR(C—4 情报、监控与侦察)系统。现在,要使用的是 C—4—ISR 系统的"通信"与"信息"领域。在这种情况下,"通信"领域的任务包括代码的使用、术语的统一和频带的分配,而"信息"领域则包括信息共享程度。最好先共享操作通信的共同频带以及一般信息交流系统。

是这项计划从各方面吸收了"海上联盟"的构想,也考虑到过时军舰的更新与现代化。例如,延续原来的《中期防务力量发展计划规定》,日本将建造大隅号两栖型登陆舰,并进行部分改进以应用于国际行动,例如地区内的大型灾害的援救工作以及应国际社会请求展开的国际紧急援助行动。此外,日本海上自卫队正尝试建造三艘新的大隅号两栖登陆舰来取代过时的登陆舰,以提高快速应对能力。再者,护航舰队的旗舰——直升机驱逐舰(DDH),将被新的能够搭载直升机、扫雷直升机以及运输直升机的驱逐舰取代。新驱逐舰具备全面的C—4—1功能,使之成为多用途军舰,与大隅号两栖登陆舰相互协作,提高国际援助行动的效益。同样,为了提供国际援助,新型的配备扫雷直升机以及运输直升机的供应军舰将能运载更多的人员并提供广泛的医疗救护功能。

日本引进了大型多用途直升机装载于船舰之上,提高了运输人员和物资的能力。另外,已经决定研究和开发新的海上固定翼巡逻飞机,接替现在的P3Cs备用巡逻机。上述海军舰艇的建设将提高日本海上自卫队在人道主义援助上的行动能力,如大型灾害的援救工作。另外,现有的P3Cs海上巡逻机也可以运用其卓越的远距离、长时间监控能力及C—4—ISR能力,用于巡逻与海盗监控。为了全面提高C—4—ISR能力、完成船舰与飞机的更新与现代化,关键是运用最新的通讯技术和信息技术,比如信息革命的各项成果。在这方面,将一般性公共商品、装备和设施(COTS)引进防务体系是必不可少的。根据联合开发研究局修订后的采购计划,中期防务力量发展计划将推动COTS项目,更新海上自卫队的装备与设施。这可能有利于增强区域各国海军装备的协调能力。

日本海上国防工业力量

日本海上国防工业:当前的情况

日本海上国防工业涉及的领域很广,包括海军舰艇建造、飞机和汽车制造、武器和弹药生产、装备与设施修复质量监督控制以及联合开发研究局制定的《中长期防务力量发展计划》规定下的装备与设施的研发项目。除了一些武器、弹药和某些类型的飞机之外,日本海上国防工业已经具备足够的生产、维修以及修复武器和设施的能力①,因此,上述领域的防御装备和设备的订单近年来都很少。1990年,前线装备的合同订单开始减少,日本重新调整了企业组织结构。上一个中期防务力量发展计划中,JDA要求国防工业在3年内(1999年起)达到削减开支10%的目标,以尽快实现削减开支的总目标以及完成联合开发研究局提出的采购改革计划。为了实施防务采购体系改革,应对过去发生的一系列不光彩事件,产业部门和海上国防工业面临新的、更重的负担,那就是接受联合开发研究局的审查。所以,在长时间市场需求萎缩、开支削减的不利条件下,国防工业部门发现很难确保必要的人力资源和设施装备为生产体系搭建良好的基础。另一方面,国家防务大纲(NDPO)中规定,要在数量和质量方面保证海上防御能力水平。在新体制下,工业部门需要更加合理化,并通过建立一套与采购改革计划相配套的机制来加强自身的组织能力。

武器出口三原则

日本根据相关法律法规严格控制"武器"出口,且武器出口还要获得国际贸易工业部(MITI)部长的批准。日本是一个"爱好和平的国家",这是日本宪法的根本宗旨,武器应遵循的法律法规有:

1. 禁止出口武器到那些受到武器出口原则限制的国家(联合国决议禁止的国家;直接卷入国际冲突的国家以及共产主义国家);

2. 即使向上述国家之外的国家出口武器,日本也采取谨慎的立场;

---

① 日本主要的海上国防工业。为海上国防工业提供采购的顶尖企业有(每年都有变化):三菱重工业、川崎重工业株式会社、三井造船株式会社、日本联合海事公司(石川岛播磨重工业与住友商事的合资企业)、日立造船株式会社以及日本钢铁公司作为造船和机械设备生产商,三菱电器、日立、日本电气公司、东芝、冲电气公司、日本富士通公司等作为武器生产商。销售商有三菱商事、丸红商事、伊藤忠商事等。

3. 制造武器的生产设备涉及出口问题,应遵循与武器出口相同的规定。

因此,日本采取坚定政策,禁止任何武器出口。

1995 年颁布的国家防务大纲旨在避免任何可能激化国际冲突的行为,同时协调美日安全项目的有效实施。为了适应冷战后的国际战略新环境,对武器出口规定做了相应的修改:

1. 打开向美国出口武器技术的渠道;

2. 颁布国际维和行动法;

3. 达成美日协议(ACSA),互相提供武器装备;

4. 取消用于人道主义活动,如清除地雷,所需武器装备的出口限制。

但是,与外国同行相比,日本海洋国防工业仍处在一个极为艰难的处境之中,由于武器出口三原则对武器装备的出口设置了严格限制,日本不能随意出口武器。同时,日本国内武器需求也不断下降。于是,市场——国防工业生产和技术发展的必要支撑——成了日本国防工业的瓶颈。

进口海上防御装备

日本海上防御装备和设施需要确保与美国海军的协作,因为美日安全协议是日本防御结构的核心;另外,日本还需要保证足够强大的防御力量。这一事实使日本主要从美国进口防御武器和装备。从美国进口的武器大部分是通过外国军事销售(FMS)完成的,一小部分是通过贸易公司完成的。至于从美国以外的其他国家(包括日本境内的许可生产商)进口方面,近几年来,从欧洲国家和澳大利亚进口武器的数量大幅上升,用于实现扫雷设备和相关装备的现代化。①

---

①　海上自卫队主要进口装备:美国对外军用品出售公司的是主要的公司,进口的装备包括 AEGIS 系统,近防武器系统和雷锡恩公司的标准 2 导弹以及垂直发射装备。日本进口项目的代理公司包括三菱商事、丸红商事、日本山田以及住友商事。

前景

国防工业环境的变化：未来的任务

冷战后的安全环境一直不稳定，后冷战时期的冲突以及恐怖袭击在世界范围以及该区域内上演。在日本也发生了此类事件，非战争形式的国际危机向日本袭来，如大浦洞弹道导弹实验以及朝鲜间谍船在领海上进行的非法活动。日本需要积极应对这类事件。对于日本，为了应对新型危机而提高防御能力，则需要提高应对国家、国际和区域危机的能力，包括提供国际援助以及应对大规模灾难的能力。因此，日本要加强并深化与区域国家的联系（这是与"海上联盟"计划相一致的），另外，还要通过信息技术的有效应用为综合信息共享以及反弹道导弹系统搭建一个平台。

一方面，如果能明确行动要求，分配足够的资金，日本海上国防工业和专业技术完全能够生产必要的防御装备和设施。另一方面，从外国引进的话，尽管可以获得非军用的、基础的、初级的技术，但是很难获得最先进的防卫技术以及战机、战机引擎和制导武器的关键部分。所以，随着安全环境和国防技术的变化，在国内开发海上防御技术，生产防御装备与设施变得越来越重要。与更早的中期建设防卫大纲（10 年前）相比，上一个中期防卫建设大纲要求在前线设备采购方面大幅削减 30%。根据政府政策制定的采购体制改革要求削减开支（3 年内减少 10%），再加上开支预算的延迟付款，这段时间国防工业部门要承受更大的负担。为了应对这样不利的局面，国防工业已经通过提高民用需求以及进一步重组和精简生产线来保证生产基础，但是这些努力仍然不够。在未来，需要建立能够反映合作努力的采购体制。

在欧洲和美国，由于防卫预算的削减，与武器装备相关的企业间的合并、一体化和重组已经进行了几年。欧美公司也已经开始合并与合作，因此，防御装备的联合开发与研究项目会在国际范围内不断增加。如果脱离这一国际形势，日本海上国防工业则很难保证其技术基础。所以，他们需要考虑将国内公司与美国或其他国家的公司联合（全面联合、实验与材料研究）、联合发展和/或国内公司间的联合,同时还要通过自主努力巩固技术基础。为了使海上国防工业继续保持稳定并不断发展,应该要保证稳定的采购机制。为了保证在外国设备技术转让过程中的议价能力、控制进口价格,日本要巩固海上防御技术的基础。通过与外国公司建立平等交换关系,获得最先进的技术,可以实现上述目标,同时保持日本防御体系潜在的威慑力。

第三节　韩国的海洋利益诉求与政策[①]

大多数国家的政策都把安全利益放在首位。鉴于朝鲜半岛[②]的海洋地理特征以及与朝鲜共产党政权的持续对抗状态,大韩民国(后面简称韩国)的海洋政策必定也遵循这种模式。在过去几十年间,安全考虑一直左右着韩国海洋政策的制定。如今,韩国的策略是安全问题在国家海上利益政策中占据主要地位。

韩国的海上安全利益:概述

在韩国,安全利益问题大部分来自与朝鲜的军事对抗。2000 年 6 月 13—15 日,韩朝南北首脑峰会和接下来首尔与平壤之间的交流为朝鲜半岛安全形势带来了新景象。首脑峰会为韩朝关系开创了新的篇章,使其朝着和解与合作的方向发展。但是朝鲜仍然是韩国首要的敌人,这种军事状况会一直持续,直到朝鲜选择放弃使朝鲜半岛共产化这一核心政策[③]。

韩国意识到外部威胁主要来自朝鲜,在过去几十年里,韩国根据安全发展规定,明确了其海洋安全利益,强调保卫韩国领海,为经济发展提供一个稳定

---

① 作者:李旭航。

② 朝鲜半岛三面环海,位于亚洲大陆东北部。东面是日本海(韩国称为东海),西面是黄海(韩国称之为西海),南面是中国东海,东海一直延伸到朝鲜海峡和韩国南部边界最大的岛屿,济州岛。目前,朝鲜半岛在政治上分为两部分,即朝鲜人民民主共和国和大韩民国。

③ Kukbangpaikso,《2000 年国防白皮书》,首尔:大韩民国国防部,2000 年,第 53 页。

的有利环境。因此,这一政策将国家经济的发展与安全责任的扩大联系在一起。为经济发展提供有利环境,需要采取足够的安全措施;随着经济的发展,安全责任需要相应的扩大。国家安全如此广泛的定义使得武装部队(如海军)也参与到经济发展的任务之中,尤其是那些对一体化和经济发展十分重要,但私营部门或民用部门不容易推行的任务。

与其他国家海军一样,韩国海军的主要任务就是阻止战争爆发、保护国家利益、支持国家政策并提高国家威望①。特别要提到,在公开声明中强调维护以下三个利益是韩国海军的任务:

1.与朝鲜的军事力量相对应,保持韩国海军的军事力量;

2.保持足够的情报搜集和军事监察能力;

3.保护海岸线安全确保进出口韩国的货物的安全。

前两项主要针对海防以及警惕海洋渗透,这就涉及许多海军任务。其中主要的任务就是打击任何对韩国海域的威胁。根据海军实力,韩国海军被划分为第三等级,与主要海上军事力量相比是一支近海海军。近海海军的主要任务是保护国家海岸安全,保护国家免受海上袭击,并执行海洋规章。因此,韩国海军的主要任务包括增强对12海里领海②的军事监控,以挫败或阻止外国间谍活动,特别是朝鲜伪装成渔船的间谍船。其他目标包括阻止敌人以保卫海岸安全,禁止任何未经授权对大陆架及其海域进行以军事行动为目的的绘图或侦察。总之,加强防御在韩国海岸附近③不断增加的朝鲜间谍活动。

韩国海军在韩国海域的第二项任务就是保护经济资源,特别是渔业和其他海洋资源。20世纪50年代初,划定20—200海里"李承晚线"④的原因之一

---

① 《1999年国防白皮书》,首尔:大韩民国国防部,1999年,第72页。

② 1977年12月韩国宣布其领海延伸至12海里。

③ 1998年6月22日在束草附近发现朝鲜"玉高"级微型潜艇,1998年12月17日在丽水附近击沉渗透装备,一系列事件使得韩国重新关注朝鲜在韩国领海进行的情报搜集活动。

④ 1952年发表《总统公告》,宣布对邻近海域主权,宣称"对半岛附近的海域和国家领域的岛屿行使主权,有权保留、保护利用海面、海里和海底下的各种自然资源"。包括分界线在内,该区域延伸到海岸线之外20—200海里,被称为"和平线",旨在阻止日本渔民在朝鲜半岛附近海域过度捕鱼。

就是保护渔业资源。部署海军保护渔业资源包括被朝鲜扣押的渔民。自
1972 年以来,韩国海军已经在北方限制线附近,也就是韩国领海最北部海域,
建立并控制了两个安全区域,并在此巡视以保护渔民免遭朝鲜扣押。另外,韩
国已经划明 200 海里的专属经济区,并基于 20 世纪 90 年代后期的专属经济
区概念,与日本和中国签署了渔业协定,所以,在专属经济区内保护海洋资源,
尤其是渔业资源,变得越来越重要。海军的最后一项任务就是在沿海地区以
及国家内部水域开展各种活动。在海军陆战队的支持下,增加船舰、加强海军
巡逻,加强了边境地区以及人迹罕至的内地河网环境的安全。在过去每年都
会举行反游击战演习。

沿海地区以及国家内部水域的海军开展了一系列的民事行动和促进发展
的活动。海军负责商船的安全与训练、港口的管理、海岸线保护工作,河流和
海洋绘图和航行救援以及各种民用服务,特别是闭塞地区的医疗和牙医服务。

但是,韩国海上安全利益不仅限于海岸防卫。这几年着重强调保护海上
贸易通道——连接韩国及其主要贸易伙伴的海上通道以及进口战略物资的通
道。韩国经济的发展完全依赖于海上对外贸易。1999 年,海上进出口总量达
到 5.3 亿吨,总价值达到 3,000 亿美元。海上贸易已经达到全部对外贸易总
量的 99.7%。① 因此,由商船队负责的进出口在韩国经济发展中扮演着重要
角色,也有利于对海上航道进行更好的保护。

使韩国意识到海上航道保护重要性的一系列重大事件有:

(1)印度尼西亚和马来西亚出于安全考虑对马六甲海峡商船运输的
控制;

(2)东南亚海域海盗行为的增加;

(3)中国东海各种事故以及石油泄漏事件的增加;

(4)近年来朝鲜潜艇和快速攻击艇数量的增长。

特别是韩国的主要贸易通道马六甲海峡,由于堵塞现象日益严重,该区域
内的国家采取了事先通知过境、指定航道、对过往船只征税等一系列措施。这

---

① 《2000 年船务统计手册》,首尔:韩国海洋部,2000 年,第 42—44 页。

些措施的实施再加上海盗问题的加重,严重阻碍了韩国的海上交通。

保护远方水域的航道,如南海和马六甲海峡地区,需要和美国以及其他盟友进行合作,韩国单方面把重心转移到保证本国海域内的运输安全之上。朝鲜在潜艇和快速攻击艇数量上占有领先优势,而韩国海军则以不断提高的反潜作战能力闻名于东亚海域。在过去的时间里,韩国不断致力于发展其反潜能力、反水面作战能力以及防空作战能力。

当前韩国海上安全面临的问题:潜在的海洋冲突

说到韩国面临的海上威胁,近期看来,主要是朝鲜发动的两起侵权行为:

(1)朝鲜建立边界军事区;

(2)自 20 世纪 70 年代中期以来,朝鲜一直宣称对西北海域 5 个岛屿的主权。

1977 年 8 月 1 日朝鲜划定专属经济区的同时,建立一个 50 海里的边界军事区。朝鲜宣称:从朝鲜在东海(日本海)的领海界限起向外 50 海里,直到西海(黄海)的专属经济区界线是边界军事区。在边界军事区内(包括海中、海面以及上空),外国军用船只以及外国军用飞机(渔船除外)只有提前获得批准才能航行或飞行。在边界军事区内(包括海中、海面以及上空),民用船只以及民用飞机不可开展以军事为目的的行动,不可侵犯经济利益①。

如上所示,就管辖权来说,边界军事区具有很强的排他性。军事界线区从直线基线开始划定,这样就把两个相当广阔的海域纳入了领海的范围。该区域禁止外国海军船舰航行,外国商船必须经过朝鲜政府的批准。韩国对此立即作出反应,谴责朝鲜政府这样做违反国际法。朝鲜边界军事区的非法声明对韩国造成了很大的安全隐患。韩国最大的担忧就是朝鲜管辖权扩大会给其海上安全带来严重影响。具体来说,延坪岛、隅岛、白翎岛、大青岛、小青岛处

---

① 朝鲜关于边界军事区宣言的主要内容见 Choon—ho Park 的《朝鲜 50 海里边界军事区》,《美国国际法杂志》第 72 页(1978 年 10 月)脚注 1。

在朝鲜海岸 12 海里之内,韩国担心其对"西海五岛"的控制权会受到朝鲜这一宣言的威胁。

　　实际上,这种担忧从 1973 年朝鲜宣布对五个岛屿管辖权之时就已经成为朝韩之间极端敏感的安全问题。1973 年 9 月 1 日,在第 346 次军事停战会议上,朝鲜坚持西海五岛附近的海域位于朝鲜的领海之内,船只通行必须先得到朝鲜政府的批准。韩国谴责这种行为,他们认为,根据 1953 年签署的停战协议,不仅表明这五个岛屿处在联合国盟军指挥部的管辖之下,即处于韩国的管辖之下,而且禁止任何一方封锁附近水域、上方领空以及另一方控制的地区①。另外,韩国强调这些岛屿与韩国领土之间所谓的"北方界线"是南北之间领海的分界线。

　　朝鲜渔船以及鱼雷艇跨过界线来到南部海域,1999 年 6 月 15 日,朝韩交火,西海五岛以及朝韩海上边界问题再次浮出水面。朝鲜炮艇为渔民保驾护航,进入被韩国视为领海的海域,韩国军舰试图将其逼退,朝鲜炮艇向其开火。韩国海军还击,击沉一艘并击伤多艘船只。据报道,朝鲜大约 30 人死亡,韩国 9 人受伤②。这是自朝鲜战争结束后南北之间最为严重的一次交火。

　　1999 年 9 月和 2000 年 3 月,朝鲜两次单方面重申对西海五岛屿的主权,为美国和韩国船只指定两个海上航道③。当前,韩国政府拒绝承认朝鲜的声明,并强调"北方界线"是双方之间有效分界线。但由于朝鲜的侵权行为,西海五岛屿和"北方界线"已经变成韩国海上安全的痛处,并且成为韩国试探朝鲜军事意图的手段。

---

　　①　由联合国盟军指挥部总司令与韩国人民军最高司令官和中国人民志愿军签署的停战协定附件中有 22 张图。图 3 指明了西海五岛的位置,注明:"包括五岛的矩形只为表明其出于联合国盟军指挥部的军事控制之下。这些标示没有其他意义,也不能随意赋予其他意义。"详见联合国文件 S/3079 第 13(b)、15、16 条。

　　②　《经济学家》,1999 年 6 月 19 日,第 28 页。

　　③　见《韩国先驱报》1999 年 9 月 3 日,第 1 页以及 2000 年 3 月 25 日,第 1 页。

当前东北亚战略的转变与海军新任务

之前提到,韩国根据安全发展规定,明确了其海洋安全利益,并意识到其外部威胁主要来自朝鲜。因此,最近西海五岛附近海域的冲突表明,韩国海军角色和任务主要受到朝鲜威胁的影响。但是过去几年,朝鲜半岛以及整个东北亚地区安全环境已经发生了重大的变化。毫无疑问,这些变化重新定义了韩国海军的角色。为了探索未来韩国海军力量的发展方向,应该分析近年来东北亚战略的转变。

不言而喻,在过去的几年间整个东北亚地区所发生的重大战略转变就是冷战的结束。随着冷战对抗的结束,人们普遍认为大规模或者区域战争及其对区域海域安全造成的威胁已经远去。另外,随着经济发展加快、经济竞争增强,各国寻求与邻国建立商业合作关系,这样有利于缓解紧张局势。所以,近年来东北亚国家间的贸易大幅增长,各国间相互依赖日益加深。但是,这并不意味着该区域不再有威胁海域安全的因素存在。东北亚地区最重大的战略转变是两个超级大国(美国和苏联)的势力和影响力相对下降。例如,俄罗斯海军由于近几年实行经济重组而受到巨大冲击。据报道太平洋舰队很多船舰,以及48艘核潜艇、50多艘水面战斗舰艇和400架海军战斗机和轰炸机已经不适合在海上行动并且其可靠性也受到质疑。目前,俄罗斯海军拥有的护卫舰和柴油动力潜艇只有20世纪90年代的十分之一。总的来看,俄罗斯潜艇和水面战舰缩水80%。自1993年起没有新的水面战舰服役,自1994年起没有新的攻击潜艇服役。① 在经济重建未能取得成效之前,俄罗斯远东的海军力量还可能进一步萎缩。

美国海军也减少了在东亚地区的军事存在。自20世纪90年代初期开始,美国根据《尖端观察》杂志(Bottom-up-Review)缩减了其海军力量。自1990年起美国海军已经缩水约40%,过去十年间其在东亚地区的军事力量部署也

———————————

① 《振兴俄罗斯海军:新普京主义》,《国际战略研究所战略评论》(2000年7月),第1页。

相应减少。最重要的是,驻扎在菲律宾的基地、设施和军事力量如今已经全部撤出。有些军事力量重新部署在其他地区,特别是夏威夷和美国西海岸,并且一少部分部署在日本和新加坡,但是也有一些完全从该地区撤出。毫无疑问,海上强国军事部署的改变缓解了紧张局势,降低了东北亚地区海上对峙的风险。但同时,这也造成了一个矛盾局面,为了填补这种力量空缺,区域国家的海军开始扩大各自的影响。

例如,中国海军力量已经从海岸安全防御扩展到近海防御。特别是随着中苏敌对局面的缓解,如今中国安全计划的重心是局部稳定而非冲突,尤其是海上边界沿岸,以保护重要的海上航道以及近海资源。为了执行海岸安全防御战略,中国海军力量的结构正经历实质性的转变,并走向现代化。暂时,新海军计划的目标就是把海军转变为远洋海军。第一阶段,20世纪90年代,重点发展配备制导导弹和先进电子装备的水面战舰(驱逐舰、护卫舰和潜艇)。第二阶段,大约到2020年,将打造两艘航空母舰、飞机和战舰构建特遣舰队。第三阶段,从2020年开始,要求中国海军达到国际海军标准,并能够在世界任何地方执行大规模的海军作业①。

在日本的前线,海上自卫队将防空及海上航道防御作为其首要任务,想要填补力量空缺,维持区域海军力量平衡。日本海上自卫队过去部署在1,000海里的范围之内,现在其部署跨越了这一界线。日本已有一艘宙斯盾驱逐舰正在服役,将来可能会采购更多的宙斯盾驱逐舰。1995年11月颁布的《国家防卫计划大纲》,特别强调日本海上自卫队要拥有一支护卫舰队,并维持潜艇部队建设固定翼巡逻机部队。另外,内阁于1999年通过的新防卫大纲表明日本海上力量正在进行大规模、战略性的扩张。日本之所以升级其海军力量有地缘政治现实因素,也因为日本认识到,从长远来看,日本的防御体系应更为独立。武器生产的关键部门已经能够独自应对,日本很可能会继续强调在区域内保持强大海军力量存在的重要性。

---

① Elizabeth Speed,《中国海军和东亚安全》,英国哥伦比亚大学国际关系学院,第11号工作文件(1995年8月),第14—15页。

其他国家或区域,包括朝鲜和台湾地区,都在发展强大的海军力量,提高海上防御能力。尤其是朝鲜,会继续建造潜艇和其他装备,在韩国领海进行秘密活动。最著名的就是"山高"级小型潜艇以及采用南斯拉夫或者德国和意大利技术的小型装备。20世纪90年代中期,已经停止制造罗密欧级潜艇,但是据报道自1996年起新的1,000吨级潜艇已经投入建设①。特种船舰,包括半潜式渗透装备以及小型登陆艇,仍在建造之中。而台湾,主要依靠飞机和装有反舰导弹的水面舰艇,来打造强大的海上攻击力。目前,台湾第六代法国拉法耶级巡防舰已经秘密服役②。

这些趋势造成的影响就是,尽管美国和俄罗斯的海上力量存在减少,但是东北亚地区的海上安全形势却变得越来越复杂。本质上讲,复杂形势的出现不再是因为意识形态的不同,而是因为对不确定战略因素的担忧以及不同的国家利益,即想要维持或扩大影响力同时害怕失去影响力。这样的话,整个区域的海军会越来越多。战舰会继续进行远洋航行,充分利用海上强国的行动能力以及灵活性,保护国家政治经济利益。尤其是最近颁布的《联合国海洋法公约》中规定划定200海里的专属经济区,对海洋的探索不断深入,再加上海洋未利用资源潜力巨大,所有的因素都促使区域国家加强监控。这些活动可能会造成危险状况和冲突,如海上力量之间摩擦风险的提高。如此变幻的海上安全环境留给韩国的是一项艰巨的任务,即如何在后冷战时期的不安定环境中维持稳定。

韩国海上战略制定以及海军发展方向

东北亚地区出现全新的战略格局,韩国急需扩大并加强其海军力量。总之,变幻的安全环境创造了新的海上力量格局。韩国海军意识到区域战略的变化以及加强国家安全的需要,在20世纪90年代制定了四项任务,作为未来

---

① 《亚洲与中东海军军舰建造计划》,《21世纪海军》,2000年1月,第46页。
② 《亚洲与中东海军军舰建造计划》,《21世纪海军》,2000年1月,第46页。

海军发展的指导：

(1)加强自身实力阻止战争爆发；

(2)在某些情况下,通过有效的海上控制确保取得胜利；

(3)保护海洋资源,保护国家利益；

(4)加强海军实力,提高国家威望①。

这些任务明确表明,韩国海军是国家海上力量的一部分。这意味着韩国海军把海上力量看作实施外交政策的工具以及重要组成部分,海洋国家一直以来都持这种战略观点。所以,韩国海军会提高其海上控制能力以及兵力投送能力,追求海上强国的地位。另外,没有足够强大的海军力量的支撑,阻止战争、保证胜利这些任务是不可能取得胜利的。只有强大的海军能够给敌人以致命的打击。不可忽视的一点就是,韩国政府对所谓的"国防自主"表现出浓厚的兴趣。以这个方向为基础,韩国海军会向着以下几个方向发展,提高自身能力,不再仅局限于"近海海军"这一称谓。

第一,考虑到来自北方的威胁以及变幻的区域海上安全形势,韩国将从以下几个方面提高海军能力:(1)提高阻止海岸兵力投送的能力;(2)提高对敌海港发动战争的能力;(3)提高舰队的战斗力;(4)提高战斗能力保护海港以及沿海地区;(5)遏制敌人海上交通线;(6)提高攻击能力以应对报复性威胁。

为了达到这些目标,韩国海军强调重点发展远程作战能力,打造更多新的护卫舰和驱逐舰。1998年以来,KDX系列驱逐舰项目已经实施,三艘3,900吨的KDX—1系列已经服役。2002年或2003年起,用于防空战的六艘KDX—2系列驱逐舰会加入舰队。更重要的是,韩国海军希望2010年宙斯盾级KDX—3驱逐舰能够替代KDX—2。另外,韩国生产的第八艘,也是最后一艘德国"张保皋"(Chang Bogo)级T209/1200型潜艇已经完成并于2001年开始服役。之前,韩国从德国购买了一艘"张保皋"(Chang Bogo)级T209/1200型潜艇。依据KSS—1潜艇建造计划,这一项目是1991年开始的。最新的潜

---

① Sang-Yoon Bae,《韩国的海上发展》,Dick Sherwood, *Maritime Power in the China Seas：Capabilities and Rationale*（堪培拉:澳大利亚防卫研究中心,1994年）,第55页。

艇建造计划,也就是 KSS—2 计划预计 2009 年完成,这将使目前的 T209/1200 型潜艇升级为"不依赖空气推进"的 1,800 吨级的潜艇。为了完成这项计划,德国的霍瓦特·德意志造船公司于 2000 年被选为主要承包商①。

一旦统一,韩国将面临来自朝鲜半岛之外的不同类型的威胁。将来,韩国需要更强大的海军实力以及战略要素来监视周边国家,防止其对韩国采用军事手段。

第二,韩国将提高其海上作战能力,保证区域稳定,维护世界和平。当前,韩国海军参与了两个区域联合行动,环太平洋联合军事演习以及太平洋演习,以确保亚太地区的安全利益。但是,除了这些,还有必要通过非战斗活动(如营救行动和紧急救援)加强海军合作,增进相互信任。韩国正主动在区域内发起安全对话机制,即东北亚安全对话机制。在建立多边安全论坛的过程中,海上活动的合作,如营救行动和紧急救援,能够促进区域国家间开展预防性外交,增进相互信任②。另外,海军建立信任措施的多边合作,能够减少东北亚海上安全环境的不确定因素,从而加强这一地区的安全。毫无疑问,作为海军实力存在的新形式,韩国积极参与各项活动以及其他国际行动,如联合国维和行动,这会提高韩国的威信,也会促使韩国海军在数量和能力方面向更高级发展。

第三,韩国海军不断提高自身保护海上交通线的能力。韩国对海上贸易的依赖性很强,因此需要在海上建立更广阔的通讯网络。另外,保护海上交通线是防御理念的组成部分,因此,韩国海军需要扩大其行动范围。应该建立一个可以指挥管理商船队的机构,包括保护护航队以及海港安全的能力。为了保护海上交通线,韩国海军要提高与潜艇、水面战舰以及飞机作战的能力。完善的监控体系和灵活的指挥控制机构有利于驾驭这些因素。而且,在主要水域保护海上交通线需要与美国以及其他国家合作,韩国海军加强训练以更好地与其他国家合作。

---

① 《韩国先驱报》,2000 年 11 月,第 1 页。
② 自 1999 年以来,韩国海军和日本海上自卫队在济州岛南部公海进行联合搜救演习。

　　最后,韩国海军会提高自身能力以保护半岛附近的海洋资源。之前提到,对于亚太地区许多国家来说,根据《联合国海洋法公约》的规定划明专属经济区,需要提高监控能力以及向资源丰富地区投放兵力的能力。例如在马来西亚,"保护国家在专属经济区的经济利益"作为一个新的因素被引入 1986—1990 年五年防卫计划,在 1990—1995 年防卫计划中,防务预算大幅度增加,主要为了提高国家控制和保护专属经济区的能力和效率①。同样地,韩国没有多少选择的余地,只能加强海军力量,提高军事地位。

---

　　① 德斯蒙德·拜尔:《后冷战时期东亚海上战略环境》,载迪克·舍伍德:《中国海上海洋力量:功能与原理》,堪培拉:澳大利亚防卫研究中心,1994 年,第 9 页。

第五章　东南亚国家的海洋政策

第一节　缅甸的海洋政策[①]

在所有缅甸的军事力量(或是政府军)中,缅甸海军常常被忽视。但是,如果不了解缅甸海军日益变化的作用和战斗能力,就无法了解缅甸海军战略。[②]

在 1988 年以前,缅甸海军规模较小,在中央政府领导的反叛乱行动中的作用相比陆军和空军并不显著。此外,从 1962 年奈温将军发动政变以来,海军在缅甸各种名目的军事政权中仅仅维持着象征性的地位。但是,海军一直以来都是影响缅甸国内安全的重要因素。在原国家恢复法律和秩序委员会(SLORC)的倡导下得到壮大,在 1992 年以后缅甸联邦国家和平和发展委员会(SPDC)指出缅甸新一代的军事领导不但要继续壮大海军力量,更需要从加强对外防御的角度规划海军的长远发展。[③]

---

① 作者:安德鲁·塞尔斯。

② 1988 年军政府将国家名字从缅甸联邦社会主义共和国更改为缅甸共和国,又在 1989 年改名为缅甸联邦。与此同时,许多地方也更改了名字,如仰光从 Rangoon 改为 Yangon。但是在本文中为了保持文本的一致性,以及便于读者辨认,依然使用原来的名字。

③ 安德鲁·塞尔斯:《国家恢复法律和秩序委员会领导下的缅甸海军》,《当代亚洲》Vol.29,No.2,1999 年,第 227—247 页;威廉·阿什顿:《缅甸海军》,《简氏情报评论》,Vol.6,No.1,1994 年 1 月,第 36—37 页。

1988 年前的缅甸海军和海洋战略

缅甸海军源自于缅甸皇家海军志愿后备役,这是一支创立于 1940 年的军事队伍,虽然规模较小,但在第二次世界大战抵御日本侵略的盟军战斗中起过积极的作用。[①] 1947 年,缅甸联邦海军由 700 人组成。为迎接 1948 年 1 月缅甸的独立,政府与英国签订了一系列协议,从英国引进舰队装备。最初从英国引进的舰队装备虽然数量较少,但种类齐全,其中包括一艘前英国皇家海军(RN)河级护卫舰和四支中型登陆艇枪(LCG(M)),并配置两支机枪,其中中型登陆艇枪曾作为英国主要的支持炮艇广泛使用。[②] 很快许多电机炮舰通过贷款购买或者向皇家海军包租的形式也加入到舰队中。[③] 1950 年到 1951 年,美国通过共同防御援助计划(MDAP)向缅甸提供了 10 艘海岸警卫队快艇(CGC),"用于抵御叛乱分子对伊洛瓦底江三角洲河岸舰队和城镇的进攻"。[④]

此外,还有一些小型汽艇和民用改造船只,组成了缅甸海军的战舰。这股力量在联邦政府建立之初的 19 世纪 40 年代后期和 50 年代,[⑤]在镇压种族和意识形态反叛团体的斗争中发挥了重要的作用。海军发挥了防御和进攻的双重作用,保护护航队安全,运输供给物资和武器装备,运送部队及提供各种急需的火力支援等。在使港口城市毛淡棉摆脱克伦族反叛分子控制的斗争中,

---

① 休·汀克:《缅甸联邦独立之初的研究》,牛津大学出版社,伦敦,1957 年,第 321、325 页;伍德伯恩·柯比等:《对日战争》,皇家出版局,伦敦,1958 年,vol. 2,第 10—11 页,第 26、89 页。

② 《简氏战舰年鉴(1963—1964)》,简氏出版社,伦敦,1963 年,第 28 页。

③ 例如,皇家海军租给缅甸海军 2 艘小型扫雷艇,并将 5 个电机启动更换为小炮舰。仰光港口管理局向英国皇家海军租用了一艘 750 吨 BAR 级防御战舰,并在 1959 年返还皇家海军。《简氏战舰年鉴(1951—1952)》(简氏出版社,伦敦,1951 年),第 159 页;《简氏战舰年鉴(1953—1954)》(简氏出版社,伦敦,1953 年),第 28 页,《简氏战舰年鉴(1963—1964)》,第 28 页。

④ 《共同防御援助计划第三次报告》,引自斯德哥尔摩国际和平研究所,《与第三世界国家的军事贸易》(保尔·埃里克,伦敦,1971 年),第 451 页。

⑤ 汀克,第 287—288 页,皇家海军提供了 11 艘港口防御汽艇用作炮舰。《简氏战舰年鉴(1953—1954)》,第 28 页。

海军起到了关键的作用。随后海军还控制了伊洛瓦底江三角洲勃生港。海军的力量几乎在所有河流业务中发挥作用。由于缅甸缺乏完善的公路设施,以及叛乱分子的伏击,水上交通对于缅甸来说尤其重要。[1] 除了有一只带武装的巡逻船投奔了克伦反叛分子以外,海军始终保持着对关键河道的控制。[2]

随后,缅甸主要从英国和美国购置了一些新增船舶。例如,在 1956 和 1957 年,英国向缅甸出售了 5 艘桑德斯·胡暗黑系列可转换点击鱼雷/点击炮舰。1958 年又增售阿尔及利亚系列护卫舰扫雷艇用于布雷。[3] 在 50 年代后期和 60 年代,美国向缅甸出售了 6 艘 PGM 型海洋巡逻船。几年以后,美国又提供了 7 艘 CGC 型巡逻艇。[4] 在 60 年代中期,缅甸从美国交付 2 艘前美国海军轻型护卫舰,分别是 PCE—827 系列排水量 640 吨和埃德米尔系列扫雷舰排水量 650 吨,[5]这两艘军舰都是在 40 年代中期委托订购的。1978 年,美国又向缅甸海军提供了六艘小型内河巡逻舰。[6]

在这段时期,缅甸与南斯拉夫关系密切,为了丰富缅甸军事供给来源的多样性,缅甸向南斯拉夫采购了 35 艘南斯拉夫制造的巡洋舰。在 1958 年,向南斯拉夫采购了 35 艘 10Y—301 系列内河炮舰,[7]随后又在 1965 年购买了 25 艘更小型的内河巡逻舰,主要用于在平叛时期运送武器。

在南斯拉夫的帮助下,缅甸还自制了一批海军舰船。例如,1960 年缅甸海军委托位于道榜[8]的缅甸国有造船厂设计制造了两艘 400 吨 Nawarat 系列内河炮舰(之后被设计成为轻型护卫舰),这两只炮舰后来被大量地用于内河巡逻,并参与少量的出海行动。缅甸造船厂还为缅甸海军制造了一系列小型

---

① 在 1949 年至 1951 年期间,内河航运局运输的货物比铁路多。这些货运船只通常配有武器,并在条件允许的情况下由缅甸海军护航。汀克,第 288 页。

② Tinker,第 325 页。

③ 《简氏战舰年鉴(1963—1964)》,第 28 页。

④ 《简氏战舰年鉴(1982—1983)》(简氏出版社,伦敦,1982 年),第 60 页。

⑤ PCE—827 型护卫舰于 1965 年 7 月交付缅甸海军,埃德米尔系列在 1967 年 3 月交付。

⑥ 《简氏战舰年鉴(1997—1998)》(简氏情报体系,寇斯顿,1997 年),第 79 页。

⑦ 《简氏战舰年鉴(1997—1998)》,第 81 页。

⑧ 《简氏战舰年鉴(1997—1998)》,第 79 页。

巡逻舰。1969 年两艘改进版南斯拉夫 Y—301 系列内河巡逻船在位于辛马革①的船厂制造完工。此外,本国的船厂还根据美国舰艇设计制造了大量的登陆艇和自动汽艇,并将大量民用船只用于军事用途。在这一时期,海军还从国家内河运输委员会接手 9 个内河中转点。这些双甲板、浅吃水的船舰主要用于内河巡逻、护送责任以及为军队提供后勤支持。②

　　缅甸海军力量中还有其他一些组成部分。1962 年缅甸海军将一艘载重 217 吨的客运船只改造用于沿海运输。③ 1967 年从日本购买了一只排水量 520 吨的轻力支援舰。④ 另外,在 60 年代缅甸海军从美国购买了一些二手的中型和多用途登陆艇用于支持内河防务。70 年代初期,从日本购买了四艘两栖舰艇,用于完成勘测任务。⑤ 1958 年缅甸购买了一艘 108 吨的舰艇用于进行内河探测任务,随后在 1965 年又从南斯拉夫购置一艘排水量 1,059 吨海上探测舰艇,同时运载两艘探测汽艇并搭载一艘直升机。1974 年,缅甸捕获一艘新加坡渔业研究船,随后在 1981 年前后用作海军探测船。⑥

　　在美国的大力帮助下,这些船舰大部分购置于 60 年代,在这一时期缅甸海军力量得到迅速的壮大。然而,到了 70 年代,海军开始进入一段困难的发展时期。额外购置的小型美国巡逻舰只能勉强弥补老旧船只的破损和恶化。然而,在 70 年代后期,奈温政府开始重新重视近海巡逻以及对缅甸海洋资源的保护,从而推动了一个期待已久海军装备更新计划。1979 年至 1980 年缅甸从澳大利亚购买了六艘卡奔塔利亚系列近海巡逻船。同年,从新加坡交付三艘 128 吨迅然系列海岸巡逻艇。随后,在 1980 年、1981 年和 1982 年从丹麦

---

　　① 伯纳德·普利泽林:《海军学院指南:世界战斗舰队》,(海军学院出版社,安纳波利斯,1995 年),第 56 页。

　　② 《简氏战舰年鉴(1997—1998)》,第 81 页。

　　③ 《简氏战舰年鉴(1973—1974)》(简氏出版社,伦敦,1973 年),第 56 页。

　　④ 《简氏战舰年鉴(1973—1974)》(简氏出版社,伦敦,1973 年),第 56 页。

　　⑤ 《简氏战舰年鉴(1997—1998)》,第 81—82 页,海军还有一些小型的登陆艇。缅甸海军原本可以呼吁购买一些小型的船只用于后勤服务,但这些船只的体积将对海军使用主要沿海港口构成限制。

　　⑥ 《简氏战舰年鉴(1997—1998)》,第 82 页。

交付三艘 385 吨鱼鹰系列近海巡逻舰。① 所有这些新的巡逻舰船都由人民珍珠和渔业合作社正式管理,但实际上确是用于海军的壮大。

在 80 年代初期,缅甸的造船厂制造了三艘 128 吨 PGM 系列巡逻艇。PGM 系列舰艇深受 20 年前美国提供的船只设计影响,但缅甸的设计比美国的长 3 米,重量增加 28 吨。②

到了 1988 年缅甸海军大约由 100 艘船舰组成,吨位从 8 吨到 650 吨不等,使用年限从 5 年到 50 年。英国简氏战舰评价说:"这支海军的独特之处在于似乎没有一艘战舰需要报废。"③这虽然有些夸大事实,但是缅甸确实为尽可能延长战舰的使用年限作出了相当多的努力。在通常情况下,老旧的船只会严重老化,但是主要在淡水中航行使得腐蚀控制在可以接受的程度。另外,一些小型的船只,例如美国在 1960 年提供的海岸警卫队快艇又在缅甸造船厂重造船体,延长了使用期限。④

表 1　缅甸海军力量,1988 年⑤

舰型	数量
轻型护卫舰	4
离岸巡逻舰	3
海岸巡逻舰	12
近海巡逻艇	6
河内巡逻艇	36
探测船	21
炮舰	2
支持船舶	2
运输船	14

---

① 《简氏战舰年鉴(1997—1998)》,第 81—82 页。
② Prezelin,第 431 页。
③ 《简氏战舰年鉴(1997—1998)》,第 79 页。
④ 《简氏战舰年鉴(1997—1998)》,第 81 页。
⑤ 《简氏战舰年鉴(1988—1989)》,第 67 页,简氏出版社,伦敦,1988 年。

在缅甸海军装备更多船只的同时,它需要不断增加服役人数。然而,受到政府财政支出困难以及传统的陆军优先的等级制度影响,人员的扩充是一个渐进的过程。在1951年缅甸海军由135名军官和1599名海军士兵组成。[①]在1962年奈温将军政变时期,海军人数增长到3,000多。[②] 在接下来的十年中人数增长了一倍,达到6,200多。[③] 到80年代早期,海军人数达到10,000人,其中包括800名海军步兵。[④] 然而,在1980至1988年间,海军人数下降到7,000人(其中不包括人民珍珠与渔业合作社属下负责管理巡逻船的250人)。这种人员的显著下降,一方面是因为受到缅甸经济恶化的影响,另一方面反映出缅甸海军大型船只的老化。[⑤] 人员的短缺表明海军船只一直没有得到充分的补充。

这段时期缅甸海军和人民珍珠与渔业合作社管理下的船只相对较小,装备轻简。这些特性表明缅甸海军的主要任务是配合国家平叛斗争,需要在国家内河近海海域巡逻。通常情况下,三分之一的船只专用于构建海军的打击力量。海军用于执行侦察任务、提供火力支援、运送士兵登岸以及在战略城镇保持静态防御。比如,缅甸人口主要集中在伊洛瓦底江三角洲,在这个地方至少装备一艘登陆舰以供10支海军陆战队使用。在平叛时期缅甸海军还承担着军队后勤运输的任务。当然,即便在消灭反叛组织后,水路依然很重要,因为通过海上和内河运输货物比陆路和航空更高效。[⑥]

海军的第二项重要任务是海岸侦察和渔业保护。缅甸的海岸线有1,930公里,还有24海里毗连区以及200海里专属经济区。由于实力相对薄弱,海军在148,000平方公里的领海范围内巡逻,主要打击非法捕鱼、走私、叛乱活

---

① M. P. Callaham,"The Origins of Military Rule in Burma",未出版。

② 《简氏战舰年鉴(1963—1964)》,第28页。

③ 《简氏战舰年鉴(1973—1974)》,第254页。

④ 这些海军主要部署在阿拉干、丹纳沙林、伊洛瓦底江地区以镇压反叛组织活动。《简氏战舰年鉴(1982—1983)》,第59页;《简氏战舰年鉴(1997—1998)》,第79页。

⑤ 例如,一艘护卫舰或远洋扫雷舰上需要140人,但鱼鹰系列离岸巡逻舰只需要20人,而卡奔塔利亚湾系列巡逻舰只需要10人。

⑥ 个人观察,1995年4月于仰光。

动和海盗。海岸管理在丹纳沙林省最为严格,因为这里的叛乱组织想利用丹老群岛比邻泰国和马来西亚,以及该地区岛屿和入海口繁多的特点从事反叛活动。① 海岸管理在安达曼海和孟加拉湾相对少见,因为这些地区后勤补给困难,另外小型船只的耐波性不足无法在这些海域正常航行。渔业保护有赖于加强公海巡逻,因此,许多长期的巡逻任务就由海军的大型战舰承担,在1982 年后,主要由三艘鱼鹰系列巡逻艇完成。②

进一步的远程作业比较少见。作为缅甸海军的旗舰,UBS 玛屿在退役前曾经有过几次远程的航行,包括几次对区域内邻国的外交访问。③

有关这段时期缅甸海军指导方针和作战方案的材料鲜有报道,但是由于缅甸海军深受英国皇家海军的影响,理论思想似乎也建立在英国皇家海军的实践基础之上。然而,经过多年以后,缅甸海军积极学习其他国家经验,并与此同时将操作的程序与实地环境相结合。④

虽然没有独立的海军航空兵,但是在需要的情况下,缅甸海军会依赖缅甸空军力量,协助完成海上监控,以及获得其他方面的空中支持。缅甸海军的小型直升机,曾多次协助海军行动并几次在云雀系列巡逻艇和海洋调查船等大型船舰上着陆。⑤ 这些空军力量主要提供空中支援,执行短距离巡逻,但从不携带任何武器。缅甸海军还使用缅甸空军的陆基福克 F—27 和 Fairchild—Hiller FH—227B 在漫长的海岸线附近执行巡逻任务,履行密集的海事赔偿责

① Edith Mirante, Burmese Looking Glass: A Human Rights Adventure and A Jungle Revolution (缅甸窥镜:人权的冒险和丛林革命) (Grove Press, New York, 1993),第 255 页。

② Tin Maung Maung Than, "Burma's National Security and Defense Posture"(缅甸国家安全和防御态势),Contemporary Southeast Asia, Vol. 11, No. 1, June 1989,第 51 页。

③ Andrew Selth, "Australina Defense Contacts with Burma, 1948—1987", Modern Asian Studies, Vol. 26, No. 3, July 1992, p. 464.

④ 同上, Andrew Selth, "Myanmar", Jane's Security Security Assessment: Southeast Asia (Jane's Information System, Coulsdon, 2000) ,第 333—354 页。

⑤ 《简氏战舰年鉴(1996—1997)》报道称缅甸海军还在使用 8 架 KB—47G 苏式和 10 架 SA—316B Allouette Ⅲ直升机,但这些飞机并不是专供海军使用的。到 1988 年所有的 KB—47Gs 已经退役,6 架 Allouettes 还可以飞行。见《军事科技》,1995 年 1 月,第 292 页。

任。① 这两架飞机均不携带武器,只装载天气雷达和翼尖探照灯。②

缅甸海军的海底修复和作战能力较弱。当时还在使用呼吸器和安全帽式潜水装置。③ 海军主要的潜水作业船是一艘 1967 年从日本引进的重达 520 吨的前置雷达艇,用作联合潜水基地和浮动修理厂。④ 有时海军需要向仰光海岸工程管理局调用更大型的浮标供应船支援潜水作业。缅甸海军还保留着一批装配着弦外发动机的充气艇。潜水员在一个位于在缅甸若开海岸皎漂地区特殊的潜水学校接受训练。有关训练内容的报道比较少,从表面看他们的主要任务是水下清理和船体维修,但也很有可能包括其他特殊作业做需要的训练。

由于缅甸保留了英国皇家海军的特点,旗舰、护卫扫雷舰和四艘轻型护卫舰都在位于仰光国防部的主系战舰军区的控制之下。海军副总参谋长通过三个地方海军基地分配其余的舰队。⑤ 最大的基地是伊洛瓦底军区,其指挥部位于仰光猴子点(Monkey Point)。分属的基地位于勃生港和安达曼海的大可可岛,并在色集地区部署有海军设施,色集位于仰光河和猴子点上游的入口处。阿拉干基地位于阿恰布(实兑),覆盖从孟加拉国到伊洛瓦底三角洲的海岸。德林达依基地在毛淡棉设有指挥部,负责管理分散在丹老群岛的小型海军设施,例如马里岛、Zadetkyi 岛以及其他面积较小的避风锚地等。⑥ 此外,海军还在丹老地区设有港口设施。

---

① 有的材料表明在 1980 年初,三架福克 F—27M 海上侦察机加入缅甸空军编制。但这一事实尚未得到官方的确定,还有报道称这些飞机尚处在订货阶段。G.Jacobs,"South Asian Naval Forces",Asian Defence Journal,1984 年 11 月,第 54 页;《简氏战舰年鉴(1996—1997)》,第 80 页。

② 《简氏战舰年鉴(1996—1997)》,第 80 页,有关陆地飞机和海运飞机的详细资料没有包含在内。

③ 个人观察,于仰光,1995 年 4 月,SCUBA 是一种自携式水下呼吸器。

④ 《简氏战舰年鉴(1997—1998)》,第 83 页。

⑤ Randal Gray,Conway's All The World's Fighting Ships,1947—1982 年(海军学苑出版社,安纳波利斯,1983 年),第 324 页。

⑥ 有的岛屿原用的英文名字已经改为缅甸语。例如:马里岛(Mali),在英版海图中被称为土瓦岛(Tavoy);见于《孟加拉湾领航员》(皇家海军水文地理学家出版社,汤顿,1978 年)Vol. NP.21,第 118 页;内勒斯地图,缅甸(内勒斯出版社,慕尼黑,1996 年)。

这些军事基地直接对海军负责,军事基地的全部设施和资产归各个军事基地的指挥官统一管理,这些指挥官全部都是海军军官。

缅甸主要的造船厂位于仰光,负责船舰的维修,也是所有航海用品的储存地和制造地。[①] 缅甸主要的海军训练中心位于沙廉。由于海军训练中心的课程比较有限,许多缅甸海军的军官被派到英国、美国、日本、丹麦、瑞典和南斯拉夫等国家进修。

缅甸海军的水文部位于仰光猴子点。虽然老式英国海军航道图在经过修订和翻译为缅甸语后仍在使用,水文部也绘制自己的航道图。[②] 海军的前南斯拉夫调查船为此非常繁忙。由于经过季风期的泥沙淤积和洪水造成河道改移,因此小型调查船必须进行定期的内河航道调查。

从整体来看,1988年以前的缅甸海军还很弱小,规模不大,装备落后,资金匮乏。很多战舰已无法正常使用。因此,海军很大程度上只是一支维持内部安全和海岸保护的力量,没有真正的海洋作战能力。[③] 虽然五艘黑暗系列(Dark Class)马达鱼雷船能够维持抵御主要水面舰艇进攻的能力,但这五艘舰船在1975年已经退役。缅甸海军的一艘护卫舰在1979年退役,其附属的护送扫雷艇也在1982年退役。因此,1988年在国家恢复法律和秩序委员会掌握国家权力的时候,缅甸最大的船舰是四艘老旧、功能有限的轻型巡洋舰。海军不具备有效抵御空中和水底打击的能力,也不具备真正抵御水面打击的能力,缺乏持续补给能力,续航力的非常有限。

对于奈温政府来说,幸运的是当时不需要面对强大的海上威胁,主要的安全威胁来自陆地,比如偏远地区的平民反抗军,国家周边的叛乱分子等。所以,国家将最稀缺的资源首先配置到陆军和空军。虽然在领海维护上,特别是在1980年,海军作出了许多努力,但在打击走私和海洋资源掠夺方面,不具备

---

① F.M.Bunge,Burma:A Country Study(American University,Washington,1983),第255页。

② 个人观察,于仰光,1995年4月和1999年11月。

③ Tin Maung Maung Than,"Burma's National Security and Defense Posture",第50页。

充足的实力。① 如果当时能够发现丰富的烃源岩的话,这样的情况也许能够改变。到 1988 年,经过一些外国石油公司 15 年的努力也没有勘测成功。如果不是国家恢复法律和秩序委员会的成立,缅甸海军几乎将一直使用着落后的设备,在缅甸漫长的海岸线和 12,800 公里的内河航道上巡逻,无人问津,鲜有作为。

1988 年后的缅甸海军

缅甸海军落后的状况在 1988 年国家恢复法律和秩序委员会掌握政权以后得到改观。海军队伍得到重组,实力得到明显提升。现在,缅甸海军设有专门的总司令,军衔级别也相应提高。海军人数从 7,000 人增长到 16,000 人,据报道还有一个营的海军步兵。② 海军基地的数量增加到五个,所管辖的范围更加广阔,管理权限得到提升。在阿恰布海军基地,Hainggyi Island(Panmawaddy),Rangoon(Irrawaddy),毛淡棉(Mawyawaddy)和丹老(德林达依)均设有指挥官。③

在国家恢复法律和秩序委员会以及国家和平与发展委员会的管辖下,海军获得了大量新式和先进的船舰。作为 1989 年与中国军事合作的一个部分,缅甸从中国购买了 10 艘海南级 37 型海岸巡逻艇。巡逻艇重达 375 吨,舰长 59 米,航速 30 节,15 节航速时航程 1,300 英里。海南级巡逻艇通常在船头和船尾安装 57 毫米和 25 毫米双联炮,同时装载反潜迫击炮、深水炸弹和布雷轨道。1991 年 1 月六艘巡逻艇运至缅甸,其余的 4 艘在 1993 年中旬交付成功。

---

① 缅甸国防情报局指出在缅甸的专属经济区内有大约 1,000 艘非法捕鱼的船只,采访记录,仰光,1995 年 4 月。

② 《简氏战舰年鉴(1997—1998)》,第 79 页,有观察称缅甸海军的人员配备已经达到 20,000 人,采访记录,仰光,1995 年 4 月。

③ 采访记录,仰光,1995 年 4 月和 1999 年 11 月,Andrew Selth, Burma's Order of Battle: An Interview Assessment,学术论文 No. 351(战略和国防研究中心,澳大利亚国立大学,堪培拉,2000 年),第 19—22 页;D. Banerjee, "Burma's Naval Activity Raises Doubts",泰国曼谷出版社,1994 年 7 月 18 日。

海南级巡逻艇早已在中国人民解放军海军服役,①这 10 艘巡逻舰均是海南级巡逻艇的改装版。1994 年 11 月,缅甸又向中国预订了六艘同样的巡逻艇,其中两艘在 1995 年初交付,其余 4 艘在 1997 年初运至缅甸。②

在 1990 年 11 月国家恢复法律和秩序委员会从南斯拉夫购买了三艘PB—90 级海岸巡逻艇。这些舰艇原本是由名为 Brodotechnika 的造船厂为一个非洲国家制造的,分别在 1986 年和 1987 年制作完工。但双方买卖告吹之后,缅甸以较低的价格购买了这些舰艇。舰艇在 1990 年 10 月抵达缅甸。③有消息称,这些舰艇采用的是劳斯莱斯燃气涡轮发动机,装载瑞典 40 毫米博福斯枪。如果这样的消息属实,那么南斯拉夫与缅甸的这次合作就打破了之前南斯拉夫与英国和瑞典的合约。④ 然而,根据简氏战舰年鉴的报道,重达 80吨,舰长 28 米的 PB—90 巡逻舰安装的是柴油发动机,最大航速 32 节,有效射程 400 海里。在缅甸海军基地,这些巡逻舰被安装上八个 20 毫米 M—75 大炮,四个安装在前甲板上,四个安装在船尾。同时,还装载了两个 128 毫米的光源发射器。⑤

缅甸的军队领导人非常希望能够引进几艘护卫舰代替老旧的 PCE—827和 Adrimable Newarat 级轻型护卫舰⑥。随着 90 年代与中国双边防务的加强,国家恢复法律和秩序委员会将目光放在了中国制造的江南和江湖级护卫舰,

① 《简氏战舰年鉴(1997—1998)》,第 126 页;Bertil Lintner,"Arms For Eyes",Far Eastern Economic Review,1993 年 11 月 16 日,第 26 页;Prezelin,第 430 页。

② Larry Jagen,"Defense Links between Rangoon,Beijing viewed",英国广播公司,缅甸语,1994 年 8 月 19 日;Bertil Lintner,"Myanmar's Chinese connection",International Defense Review,Vol. 27,No. 11,1994 年 11 月,第 24 页,《简氏战舰年鉴(1997—1998)》,第 80 页。

③ Robert Karniol,"Yogoslav Patrol boats for Burma",《简氏防务周刊》,1991 年 1 月 5 日,第14 页。

④ 据称误解的产生是因为将 PB—90 错误理解为装载 40mm 和 57mm 瑞典大炮的 Koncar级导弹巡逻舰。见《简氏战舰年鉴(1997—1998)》,第 880 页。同见于 Towards Democracy in Burma(Institute for Asian Democracy,Washington,1992),第 58 页;Bertil Lintner,"Oiling the iron first",Far Eastern Economic Review,6,1990 年 11 月 6 日,第 30 页。

⑤ 《简氏战舰年鉴(1997—1998)》,第 80 页。

⑥ 《简氏战舰年鉴(1997—1998)》,第 79 页;《简氏战舰年鉴(1994—1995)》(简氏情报系统,寇斯顿,1994 年),第 124 页。

用于缅甸领海巡逻以及保护海上资源开发。这段时期,缅甸海军实力不足,一些国家的船舰乘虚而入,时常非法开发缅甸丰富的渔业资源,特别是泰国、马来西亚和新加坡的船只最为频繁。①然而,此时的缅甸政权囊中羞涩,即便中国提出低廉的价格也无法购买巡洋舰。其他出口国要求用硬通货结算的条件,也是缅甸军政府无法满足的。② 随后,中缅双方采取了一个折中的方法,缅甸恢复法律和秩序委员会决定从中国购买三艘船体,随后在 Sinmalaik 造船厂自行组装成轻型护卫舰。这些船只已经投产并预计在 2000 年末进行商业试航。③

虽然有关这些护卫舰的详细信息难以获得,但根据可靠的消息表明,护卫舰舰长 75 米,排水量达到 1,200 吨,电子设备由以色列公司负责安装。即便面对欧洲国家的武器禁运政策,缅甸还是通过第三方交易从意大利获得了 76mm 奥拉·梅拉拉型枪炮作为护卫舰的主要装备。这些护卫舰还有可能安装了反潜导弹系统,但是否安装地对地导弹和地对空导弹却不得而知。由于同时面对西方国家武器禁运以及本国财政危机,缅甸加强了与中国的军事合作,因此,这些舰艇有可能同样适用于中国的地对地导弹系统和防空系统。④

此外,还有消息报道称从 1988 年开始中国向缅甸陆续提供了一批小型的炮舰用于沿海和离岸地区的巡逻。⑤

1995 年缅甸从中国引进了两艘 Houxin 级导弹巡逻艇,并在接下来的两年内又引进四艘。这些快速进攻艇装备齐全,在 18 节的射程为 750 英里。同

---

① Andrew Selth,"The Myanmar Navy: From Brown Water to Blue Water",Naval Force,Vol. 19,No. 6,1998,第 30—33 页。

② 采访资料,仰光,1995 年 4 月,见 Rober Karniol"Myanmar boots naval power with frigates",《简氏防务周刊》,1993 年 8 月 20 日。

③ William Ashton,Myanmar Navy boosts sea power with corvettes,Jane's Navy International,Vol. 105,No. 8,2000 年 10 月,第 39 页。

④ William Ashton,Myanmar Navy boosts sea power with corvettes,Jane's Navy International,Vol. 105,No. 8,2000 年 10 月,第 39 页。

⑤ Bertil Lintner,"$400m deal signed by China and Myanmar",Jane's Defense Weekly,1994 年 11 月 3 日,第一页;"Myanmar in large arms barter deal with China",Asian Aviation,1991 年 2 月,第 88 页。

时装载四个 C—801 鹰击地对地导弹,主动雷达制导至 40 公里的速度为 0.9 马赫。① 在 1996 年末,24 颗同系的导弹也运至仰光。② 无疑这六艘巡逻舰只能以猴子点作为基地,因为如果被分散到其他军事基地,在首都仰光将很难复制导弹的维护和装载系统。这六艘 Houxin 级巡逻艇列入编制对提高缅甸海军的快速进攻能力具有重要的意义,同时也使缅甸海军首次具备了反舰巡航导弹的实力。缅甸海军极有可能会加大这类船舰的进口。③

在早些时候,缅甸海军对磁学鱼雷和声学鱼雷,以及相应的扫雷系统比较熟悉。④ 但自从 1982 年失去了护送扫雷艇,缅甸就不具备充分的应对鱼雷战的实力。但是,海南级巡逻艇装载有可运行 12 枚导弹的轨道,据称缅甸海军还从中国引进了一艘也可能是两艘中国制造的 T—43 级远洋扫雷舰。⑤ 不过,在 1996 年中缅双方签订一项新的防御合作条例,中国将通过延长信贷时间的方式按期交付这些舰艇。⑥ 幸运的是,缅甸也将有机会从中国方面获得更多的鱼雷。近来,人民解放军海军部队研制出一系列新的系统,比如在国际军事展览会上主推的 EM—52 火箭推进导弹⑦。毫无疑问,引进先进的武器装备以及设计精密的鱼雷,对缅甸加强领海和内河的保护来说,具有非常重要的意义。

另外两艘国外船舰,一艘油船和运输辅助船从 1988 年开始加入海军。最早在新加坡注册、长度达到 55 米的油船在 1991 年被缅甸海军在领海地区抓

---

① 《简氏战舰年鉴(1997—1998)》,第 125 页。

② 采访材料,仰光,1996 年 11 月。

③ "Burma builds helicopter fleet with Mi—171B buy",Jane's Defense Weekly,1996 年 9 月 4 日,第 19 页。

④ 个人观察,仰光,1995 年 4 月。同见于 A.W.Grazebrook,"The Navies of Southeast Asia",Naval Forces Vol. 17,No. 2,1996,第 88 页。

⑤ 《简氏战舰年鉴(1997—1998)》,第 128 页。

⑥ Kay Merrill,"A closer look at Sino-Burmese military links",简氏情报评论,Vol. 9,No. 7,1997 年 7 月,第 323 页;同见于 Kay Merill,"Myannmar's China connection:A cause for alarm?",亚太防务报道,Vol. 24,No. 1,1998 年 1 月,第 20—21 页。

⑦ 采访,堪培拉,1997 年 10 月,简氏水下作战系统 1997—1998 年(简氏信息系统,寇斯顿,1997 年),第 226—228 页。

获,随后加入海军。这艘油船连同全部配件加起来排水量达到 4,000 吨,时速达到 15 节。① 这是缅甸海军首次用国外的船舰作为补充船舰。尽管这是一次偶然的机会,但这充分地体现了政府军扩大海军舰种范围和延长使用年限的决心。1991 年,一艘运输辅助船也加入海军的行列。但有关这艘船舶买卖的信息非常少。根据一份材料的描述,这艘船舰是一艘排水量达到 700 吨的挪威沿海货船,缅甸海军主要把它用于运输货物和人员。另一份资料报道说这艘船舰被用于执行调查任务,但这样的可能性非常小。②

从 1988 年起,海军开始和缅甸本土的造船厂签订订单,在中国的帮助下制造一些船舶。③ 这些订单中至少包括两艘缅甸级海岸巡逻舰——从 1991 年开始生产,厂址位于仰光中央海军工程中心。虽然制作工期推迟了许多,第一艘还是在 1996 年生产完毕,另外一艘在 1998 年交付成功。这两艘巡逻舰身长 45 米,满载排水量 230 吨,装载 C—801 地对地导弹。④ 同时,缅甸造船厂还制造了两艘缅甸 PGM 型海岸巡逻艇,在 1993 年成功交付用于海关检查。但随后两艘巡逻艇被海军接管。⑤ 此外,仰光海军工程中心还制造了四艘内河巡逻艇,在设计上主要对 80 年代中期自产巡逻艇进行改良而成。这些巡逻艇在 1990 年和 1991 年制作完成,有时供海军步兵使用。⑥

为了使新生产的船只尽快投入使用,同时也许是因为培养了一批经验丰富的操作人员,缅甸海军不再使用一些老旧的船舰。比如,两艘前美国轻型护卫舰在更换了 ASW 和扫雷系统之后于 1994 年退役。⑦ 虽然在 1999 年的舰队列表中还可以找到它们的名字,但在三艘新轻型护卫舰投入使用之后,这两

---

① 《简氏战舰年鉴(1997—1998)》,第 83 页。

② Prezelin,第 432 页,同见于《简氏战舰年鉴(1997—1998)》,第 83 页。

③ 中国向缅甸造船厂提供钢材,并提供贷款购买组件。采访材料,仰光,1996 年 11 月。

④ 《简氏战舰年鉴(1999—2000)》(简氏信息系统,寇斯顿,2000 年),第 80 页;Special Report 1995:Wold Warship Construction,(简氏信息集团,寇斯顿,1995 年),第 8 页。Prezelin 报道中有稍有不同规格的炮舰。

⑤ 《简氏战舰年鉴(1997—1998)》,第 80 页。

⑥ 《简氏战舰年鉴(1997—1998)》,第 81 页,同见于 J. V. P. Goldrick and P. D. Jones, "Regional Naval Review:Far East",美国海军学院 117/3/1057,1991 年 3 月,第 143 页。

⑦ 《简氏战舰年鉴(1997—1998)》,第 79 页。

艘舰就即将停止服役。两艘纳瓦瑞特级轻型护卫舰也被降级,装载在船上的老旧武器也在1989年被丢弃。[①] 这两艘船舰预计在2005年退役,或只用于训练。

在这段时期,人民珍珠和渔业公司(现在名为人民珍珠和渔业委员会)使用的迅然和卡奔塔利亚级巡逻舰有时也被海军吸收。缅甸的三艘鱼鹰级巡逻艇依旧在人民珍珠和渔业委员会的管辖之下,但只用于执行军事任务。海军在有需要的时候可以使用缅甸国有商业船队参与后勤保障工作。[②]

表2　2000年缅甸海军军力[③]

舰型	数量
轻型护卫舰(包括两艘退役,3艘尚在制造中)	7
导弹巡逻舰	6
鱼雷战舰	1或2(预订中)
海岸巡逻舰	36
内河炮舰	18
内河巡逻舰	46
两栖船	18
调查船	3
辅助船	17

在1988年以前,缅甸海军还不太需要或者还没有能力操作复杂的电子战系统。前美国的轻型护卫舰装载有雷神SPS—5水面搜索雷达和船体RCA QCU—2声呐,但是多数缅甸海军船舰只适用雷神(Raytheon)或达艺(Decca)

---

① 《简氏战舰年鉴(1997—1998)》,第79页。

② 《简氏战舰年鉴(1999—2000)》,第80页。

③ 《简氏战舰年鉴(1999—2000)》,第80—85页;Selth, Burma's Order of Battle,第19—22页;采访材料,仰光,1995年4月,1996年11月,1999年11月。

单波段导航或水面搜索雷达。① 海南级巡逻船装载一系列现代的系统,包括BM/HZ8610,这是一种精锐电子战支援系统,具有精密雷达信号处理能力,能够准确定位敌方雷达系统并进行分析。②他们还安装了"Pot Head"海军雷达,其主要功能是水面目标检测,并附带空中预警能力。海南级船舰还装有"高极"IFF 雷达,"雷神开拓者"导航雷达,船体"鹿耳"声呐。③ "红心 Houxin"级巡逻船装有"方铁"水面和空中搜索雷达,并且具有和干扰 ESM/ECM 的功能。这些船舰使缅甸海军电子战的主要序列水平得到重大的提高。

缅甸海军的三艘以色列巡逻舰安装的电子设备信息尚不明确,但是至少装载了火控雷达、水面和空中搜索雷达、导航和气象雷达以及船体声呐。ECM系统安装包括雷达报警接收机、噪声干扰机和诱饵发射器。这是这类巡逻舰传统的配置,也符合缅甸海岸执行的基本需要。④

由于引进了一系列新型高端的船舰,缅甸海军必须对人员开展一系列针对性的海外培训。1989 年,缅甸海军派出人员到中国专门接受海南级巡逻船的操作训练。1990 年在订购了 PB—90 船之后又派出学员到南斯拉夫接受训练。海南级巡逻船的操作训练时间由 Houxin 级导弹巡逻艇的工作人员决定。⑤ 缅甸海军官兵还被派到巴基斯坦接受训练(其中包括反潜战的训练),同样,其他国家秘密参与缅甸海军培训计划的可能性也非常大。⑥ 此外,还有报道称有差不多 100 名中国海军官兵在 1990 年年初被派到了缅甸海军帮助

---

① 舰组包括雷神 1500 和 1900,达艺 110 和 1226,《简氏战舰年鉴(1997—1998)》,第 77页。

② 《简氏雷达和电子战系统(1996—1997)》(简氏信息系统,寇斯顿,1996 年),第 447 页;同见 Norman Friedman, The Naval Institute Guide to World Naval Weapons System, 1994 Update (Naval Institute Press, Annapolis, 1994),第 53 页。

③ 《简氏战舰年鉴(1997—1998)》。

④ Ashton, "Myanmar Navy boosts sea power with corvetes",第 39 页。

⑤ 采访材料,仰光,1996 年 11 月。

⑥ Andrew Selth, Burma's Secret Military Partners, Canberra Papers on Strategy and Defense No. 135(战略和防务研究中心,澳大利亚国立大学,堪培拉,2000 年)。

熟悉新型船舰的操作、参与培训以及维修保养。① 有些观察家认为还有部分中国人民解放军海军人员留在缅甸基地工作,并且中国海军不定时地多次派遣技术人员飞往缅甸参与船舰的修理和维护。②

在不断增加舰队数量和提高舰队技术水平的同时,缅甸海军还开展了一个大规模的海军基地基础设施建设工程。其中包括在原有基础上发展位于孟加拉国边境的阿恰布基地,以及位于泰国南部边境的丹老基地。位于勃生河出海口的海基岛的一个新的海军基地正在建设起来,这个海军基地的活动范围已经到达安达曼海的大可可岛。③ 此外,还有许多内河和沿海口岸也在扩建之列,包括位于三角洲的勃生港、位于若开海岸兰里岛上的皎漂港以及以南125公里的山多威。④ 甚至位于仰光河口的色基也在建设之列。一个反对派组织还报道了位于卡丹岛、Pinzabu 岛和 Letsutaw(Letsokaw)岛、丹老群岛、位于克拉地峡的拉廊府的建设和扩建工程。⑤

这些建设的具体情况并不是非常清楚。但是,在不同的基地,船舶进入的通道都被加深,码头边、导航设备和生活设施都有所提高。在有的地方,燃料的储存能力大幅度提高。⑥ 在仰光地区,自从 1988 年在缅甸海域发现美国舰队的侵扰之后,海军监控能力的提升被视为首要的任务。⑦ 有报道称,缅甸海军监控和信号情报分析能力得到提升。举例说明,有分析认为中国帮助缅甸

---

① Lintner,"Myanmar's Chinese connection",第 24 页;同见于 Chinese Premier dismisses report of Indian Ocean bases",澳大利亚联合出版社,1994 年 11 月 29 日。

② 采访材料,仰光,1996 年 11 月,1999 年 11 月。

③ Robert Karniol,"New base is boost to naval power",《简氏防务周刊》,1992 年 9 月 12 日,第 31 页;Karniol,"Myanmar boosts naval power with frigates",第 1 页。

④ "But will the flag follow trade",The Economics,1994 年 10 月 8 日,第 31—32 页,同见于 Bertil Lintner,"Enter the Dragon"Far Eastern Economic Review(远东经济评论),1994 年 11 月 22 日,第 23 页;《简氏战舰年鉴(1997—1998)》,第 79 页。

⑤ 缅甸联邦民族联合政府,1994 年度人权报道(NCGUB,曼谷,1995 年)第 76 页。卡丹岛曾用名国王岛,Pyinzabu 岛曾用名 Bentinck 岛。在一些老地图中,Letsutaw 岛被称为 Letsutan 岛;Kawthaung 曾被称为 Victoria Point,见于 Bay of Bengal Pilot,Vol. NP. 21,第 118 页。

⑥ 采访材料,1996 年 11 月。

⑦ 在 1988 年的民主起义中,美国的第七舰队被部署在缅甸海域以帮助美国公民撤离。缅甸船舰发现了美国舰队的行踪并在第一时间向缅甸政府报告。

在兰里岛、大可可岛和扎迪基岛[①]安装了范围在 150 海里的雷达系统。[②] 在海基岛也安装了中国的雷达系统。此外，还有消息表明中国和缅甸执政府先后达成协议，帮助缅甸提升海岸线周围的信号情报系统，以便于两国更好地覆盖安达曼海和孟加拉湾的航道信息。[③] 如果这些报道是属实的，那么缅甸经过全面的提升之后将首次在其专属经济区内具备全面的监控视角和海上作业能力。

缅甸新的海军战略

区域内的其他国家对缅甸海军的新进展给予高度的关注。泰国皇家海军有的军官对缅甸海军大规模的扩军和现代化进程表达了保留性的意见。泰国海军高度关注泰国渔船在缅甸专属经济区遭到缅甸海军袭击的情况，但这种关注似乎是出于泰国海军意在增加海军预算的目的。[④]

更多的意见来自于印度。印度的担忧不是由于缅甸海军实力的提升和设备的现代化，而是这种现代化进程中来自中国的帮助。[⑤] 一位印度战略分析家谈道：

"缅甸海军的发展不是周围邻国的主要担忧。区域内海军的实力的确是更强大了。是中国与缅甸海军的联系，以及伴随着这种联系而产生的实力引起了周围国家的怀疑。"[⑥]

有些人估计中国帮助缅甸发展海军设施的目的在于，当中国的战舰和潜

①　采访材料，仰光，1996 年 11 月。

②　Air Forces Survey—Part 10：Myanmar'，Asian Aviation Vol. 14，NO. 6，1994 年 6 月，第 34 页。

③　Desmond Ball，Burma's Military Secrets.

④　采访材料，曼谷，1996 年 11 月。见于 M.G.Rolls，"Thailand's Post—Cold War Security Issues in the Asia—Pacific region"（Frank Cass，Ｉlford，1994），第 101—103 页。

⑤　Lintner，"Enter the Dragon"，p. 23；and"Jitters over naval buildup"，Asian Defense Journal，January，p. 165.

⑥　Banerjee，"Burma's naval activity raises doubts". Bangkok Post，18 July 1994.

艇需要延长印度洋航程的时候可以使用这些新兴的先进设施。另据观察,这些设施的作用是为了保护中国通向中东石油地区的海上通道,是中国人民解放军海军控制马六甲海峡①的一个战略部署。印度有的国防评论人甚至断言新型的海军设施,比如在海基岛上的设备可以作为中国未来核潜艇舰队的基地。②

中国参与缅甸海军基础设施建设的程度很难确定。但有关这方面的报道的真实性层次不齐,尚未得到独立资料的证实。虽然有材料表明人民解放军曾通过一些民间合同参与到缅甸海军港口的改建工作,③但中国一贯否认人民解放军参与过任何海军设施的建设工作。对于缅甸来说,充分利用中国专业水平,并允许中国在一定范围内进入其港口是十分有利的。但是有关中国海军在印度洋(至少在附近)的部署,以及缅甸在这方面与中国的合作程度,不能不引起足够的关注。鉴于缅甸争取独立的艰巨过程,以及对中国长期战略意图的怀疑,仰光政权不可能允许中国随意进入缅甸口岸。同时,不管现实的合作能带来多少明显的好处,任何形式的中国存在也不在允许范围之内。④

缅甸海军从 1988 年开始的扩军计划从本质上说是防御性的,而非攻击性的。⑤ 缅甸海军还不具备真正的投射能力。虽然已经具备很强的海上封锁能力,但还不足以实现海上控制。然而,新型的战舰和升级的装备还是明显提升

---

① Mohan Malik,"Burma slides under China's Shadow",Jane's Intelligence Review Vol. 9, No. 7.July 1997,第 319—322 页;Rahui Roy—Chaudhury,"Strategic Trends in the Indian Ocean", Strategic Analysis Vol. 19,No. 6,Semtember 1996.

② Jayant Baranwal (ed) SP's Military Yearbook 1992—1993(Guide Publications,New Delhi, 1992),pp. 371—377.第三方的报道见于 William Ashton, "Chinese Bases in Burma— Fact or Fiction?"简氏情报评论,Vol. 7,No. 2,February 1995,pp. 84−87.

③ 采访材料,仰光,1996 年 11 月;同见于 Banerjee,"Burma's naval activity raises doubts"。

④ Andrew Selth,"Burma and the strategic competition between China and India",Journal of Strategic Studies Vol. 19,No. 2,June 1996,pp.213−230;Mohan Malik,"Sino-Indian Rivalry in Myanmar:Implications for Regional Security",Contemporary Southeast Asia Vol. 16,No. 2,September 1994, pp.137−156.

⑤ 仰光政府在此方面的申明得到了美国海军情报总监的认可,见于 DNI Posture Statement (Office of Naval Intelligence,Washington,1994),p. 22.

了缅甸海军的实力。海南级海岸巡逻船和红星导弹攻击艇使缅甸海军在反潜和反水面战领域的潜力得到明显提升,并且具备了小范围的防空能力。先进的巡逻船也可以在近海范围作业,连同改善的基础设施建设使得缅甸海军在内河的巡航能力、控制领海的实力以及履行广泛的海事赔偿责任的执行力达到了历史上的最高水平。此外,加上即将投产的三艘轻型护卫舰,一至两艘中国制 T—43 远洋扫雷艇,缅甸将具有(尽管是有限的)海洋作战能力,这是自 1979 年缅甸一艘老式二战护卫舰退役后实现的首次突破。

这些发展给缅甸海军的部署方式带来了很大的变化。获得大型先进的舰队使进一步加强外部防御和监控成为可能。更长距离和更加广泛的巡逻相对以前更容易组织。同时,海军还肩负起新的任务。例如,海军很快接手了国家恢复法律和秩序委员会的职权,向外国公司授权开采近海的石油和天然气。最初的结果并不令人满意,直到更大的天然气田区在缅甸南部的两个地区被发现。原定向泰国出售天然气的计划才终于可以实施。但是由于陆上管道是这个计划中最薄弱的环节,海军的一项重要任务就是保护近海萃取设备。①

此外,缅甸政府从 1988 年开始对外国公司窃取海洋资源和过度捕鱼的现象予以关注。② 仰光政府迫切需要控制缅甸的渔场,防止外国渔船掠夺自然资源。为了实现这个目标,一个更大规模和更具能力的海军队伍成为不可或缺的因素。③

海军依然保留了重要的平叛职责。在国家恢复法律和秩序委员会与 SPDC 签订停火协议以后,缅甸境内的叛乱活动明显下降。但军政府还是会向海军下达相关的指令。例如:以前在阿拉干沿岸和内河地区海军巡逻的力度都不大,但从 1991 年以后为支持缅甸军队平叛当地穆斯林的战斗,海军加大了在该地区的管辖力度。罗兴亚人叛乱组织的活动也很活跃。同年,重组

---

① "Regional Review:Far Eastern Navies", U.S Naval Institute Proceedings 113/3/1009,057, March 1987, p. 68.同见于"War and Money", Asiaweek,10 March 1995.

② 采访材料,仰光,1996 年 11 月,同见于 Gordon Fairclough "Floating Flash point", Far Eastern Economic Review,13 March 1997,pp.53-54。

③ 采访材料,仰光,1995 年 4 月和 1999 年 11 月。

的克伦族在伊洛瓦底江三角洲的叛乱活动也引起了缅甸军政府的严重关注。为此,海军又一次接受了支持平叛的任务。内部的安全问题使加强海军建设成为一种迫切的需要,在海基岛建设新的海军设施被视为一个海军将持续履行平叛职责的信号。在南部的内河沿岸,为防止反叛组织从泰国得到补给,缅甸海军在南部内河沿岸也加强了巡逻。

在带来明显好处的同时,缅甸海军的扩充也带来了许多问题。在20世纪90年代,如何吸纳新的船舰加入海军序列并保持良好运作是缅甸海军需要面对的首要问题。① 购买越多先进的船舰,譬如C—801 SSM和新型EW系统,就需要更多的技术支持,而有经验的技术人员依旧短缺。相关的零部件的需求也大幅度上升,而且很多还依赖于进口。另外,有的船舰的运行情况不尽如人意。从南斯拉夫购买的PB—90海岸巡逻船就是其中的例子,该巡逻船最终由于动力问题被认定为"无法满足需求"。② 有些中国提供的海军设备也出现低于技术标准的情况,海南级巡逻船也被抱怨表现欠佳。③ 具体这些船舰究竟出现了哪些问题不得而知,但这些问题的确引起了军政府的忧虑。为了实现预期的效果,新船舰的调试以及中国新型扫雷艇的交付,使海军在财力、人力和维修成本方面面对很大负担。

缅甸海军还需要面对其他的问题。从1962年军事政变以后,缅甸陆军控制了国内政治进程的方方面面。在奈温将军组建的17人革命委员会中只有一个海军军官。海军成员在缅甸社会主义纲领党以及1974年成立的令牌议会中占有重要的位置。这使海军在国内政治中享有一席之地,并且树立了军队团结的形象。1988年以后,在国家恢复法律和秩序委员会中有一些海军的官员,不过在SPDC中却没有海军的席位。虽然海军统帅同时担任缅甸副总理的职务,一些海军官员也是内阁成员,但这些主要是象征性的任命。海军的政治职务多年来一直处于陆军的阴影之下。在实际操作中,这意味着海军的利益相对陆军不是首要考虑的因素,海军的要求在陆军的要求得到满足之前

① 采访材料,仰光,1995年4月。

② 《简氏战舰年鉴(1997—1998)》,第80页。

③ Lintner,"Myanmar's Chinese connection",第26页,同见于BBC广播,1994年8月19日。

将得不到答复。

　　由于缅甸庞大的军队与国家内部安全状况,海军的现况并不令人感到意外。但是海军一直承受着一定程度的不信任。[1] 在早些年,陆军的很多人对海军表示怀疑。海军的英国传统、海军安格鲁—缅甸人及少数民族的巨大比例,以及大批海军官员在海外接受训练的事实,使他们饱受陆军的非议。然而,这一切没有改变缅甸海军的传统。他们一如既往。即便在1962年军事政变之后,许多对外的军事联系都被切断了的情况下,[2]海军赴国外的训练依旧正常进行。此外,和陆军历来的乡村招募不同,海军倾向于在城市招募更多受过教育的年轻人加入。正是由于海军的这些海外经历和高学历水平的人员结构,引起了军政府的怀疑,也导致了对海军的不信任。1988年一些海军军官和士兵参加了大规模的亲民主示威,使得这样的担忧得到印证。[3]

　　不管在军队层面对海军存在多少疑虑,仰光政权对海军的作用都有清晰的认识。在12年间(1988—2000),海军的舰队增长了两倍,并还将持续增长。一项改进海军基础设施建设和加强海洋监控能力的计划也即将实施。这是军政府改正长期不重视对海军投资之后的重要举措。从国家恢复法律和秩序委员会到SPDC,都下决心要充分发挥海军对缅甸领海的控制力,这是前所未见的。这也向外界传递了一个信号,缅甸对未来可能出现的海上威胁已经做好了准备。

---

　　① Andrew Selth,Transforming the Tatmadaw:The Burmese Armed Forces Since 1988,Canberra Papers on Strategy and Defense No. 113 (Strategic and Defense Studies Center,Australian National University,Canberra,1996),pp. 161-162.

　　② 其中也包括与英国和美国的联系,同见于简氏前哨安全评估:东南亚部分,第333—354页。

　　③ Bertil Lintner"Backdown of Bloodbath",Far Eastern Economic Review,22 September 1988 p. 14;William Stewart,"Now a Coup",Time,26 September 1988,p. 14.

第二节　印度尼西亚新世纪海洋政策①

序言

这一章主要介绍印度尼西亚作为一个海洋国家的基本情况,以及印度尼西亚人如何将海洋视为国民生活的重要支柱并在此基础上发展和维持人民生活。本人对海洋战略的定义是:在国家综合实力的基础之上建立起海上力量的三个组成部分,即海军、商船以及支撑它们的服务和设施。海上力量是国家民生在海洋控制上的综合体现,包括海军、商船(渔船),以及所有海上工业和服务。本文探讨的海洋战略将着重于考察印度尼西亚海军及其支撑力量。

未来十年国家海上利益

印尼前总统阿卜杜勒·拉赫曼·瓦西德及其幕僚在民族团结内阁作的最重要的决定之一,就是声明敦促国家的海洋政策密切关注并不断发展其丰富的海洋资源。因此,为了实施这一政策,一个新的部门即海上勘探和渔业部成立了。

从海军的角度看,这一政策是重建印尼海上力量的努力,这种努力曾一度遭到忽视而成为一种过时的口号。在过去,印尼人曾是活跃的水手,足迹遍及周边各个国家。公元7世纪和14世纪的佛逝和玛迦帕夷王朝都依靠海上力量对周边国家施加影响。但是在400年以前开始的殖民时期,印尼海上的潜在力量遭到了系统性的毁灭,直到2000年这一持续的影响依然存在。印尼人对海洋的漠不关心就是最好的证明。

海洋对印尼具有重要的意义,主要源于三个方面的作用:

(1)海洋是对外沟通的媒介;(2)海洋是重要的收入来源;(3)海洋关系

---

① 作者:罗伯特·马汀达安。

到国家的国防利益。由于印尼是一个拥有 17,508 个岛屿的群岛国家,海航运输是国民生活的关键环节,事实上国家也需要一个强大的海上运输船队。但在现实中印尼船队的数量非常有限,以至于无法保证整个群岛内岛屿间的沟通往来。此外,为充分利用和发展丰富的海洋资源,印尼需要在海上工业付出巨大的投资。印尼在 1982 年《联合国海洋法公约》中被认定为群岛国家,并获得 300 万平方公里的专属经济区。印尼人民生活的繁荣确实应该充分利用这个宝贵的礼物。

另一方面,1982 年《联合国海洋法公约》赋予印尼在海上通信线路中友好通道的权利,以此沟通太平洋和印度洋。

从国防的角度看,这一条件意味着任何外方都能够在印尼的法律管辖下"自由"从友好通行权中获益。世界上没有其他国家和印尼一样面对这种独特的局面。一方面,印尼必须保护本国的利益,另一方面,印尼还必须兼顾海上通信线路使用者的权利。

海洋将给印尼带来巨大的收入,但这个过程需要很长时间,也需要人们对海上机械的熟悉作为支撑。常言道:造船三年足矣,建立海洋文化则需要三个世纪。的确如此,海洋力量包含着许多元素,如下图所示:

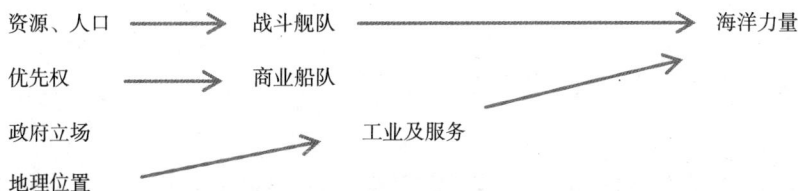

资源、人口 ➡️ 战斗舰队 ➡️ 海洋力量

优先权 ➡️ 商业船队

政府立场 工业及服务

地理位置

图 1　海洋力量的元素

政府的政策只能覆盖大约七分之一的海洋力量总量。其余的部分还需要进一步发展。从政治角度看,这样的政策是非常有益的,因为这有助于国家重返其独特的自然环境。

对于印尼来说在新世纪伊始最紧迫的任务就是努力加强基础设施建设,以适应充分利用和保护海洋潜力的需要。这项任务必须在全球眼光的指导下不断加强,并落实到政策、法律和经济支撑之上。

政治支持是关键的因素之一。因为在新秩序时期只有三个政党,而当前,在改良时期有 48 个政党。对海洋政策的改革需要得到来自学者和整个社会,特别是 48 个政党的支持。

从 1982 年《联合国海洋法公约》生效之后,只有很小一部分海洋法律得到国际社会的通过。引用海洋法专家 Hasyim Djalal 博士的观点:印度尼西亚至少需要 200—300 项法律来保护国家的海洋利益。从经济角度上讲,印度尼西亚由于近 2,000 亿的外债总额陷入了经济危机。为加强海上力量而急需发展的基础设施建设需要巨大的经济支撑以及各党派的共识,只有这样加强海洋力量的努力才能够从计划变为现实。

根据 1982 年《联合国海洋法公约》的规定,印度尼西亚必须建立海上通信线路。为执行这些规定,印尼领土被划分成四个区域。西边的海上通信线将苏门答腊岛划为一个部分,中间的海上通信线将婆罗洲和爪哇岛划为一部分,东边通信线将西里伯海和南部岛屿合为一个区域,其余的西巴布亚,马鲁古省和一部分南部岛屿合为一个区域。独特的区域划分具有非凡的防御意义,因为任何对国家利益过度的保护措施都会被视为一种挑衅的姿态。另一方面,外部势力也可从海上通信线路的划分中获益。

发展中的海上力量

正如 1945 年 8 月 17 日,在以"潘查希拉"为基础的印尼宪法中宣称的一样,建立海上力量的目的在于保护印度尼西亚共和国的团结。印度尼西亚国家的统一有赖于三个重要支柱不受影响:(1)国家的统一和完整;(2)国家的稳定;(3)努力提升国家的繁荣。即便很多政党的政治哲学基础都建立在现实基础上,但他们并不完全理解这三大支柱对国家的作用。

发展海上力量的目的在于保护 2.1 亿人,面积达到 500 万平方公里的 17,508 座岛屿和领海,300 万平方公里的专属经济区,以及所有的国家资产和自然资源。为实现这一目的,以海军力量为基础的海上实力还需要得到其他部分的支持,比如海上警备队、商船、渔船、传统航运船队、海关、移民局、海洋政策和其他海洋工业和服务。即便不同的国家对海上威胁有不同的看法,建立海上力量本身仍需要对海上威胁的具体范围进行详细说明。

海上威胁的范围

在现代预测威胁范围首先需要考察冲突地图。冲突通常以三种形式出现:(1)国家间冲突;(2)国家内部矛盾;(3)跨国恐怖行为。

即便规模不大,未来国家间爆发冲突的可能性依然存在,东盟国家之间签订一系列友好合作条约,强调要和平解决冲突。但是,在现实中,印尼与马来西亚在利吉丹岛和沙巴岛存在领土争议;与菲律宾在帕尔马斯海域,与越南在大陆架上存在领土争议。利吉丹岛和沙巴岛争议已经移交到国际法院。印尼也在尝试通过外交手段解决与菲律宾和越南的纠纷。

印尼的国内矛盾是自 1945 年以来一直持续的国内问题。2001 年的民主冲突地图显示在亚齐、西巴布亚和摩鹿加群岛发生过骚乱,在骚乱中政府希望通过口头谈判平息矛盾。目前,政府还没有采取全部可能的措施来维护主权,也不希望任何外部势力介入其中。印度尼西亚海军在国内矛盾中的作用在于阻止外部力量的干涉,包括进行武器走私或提供后勤服务。

在跨国恐怖主义行动问题上,存在一种将印度尼西亚归于软性目标的印象。主要原因有以下几个方面:(1)缺乏足够法律武器来应对威胁;(2)抵御恐怖分子的人力资源和人员素质有限;(3)发生大规模恐怖行为的可能性极大。由于东南亚金三角的鸦片生产,印尼当前必须面对的困难之一是有可能变成毒品走私的中转点或是目的地。除了西巴比亚、东帝汶和北婆罗洲地区,各地到达 17,508 个岛屿的海上运输极为开放和通达。仅从岛屿的数量和广大的领海面积来看,为了保护整个国家免受国际恐怖行为的打击,印尼需要投入大量的人力以及储备足够的海军部队。

以下是印度尼西亚本世纪最突出的海洋利益:

(1)开发海洋资源以促进国家经济的繁荣,保障采矿活动的进行。保护环境和资源开采需要依靠以海军为先锋的强大的海上力量,但是印尼现有海军力量还不足以覆盖所有领海和专有经济区。非法捕鱼活动一年之中贯穿全境,印尼为此每年平均损失 30 亿美金。只有使全国的力量协调一致才能应对非法活动中不断提升的技术和日趋密集的强度。

(2)国家海洋利益缺乏有效的法律保护是最明显的弱点之一,尤其在毗邻海上航道的区域。任何外部力量,无论是经济还是军事实体,都可以通过施加政治和经济压力来制定保护其利益的法律,从而获益。避免这种情况的一种方式是使国家的法律手段与现存国防法相一致。

(3)2001 年全球化背景下的亚太经合组织为印尼拓展其对外部环境的影响打开了出口。这一举措对印尼国内市场产生巨大影响。局部本土的弱势可能导致对整个国家的危害。在这样的环境中,由上百个少数民族组成的国家联盟将面临危险。因此,必须采取有效的措施确保海军处于战略位置。这将有助于提供一种安全的意识并减轻战略环境变化产生的影响。

(4)在新世纪军事威胁可能是有限的,全球的动向都在为缓和紧张局势,维护全球稳定而努力。传统形式的地面军事入侵将不会是各国的第一选择。常常出现的"人道主义干预"也只可能由具备强大海军实力的国家或联盟采用。从这个角度上说,印尼海军必须从实力和思想上为这样的局面做好充分准备。同时,以国内外法律为基础,制定、推动获得外国认同的参与规则。

可能采取的措施

为了保护领海面积为 500 万平方公里的 17,508 座岛屿,以及 300 万平方公里的专属经济区,印尼无疑需要一支现代和精锐的海军。在一到两年发展起实力可靠的海军力量将会增加国民经济的负担,目前急迫的问题在于克服经济危机的影响。即便是用十年的时间来发展海军的实力也无法带来明显的变化。然而,还有一些战略选择可供考虑,但它们都受到四个因素的影响:金融状况的局限、区域内的政治气氛、现实需要和未来预期的收益。

在这种情况下,印尼海军力量的预期目标可能需要十年才能够实现;(1)

相对本国的领海面积,印尼海军的规模虽然不大,但仍需具有坚实而可靠的实力;(2)以一定的威慑力量为基础,保证实现阻止外部势力干预国内冲突的最低目标,以保护国家主权为最高目标的任务;(3)依托地理环境条件实行纵深防御的理念;(4)在和平时期积累,以备战时之需;(5)成为东南亚一支重要的力量,为保护地区和平与稳定与其他国家和组织展开合作。

以上海军潜在实力的实现需要获得四个方面的支持:可靠的网络系统、移动功能、强大的火力和显著的 C—3—I 网络。尽管受到财政和其他困难的限制,为保卫国家利益,海军力量必须得到加强。

显然,目前的网络系统是无法覆盖整个领海和专属经济区的,包括三个海上通信线及其分支。这个问题可以通过利用其他国家部门的设备来解决,比如利用运输部、空军、政府网络和私人设施网络建立起全国性的网络。印尼国内的产品还不能满足这些需要,因此必须从国外进口设备,即便价格不菲,为了避免突发状况也必须采购。

在 2000 年印尼海军拥有 111 艘舰船:21 艘护卫驱逐舰(Destroyer escort)、10 艘 DEG、10 艘 FPB、2 艘 SS 及其他船只。其中只有 55%—60%还在运转,基本满足流动巡逻的需要,但是不具备海军的能力。预计最低还需要 24 艘 2,300 载重吨多功能用途的 DE、10 艘 1,000 载重吨的 GDE、10 艘 FPB、9 艘装载 2 个 U—209 级,4 个 U—206A 级和三个其他系列的 SS。几乎所有的船舰都需要在国外制造。虽然有些位于泗水的造船厂准备制造一艘 2,000 吨的护卫舰,但是这在近五到十年的时间内是不太可能实现的。为了满足实际操作的需要,印尼海军动用了所有的船坞和修理设施来制造小型的巡逻艇(小于 100 吨),估计这十年最少能够制造 173 艘巡逻船。

在这十年内,印尼军舰的火力级别不会大幅度提高,因为购买制导武器系统,如:飞弹、传感器系统、控制设备等的计划无法按期实施。这主要由于:(1)印尼尚处于经济危机之中;(2)西方国家实施临时武器禁运;(3)周边国家负面的反应。不过,印尼海军还是打算购买米斯特拉尔 240 便携式地对空导弹来增强军舰的火力。

进入 21 世纪,印尼海军力图不依靠外国的帮助稳步将 C—3—I 系统提升至 C—4—I。升级的系统必须符合现行的国家 C—3—I。但是,对海军核心技术进行提升的努力还有赖于财政的许可和外国供应商的"支持"。而国外的支持则取决于贷款国当前的政治判断,这也可能导致临时的武器禁运(比如,在 1998 年前总统苏哈托下台时期)。因此,印度尼西亚只能不断提高国内生产水平,来满足逐渐建立国内 C—4—I 系统,包括海军内部系统的需要。

力量部署的理念

一般来说,海上力量是用于保护本国海洋利益的,但是当海上力量不足时还可依靠其他力量来有效地保护国家利益,比如具有独立规则和运作方式的政治外交和法律。因此,应该有三个维度的防御体系:政治、法律和军事。印尼海军已经把加强外交、治安和军事功能作为未来的目标。认识到这一点,加强以上三个维度的工作也将不再困难。

在政治领域的监控由外交部负责,它的主要职责是构建政治外交栅栏,打击或者至少减少任何侵犯印尼国家利益的意图。在法律领域的监控由司法部负责,它的职责是构建法律的护栏以保护印尼的国家利益。印尼海军和其他机关作为实体防御,代表现实的防御力量。

因此,印尼海军的任务,首先是维持东南亚地区的和平稳定。这个任务建立在东南亚的和平稳定等同于印尼的和平稳定这一假设基础之上,因为东南亚地区三分之二的海洋面积在印尼的管辖之下。通过现有的格局和实力,比如通过建立信赖措施,印尼正参与到构建区域国家间相互信任的努力中。

另外,还通过海军访问,高层领导、军官和大学生的互访,双边海上演习,双边联合海上巡逻以及年度边境委员会会议等形式,印尼海军与东南亚国家和澳大利亚的海军建立了双边联系。其中值得注意的是印尼与澳大利亚在 1995 年建立的安全合作协议。因为抗议澳大利亚在东帝汶事件中的立场和作用,该协议被印尼单方面取消,直至 2001 年也不在考虑恢复的范围之内。

其次,海军的任务在于依据国内和国际法,在三条海上通信线上保护外国船只友好通过,以此保护国家利益不受侵犯。这两种利益之间的界限是相对的,也常常会有不同的解释。另外,可供实际操作的法律依据还不充足。例如,在公海的犯罪可以解释为海上抢劫,有的法律专家将它区别于海上武装抢劫。这给执法机构的法律适用和海军打击犯罪带来诸多不便。

如果针对某个特定的事件缺乏完备的法律规定,执法机关就会陷入困境。印尼可以从现有本地和国际法律的框架和约束力中获益。印尼海军,作为国家主权的护卫者,享有法定的保护国家海上利益的权力,包括捍卫海上通信线和岛礁的安全。此外,因为存在许多外部势力利用法律缺陷的先例,印尼海军必须从抵御外敌入侵的角度认识海上通信线的有关法律,从而保护国家主权不受侵犯。特别是存在着对印尼海域不安全以及法律缺失的看法会导致外部势力企图入侵的可能性。

第三,印尼海军必须为各种可能发生的情况做好准备。印尼海军的现实情况意味着必须保持规模精干,但坚实高效的状态,能在必要时给予对手有力的还击。在面对危机时,必须拥有足够的力量来履行管理、预防、解决和冲突后建设的职责。海军的职责还必须和政治、法律活动的需要相一致。因此,海军在使用权力的时候,还须谨记以下原则:(1)优先以和平手段结束冲突;(2)对印尼来说,战争是最后的解决方案;(3)国家力量的使用依赖于海陆空三军的联合,只有这样才能够在全方位战略层次上应对战争;(4)分析力量的平衡,并有效利用地区和国际组织。

结语

对于发展中国家来说发展海军的途径并不多。对于印尼来说,可供的选择更为有限,考虑到地域的独特性和复杂性以及经济条件的限制。在未来的十年中,为保卫国家海洋权利,海上力量不能只依靠于现实的力量,还必须通过非现实力量的联合作用,比如政治外交和法律。

政治力量能够建立起充分的影响力来消除外部威胁并创造反击的条件。法律的完善有助于建立起国内法律的护栏,加强国际法的效力以此保护国家海洋利益。在操作层面,海军活动还需要依靠法律的支持来保护国家财产和主权。

在新世纪,缓解冲突是全球的共同目标。但任何国家都拥有保护自己的权力。在这个关键的历史转折点上,印尼发展和壮大本国实际军力都引起国际的关注。在下一个十年,印尼海军将不会改变防御性的特点。在尚未拥有强大海军力量的时候,加强区域海军合作的愿望也能够通过对东南亚地区和平稳定和安全的承诺得以实现。

第三节　马来西亚的海军战略:历史与现状①

马来西亚皇家海军的历史演进

马来人是典型的海上民族,早在西方香料贸易的商人到来之前,马来人已经掌握了熟练航海技术。虽然有关马来人航海冒险的记载很少,但马来群岛独特的地理位置和沿海的自然条件早已将马来人塑造成出色的航海家和领航员。早期的记载显示,马来人曾穿越群岛间危险的海域建立起古老的政府和文明。根据记载来自马来群岛的商人和海员掌握着当时先进的航海技术和设计精良的帆船,已经能够跨越海峡直达中国和印度次大陆。位于泰国南部的前伊斯兰素可泰王国(Tambralingga)拥有强大的海军实力,其国王曾在 13 世纪穿越 2,000 公里的孟加拉湾到达斯里兰卡,保护深受南印度敌人侵扰的马来族群。

在 15 世纪,马来王朝的缔造者拜里米苏拉跨越了苏门答腊建立了王国。在 17 世纪葡萄牙和荷兰殖民统治的时期,西方商人和殖民者招募了大批来自廖内和西里伯斯岛的领航员和水手充当雇佣军。在 19 世纪后半叶,英国人控制了马来半岛的大部分地区。在 1934 年,英国殖民者创建了一支海军,首批受雇佣的人员都是马来西亚本地人。这一年也被定为马来西亚皇家海军的创立年。三号海峡殖民地编队,在 1934 年年初就已成立,并授权组建海峡殖民地志愿兵预备队,这支海军队伍后来成为马来皇家海军志愿兵预备队。海峡

---

① 作者:普拉森·金·森谷普塔。

殖民地志愿兵预备队第一分队于 1934 年 4 月 27 日在当时殖民政府的政治中心新加坡成立,第二支分队于 1939 年在槟城成立。

从 1920 年至 1931 年,由于地区政治环境不稳定以及马来人素有的航海特性,皇家海军和本地的官员多次提出建议组建海军志愿兵预备队,用于保卫当时马来联邦和海峡殖民地的海域。在 1926 年一项在整个马来半岛(包括海峡殖民地)组建皇家海军志愿兵预备队的计划产生了,这项计划将要耗费 260,000 令吉,但由于资金短缺这项计划没有得以实施。作为这个计划的替补方案,在 1932 年马来总指挥官和高级皇家海军军官(也是当时的首席执行长官)在新加坡达成了一项协议,决定在海峡殖民地区组建皇家海军志愿兵预备队,但不包括马来联邦。

有关这项计划的详细内容还有如下记载:起初这支海军队伍旨在为新加坡建立,它的经费将由海峡殖民政府负担,计划命名为新加坡海峡殖民地海军志愿兵预备队,由 18 名英国军官和 54 名马来人组成,接着在成立后四年内编制扩大为 50 名英国军官和 200 名马来人;在新加坡分队成立以后计划在槟城成立第二支分队;海峡殖民政府计划购买一部分小型船舰用于培训,同时伦敦海军总部计划给予仪器信贷;海军总部还预备提供贷款用于购买小型港口训练船只,贷款的期限由殖民地政府防御投票委员会决定;这支海军队伍受到马来总指挥官的领导,指挥官还负责向殖民地政府防御投票委员会争取日常运作的经费,而新加坡高级皇家海军军官负责军队的日常管理,军队的训练人员由一名退休的皇家海军军官和两名士官担任。至此,根据 1934 年 4 月 27 日第三号条例,海峡殖民地海军志愿兵预备队成立了。指挥官 L.A.W 约翰斯顿 MVO RN 成为第一位海军指挥官,并配有两位来自皇家海军的助手和一位马来籍指导员。上士阿德南·炳·拉吉以殖民地志愿兵团的士官军衔被提拔为训练指导员。

在最早的计划中,海峡殖民地海军志愿兵的编制将在四年内达到 18 位军官,54 名船员,但是在当时生活在中国的英国舰队司令的鼓吹下,人员编制在 1934 年就已经到位。起初,海峡殖民地海军志愿兵预备队位于新加坡海滨路的殖民地志愿兵团总部,训练基地在 SS Sea Belle Ⅱ。到了 1935 年 2 月 18 日,英国政府同意将一艘新西兰皇家海军使用的 2,000 吨级驱潜快艇划拨给海军志愿兵预备队。这艘驱潜快艇在装载了必要的设备、受编为皇家海军金链花之后专供训练使用。随后,这艘船及设备停泊在湾亚逸流域,这里后来成为海军预备队的总部。1938 年 10 月,经过一段时间的组建和训练,另一支海军分队在槟城附近的 Gelugor Sungai 成立。这支海军由亚历山大指挥官负责,并由皇家海军志愿队中尉霍尔和海军上士军官默德莱斯担任助手。这支队伍被命名为海峡殖民地海军志愿兵槟城预备队,之后不久改为马来皇家海军志愿兵槟城预备队。英国皇家海军战舰专门从新加坡奔赴槟城用于这支队伍的人员培训。

到 1939 年,由于受到当时欧洲和亚洲政治环境的影响,位于新加坡的海峡殖民地皇家海军志愿兵预备队和位于槟城的马来志愿兵预备队严阵以待,并被改为全时工作制。为了满足对兵力的要求,英国当局在 1939 年 9 月开始面向马来年轻人征兵组建皇家海军马来分部,也就是后来的皇家马来海军或马来海军。海峡殖民地海军志愿兵预备队与这支队伍的区别在于,前者是由海峡殖民地当局组建的,而后者直接受到英国政府的管辖。1939 年 9 月 4 日,皇家马来海军的招募通过马来当地报刊媒体和地区办事处的通知正式展开。

许多马来皇家海军志愿兵预备队的成员都有在英国本地接受初级或高级剑桥教育水平的经历。他们被训练成为通信兵、水手和信号兵,英国政府为加强半岛的防御,为第二次世界大战做准备,在 1939 年末招募了大批马来青年人组成皇家马来海军。皇家海军马来分部这次招募的主要人员由刚毕业的学生和一部分马来皇家海军志愿兵预备队的成员组成。招募的通知和告示通过当地报纸广泛传播,并通过全国的地区办公部门进行选拔。从 1939 年中旬开始,每个负责的分支机构有 20 至 30 个名额,招募一直持续到 1941 年。在第二次世界大战爆发前,这支队伍一共招到了 650 名当地士兵和 158 名英国军官。停泊在新加坡森巴旺海军基地的皇家海军 Pelandok 成为马来海军的训练中心和营地。在第二次世界大战期间,马来海军在印度洋和太平洋区域听从英国的指挥。在中尉指挥官 H.威柯斯的领导下,到 1941 年底马来海军扩大到 1,430 人。马来海军和调用的马来皇家海军志愿兵预备队一同驻扎在新加坡服役,在战船和武装商用船上分为通信兵、火力船员和信号兵。1942 年 2 月 11 日,皇家海军 Pelandok 号遭到了日本空军的打击,随后这些训练有素的船员被编入马来皇家海军志愿兵预备役并转到皇家海军 Laburnum 号上服役。

在 1942 年 2 月 15 日新加坡岛屿被日本占领以前,所有尚存的船只试图通过印度尼西亚、科伦坡和斯里兰卡转移到澳大利亚。但是只有大约 114 名皇家马来海军、马来皇家海军志愿兵预备役的官兵和其他皇家海军的成员安全转移到科伦坡、斯里兰卡(随后到达锡兰),而大部分在新加坡战役、撤离印度尼西亚和太平洋的航行战役中丧生。战败的士兵中有的在新加坡的战役沦为俘虏,有的则试图逃回自己的村庄寻求庇护。

大多数前往澳大利亚的船只都被埋伏在新加坡南部的日本海军击沉。中尉指挥官 H.威柯斯和他的部下所驾驶的 Hwang Jo 号被日本海军的炸弹和火炮击沉,他们也最终沦为俘虏。H.威柯斯中尉最后在邦加岛战役中死于战俘营。

从逃离前往科伦坡到 1945 年 8 月第二次世界大战结束,马来海军几乎解散了,有的担任起通信兵,有的被分配到负责守卫科伦坡港口的高级防御司令手下工作。一部分经过选拔的官兵开始到联军组建的突击队中服役,比如英国海军 136 分部、美国秘密军事团 OSS404。他们中的很多人参与了在敌后准备反击马来半岛的"拉链行动"计划,但这个计划由于战争结束最终没有实施。

战后,马来皇家海军志愿兵预备役和其他当地武装力量于 1946 年 2 月 26 日解散,马来海军在 1947 年 4 月解散。但在解散不久,英国殖民当局认识到马来亚海域的防御对于抵抗共产主义运动非常关键。在 1948 年 11 月 24 日,在新加坡上议院的批准下马来亚海军武装成立,1949 年 3 月 4 日在宪报刊登了马来亚海军部队条例,任命 H.E.H.尼古拉斯船长为最高将领。随后,英国政府配置了皇家海军 Test 号护卫舰作为训练船。第二艘船舰是一艘在 1949 年 4 月 8 日被任命为皇家海军鼠鹿号(Pelanduk)的登陆舰。在 1952 年马来亚海军被英国女皇二世授予"皇家"称号,这个称号通过 1952 年 8 月 29

日在新加坡宪报发布正式生效。随后,皇家马来亚海军的白色背景旗第一次替换蓝色皇家海军旗,飘扬在皇家马来亚海军基地。1957 年 8 月 31 日,马来亚获得独立,英国政府在 1958 年 7 月 1 日将马来亚海军正式交接给马来亚政府。1963 年 9 月 16 日马来西亚成立,皇家马来亚海军更名为皇家马来西亚海军。首任长官是达图·K.塔纳巴拉辛甘海军少将,于 1967 年 11 月就任。

当今的皇家马来西亚海军

经过多年来阶段性的逐步发展,马来西亚海军到 2000 年 4 月 27 日成立纪念日的时候,已经拥有 14,000 人的兵力以及一支强大的舰队。这支舰队包括:2 艘 F—2000 级护卫舰、2 艘卡斯图里(Kasturi)级护卫舰和 1 艘马特(Rahmat)级护卫舰;2 艘深黄(Musytari)级和 4 艘拉克萨马拉(Laksamana)级轻型护卫舰;4 艘角宿—M(Spica—M)级,4 艘指挥官 II(Combattante—II)级和 4 艘 AL 级导弹炮艇;6 艘食人鲛(Jerong)级巡逻船;4 艘拉瑞奇(Lerici)级扫雷艇;以及 8 艘辅助船只。皇家马来西亚海军还有由 6 艘黄蜂 1 级海军直升机组成的航空联队。

皇家马来西亚海军的主要任务是保护马来西亚国家海洋利益。国家海洋利益可以总结为领土完整和国家主权独立,以及马来西亚民族和财产的安全。因此,皇家马来西亚海军的核心利益是在和平时期培育和部署海军力量以保卫马来西亚的海军利益,并确保在战争中取得胜利。在和平时期,皇家马来西亚海军的作战任务包括:

- 做好战争训练
- 保卫马来西亚民族、资源和领土
- 进行水文调查
- 协助其他国家机构打击海盗,进行海上执法,如渔业保护、专属经济区保护和移民监督

为了完成这些任务,皇家马来西亚海军与马来西亚武装部队以及其他国家机构如海上警察、渔业部、海关和移民局合作密切。

皇家马来西亚海军的组织结构非常有利于履行其职责：海军总司令领导全部常规和预备役部队；副总司令也是皇家马来西亚海军总部的参谋长，负责协助海军总司令的工作。副总司令任命四位助理参谋长负责海军总部的运转：计划与行动部、后勤部、人力资源部和行政部。在这个组织机构中，海军总检查局和情报署署长对海军总司令负责。在作战指挥方面，有五位主要司令部直接向总司令负责，分别是：

- 舰队作战司令部
- 海军支援司令部
- 海军教育和训练司令部
- 海军后备司令部
- 国家水文中心

舰队司令主要负责舰队的操作和维护。在他的指挥下，舰队系统指挥官协助他负责舰队的维修。舰队储备指挥官协助负责舰队的质量控制。还有四个海军辖区负责协助舰队司令部负责船舰设备的运作。教育与培训司令部负责皇家马来西亚海军内部的所有培训。另外，支援司令部负责管理所有的基础设施、设备和服务，其中包含不直接与船舰相关的事项。

在和平时期，皇家马来西亚海军的任务包括作战训练、近海资源保护、水文调查及协助其他国家机构打击海盗、落实专属经济区法律实施情况，包括渔业保护等。其他任务还包括为陆军和空军提供支持、搜索和救援、救灾行动。在冲突期间，皇家马来西亚海军的任务包括在海上摧毁敌军、保卫海线通信、保护商业运输活动、维护港口的安全以及保卫沿海油井钻机。在面对未来挑战方面，皇家马来西亚海军努力在应对各种战争的需要和符合国家海洋战略的舰队之间找到最佳的平衡。值得注意的是，国家社会经济和通用技术的迅速发展将给海军与空军相结合的综合管理和作战带来深刻的影响，这将不可避免地成为现代常规战争的重要环节。已经组建直升机中队的海军航空队预计将开始操作新型直升机。这将提高皇家马来西亚海军舰队应对反潜战、船舶战、电子战和超视距目标打击的能力。为了进一步提高这些能力，马来西亚海军已经获得第二代延程型地对地导弹（MM—40Exocet 和 Otomat）。同时，为了加强海上监管,马来西亚海军计划引进 6 艘海上巡逻机、护卫舰、轻型护卫舰、水文船,并利用本国军事工业技术在国内制造 28 艘新一代巡逻艇。现有战船、设备和其他设施的翻修和升级计划也正在进行,完工后这些船舰将更加接近一流的技术水平。

为了发展训练设备,皇家马来西亚海军对岸上训练的基础设施进行了改进。为确保培养出合格的海军人才,马来西亚海军在柔佛州建立了一个 280 英亩、耗资 1.9 亿令吉的新兵训练中心,并在作战训练中广泛使用模拟装置和电脑设备。为保持技术设备的领先,马来西亚海军购买了一系列新型战舰,不断促进海上训练基础设施的发展,并建立起新的人力资源培训机构。此外,从 1996 年开始马来西亚海军还将曾经集中在卢穆特的常规训练(管理科学和信息技术),分散到位于丹关、纳闽的海军辖区和吉隆坡海军总部的训练中心。在吸取国外经验和一系列可行性研究的基础上,马来西亚海军还创建了马来西亚海军研究和训练中心。现在,卢穆特海军辖区经过不断升级已经具备海军学院的资格,能够满足马来西亚海军日益复杂的需要,为培养更加优秀的海军人才做好了准备。1994 年 11 月 19 日,海军人力资源司令部属下的国家职业训练局将海军学院指定为训练中心,专门根据国家职业技术标准培养二十多种不同的海军技术人员。马来西亚海军还致力于通过公共和私立的管理培训机构提高海军人员的管理技术水平。

海军现代化的关键

根据马来西亚第七个五年计划(1996—2000),政府划拨了大量的经费为战舰和军事基地提升和购买新型的通讯设施。这一举措是为了适应通讯技术迅猛发展的要求,特别对于海上持续管控至关重要。从 1999 年马来西亚海军将连接各通信站的模拟微波系统替换为数字系统,从而增强了短距离信号的效率。这些系统确保大容量的通信转交和分配得到快速的处理。马来西亚海军在战舰上淘汰老旧设备,广泛装载了最新的通信设备,包括:HF 和 VHF 收音机、能够安装到主板战斗机人员和直升机上的多波段收音机。在战舰上装载超高频无线电能够在近距环境下增强基地和各作战中心的互操性。由于近来经济的发展,马来西亚海军还购买了新的卫星通讯设备作为现有设备的补充,这样能够使战舰的通信范围得到扩展和加强。在不久的将来,马来西亚海军计划将主要通讯站上老旧的短波发射机和接收机全部替换为新的设备。与此同时,积极鼓励国内企业,如 COMLENIA Sdn Bhd(一家由阿莱尼亚马可尼系统有限公司和柯敏特有限公司创建的一家合资公司),自主研发制造电信和火控系统,用于马来西亚海军战舰,特别是 4 艘 Fincantieri 制造的导弹巡洋舰。

受到马来西亚政府关于建立超级多媒体通道的设想的鼓舞,马来西亚海军在 1995 年制定了一个信息技术发展计划,并在 1996 年开始实施。这个信息技术计划包括了以下几个步骤:

- 分阶段发展
- 试点项目
- 基础设施包括通讯设施的设置
- 办公自动化
- 应用开发
- 人力资源发展

在第一阶段,主要展开综合后勤保障试点项目,从而培养一个马来西亚海军护养和船载库存系统。这一项目在六个月内就完成了,并积累了许多宝贵的经验。这对于管理干部和团队而言非常重要,因为他们必须尽快适应将来项目管理、数据管理和人力资源管理的要求。第二阶段正在进行中,包括在基地和战舰上为实现办公自动化和应用开发进行的基础设施建设、后勤管理、人力资源管理、培训管理和财政管理等。在这些环节中现有的业务流程会被记录下来,逐步分析,再根据需要重新规划。在应用开发方面,也尽可能使用当前的软件系统。第二个阶段,还包括在马来西亚海军的培训机构中引入智能办学的概念,重点通过信息技术和多媒体的运用实现智能管理,促进教学和学习方法的改进。第三阶段将进一步巩固以上成果,并加强营房安全、运输的管理以及加强通信基础设施建设。

为更好地履行职责和使命,马来西亚海军还需要对现有的海军基础设施进行升级,并在全国范围内建立更多的基础设施。在马来西亚的第 7 个五年计划中,政府划拨了大量的经费着力加强以下主要基地的建设:

- 位于沙巴的邦加海军基地
- 位于 Tg Pengelih 的新兵训练中心
- 兰卡威海军基地
- 国家水文中心
- 砂拉越海军基地

当前总部位于纳闽岛的 2 号指挥总部主要负责中国南海以东和整个北婆罗洲的防御和安全。但是由于没有足够的空间建设码头、训练场和办公楼等设施,指挥部将被转移到哥打基纳巴卢的 Sapangar 湾。这个地方占地 116 公顷,水域较深,又有险恶的海面条件作为天然庇护,是潜水基地的理想选择。这里还计划建造总部大楼、行政大楼、伙食团、已婚军人宿舍、训练场、码头、仓库和其他设施。整个建设项目通过"交钥匙"的建设方式从 1999 年下旬开始,计划到 2003 年竣工,总投入预计 8 亿令吉。

位于附属于海军 3 号指挥总部的兰卡威的海军基地于 1994 年建成。基地位于兰卡威的 Tanjung Gerak,占地面积 76 英亩,是通往马六甲海峡的北部战略入口。这个耗资 2 亿令吉的军事基地,分为两个建设周期。第一阶段从 1999 年 11 月开始。这个基地计划建设的大部分基础设施和 Sapangar 湾海军基地很类似,但不包括潜水基地设施。

为加强海军在国家水文方面力量,马来西亚海军建立国家水文中心的计划可以追溯到 20 世纪 80 年代。但是由于资金不足,这个计划一直没有得以实施。直到马来西亚第七个五年计划的时候,这个方案才得到落实。国家准备投入 2 亿令吉,在距离吉隆坡 70 公里的巴生港建立一个占地 30 英亩的水文中心。除了具备常规的海军基地设施外,这里还有专门的设施,处理和保存海军舰船收集的水文数据,分析结果主要应用与商业和军事用途。政府指定专门的开发团队和开发方式来建设这个基地,并已经开始初期的论证和前期建设。

以前,马来西亚海军在沙捞越地区没有海军基地。在沙捞越海域进行的监测活动主要由驻扎在丹关和纳闽岛的船只进行。为了有效地管理沙捞越海域,非常有必要在附近海域建立一个海军基地。为此,在距离古晋15公里的砂拉越计划建造一个占地40英亩的海军基地,这里也将成为海军4号指挥总部的所在地。这个耗资2亿令吉的海军基地计划在2000年开始动工,到2005年竣工。这样,马来西亚海军将成为一支团结、进取、实力雄厚的队伍,并致力于不断丰富海军战略资源,提升技术水平。

新型战舰的引进

鉴于在1999年利马海事展览的贡献,皇家马来西亚海军将四艘750吨级导弹巡洋舰运至兰卡威岛的马拉伊角,这四艘导弹巡洋舰是分别在1995年10月和1997年2月花费5亿美金从意大利芬坎蒂尼公司订购的,这在马来西亚的战舰中还是第一批。每艘巡洋舰配备了11名军官和45名水手,在正式接管之前,这些人被派往意大利参加巡洋舰仪器和设备的操作和维护培训。他们还参与了为巡洋舰安全到达马来西亚的准备工作。1997年7月28日在意大利的拉斯佩奇亚造船厂,第一批两艘巡洋舰,KD Laksamana Hang Nadim和 KD Laksamana Tun Abdul Jamil 最早编入现役。另外两艘船舰 KD Laksamana Muhammad Amid 和 KD Laksamana Tan Pusmah 则在1999年7月31日由当时的国防部长达图·斯里穆罕默德·纳吉布·宾·敦·哈吉·阿卜杜尔·拉扎克主持隆重的海军传统仪式编入现役。

这四艘战舰都是巡洋舰第24中队的一部分。从战斗系统的电子配置上看,这四艘战舰安装了1980式的技术,在这个尺寸级别代表着强大的战斗力。梅莱拉俱乐部(联合主要的意大利海军事务所阿莱尼亚、安萨尔多、布雷达、电子技术、埃尔默、菲亚特·阿维奥、芬坎提尔瑞、奥托·梅莱拉、里瓦·卡卡颂尼、塞莱尼亚·埃尔撒格海军系统和怀特海德)分析指出705吨级的轻型巡洋舰可以在所有海洋条件下航行。这几艘战舰有良好的防空作战和对海作战能力,同时具备基本的反潜战自卫能力。这个战斗系统最初设计的目的是为了满足伊拉克海军的需要,能够在典型的海湾冲突中应对强大的空中威胁,进行反船操作。战舰的耐久力可以保证 47 名船员 15 天的作战和生活需要,还有一个应对核生化打击的加压舱。船上还有空气过滤和人员消毒设施。核生化功能是为伊拉克海军特别定制的,因此潜艇具备耐久性的功能。战舰的战斗系统主要体现在打击效果上,在打击数量方面稍显逊色。针对船员的培训是意大利海军和皇家马来西亚海军共同合作的一部分,与意大利的合作还包括意大利阿莱尼亚马可尼系统公司的导弹和海军系统、阿莱尼亚国防公司的奥托布雷达系统以及马可尼通讯公司的埃尔默系统。

1992 年皇家马来西亚海军与 GEC—Yarrow 签订了两艘 1,200 吨 F—2000 级导弹护卫舰 KD Han Lekiu 的合同,两艘战舰分别建于 1994 年(KD Lekiu)和 1995 年(KD Jebat)。1999 年 10 月 7 日,皇家马来西亚海军在苏格兰的格拉斯哥举办了盛大的仪式引进其中的第一艘护卫舰。战舰在 10 月 15 日起航前往马来西亚。第二艘战舰 KD Jebat 在 1999 年 11 月下旬抵达红土坎。马来西亚海军一直很需要轻型护卫舰,并在战舰的设计要求上颇具攻击性。因此,船体在原来基础上额外加长 20 米,这样可以容纳 16 个英国航空航天公司研制的垂直发射型"海狼"防空导弹系统。这两艘战舰开始服役后,马上成为东盟国家中最先进的战舰。战舰还能够胜任复杂的深海作业,包括对空、反潜和对海作战的任务。这两艘战舰的引进对马来西亚海军进一步操作新型传感和火控系统积累了有益的经验,这对于适应 2003 年计划引进的新一代巡逻舰提前做好了准备。

皇家马来西亚海军计划在第 8 个五年计划中引进至少 3 艘新型战舰,并且继续寻求 12 年前提出购买意向的意大利"萨乌罗"级改良型潜艇(SSK)。然而,很多分析家指出马来西亚海军的当务之急是尽快熟悉现有战舰的操作。1997—2000 年六艘水面舰艇被运至马来西亚,两艘马可尼海洋格拉斯哥造船厂生产的 2,270 吨 Lekiu 级护卫舰,四艘意大利制造的 Laksamana 级导弹护卫舰(前两艘在 1997 年运至马来西亚,后两艘一年后到位)。

有关皇家马来西亚海军在第 8 个五年计划(2001—2005)中的优先采购名单的信息非常有限,但有迹象表明意大利"萨乌罗"级改良型潜艇(SSK)仍然受到关注。政府能否提供所需要的资金还尚未清楚。更有可能得到支持的项目是提高海运能力，从 1999 年两艘老旧的 511—1152 型登陆舰退役之后，马来西亚的海运能力开始下降。皇家马来西亚海军购买一艘能够运载一个营规模的两栖运输坞舰和两艘登陆舰，以此支持军队快速部署部队的需要。在 NGPV 和两栖运输坞舰（LPD）上有直升机甲板，这也表明需要更多的舰载直升机。

还有材料表明，马来西亚海军还需要路基海上巡逻机，因为 1994 年引进的四艘 RMAF 操作系统的比奇 200 吨超级国王飞机还不能满足需要。在五年计划中还有可能包括一项升级计划，主要涉及 4 艘 Mahamiru 级 MCMVS，也可能涉及战术数据系统、两艘 FS—1500 级海防舰。其他项目着重于 PASKAL，提高海军特别行动队的训练设施，比如增加一台海上石油钻机。新型先进的通讯系统也在重点考虑的范围之内，并计划订购一个海军防空系统。

此外，还有分析家表示为了配合 1,905 吨 Mutiara 和 465 吨 Penyu，还需要一至两艘巡逻船。这有可能通过国内制造解决。一座新的海军训练中心将于 1999 年在靠近格达丁宜的 Tanjung Pengelih 开放，但是价值 1.95 亿令吉的设备还在维修中，可能导致训练中心延迟交付。国防部还在对其中的不善建设进行调查。同时，随着经济的复苏，有分析认为有可能在位于沙巴的昔邦加（Sepanggar）湾建立新的海军基地。如果海军计划进一步加强对马来西亚东岸水域的管理的话，这样的猜测就非常有依据。由于经济危机，马来西亚海军的训练和运作受到了巨大的影响，但近来正逐步恢复正常。在 1999 年，与澳大利亚、文莱、印度尼西亚和新加坡的双边演习项目已经恢复正常，并参与了多边的五国联防协议。这些都曾因为经济问题一度搁置。

结语

面向新世纪，马来西亚海军将面临战略转型的机遇和挑战。逐渐提高的工业技术水平和工业生产能力将更加迅速地运用于相关军事领域。打造一支符合国情的现代化舰队的同时，马来西亚海军还会制定新的发展计划以更加有效地分配相对有限的资源，进而最大限度地提高作战能力与效率。

第四节　菲律宾的海洋政策①

引言

菲律宾是一个群岛国,跨越连接东南亚与东北亚的主要国际航线,这些海上交通线如今承担着运输世界上超过一半的商船货物的重担。② 毋庸置疑,该国的战略性地理位置曾经吸引多个海洋大国建立据点和军事基地,来保护本国的贸易和商业活动。这些海洋大国不仅创造了财富,同时还成功地使亚太地区各国的势力得到了平衡。

菲律宾 7,100 座岛屿的陆地面积仅占其包括专属经济区在内的水域面积的 1/5,多达 60% 的人口居住在长达 17,000 公里的海岸线地区,海运是该国交通和生活必需品供应的主要途径。国内海上交通线承担着 95% 商品的运输和国内 90% 的客运。③ 渔业相关产业占据该国劳动力的 5%④,提供的蛋白质占该国居民蛋白质需求量的一半还多。该国具有丰富的海洋生态资源,但国外及国内非法捕鱼者每年都在该广阔的群岛海域破坏或偷捕价值 370 亿比索的资源⑤,所以该国的海洋生态资源正在不断减少。

该国人口不断增长,而陆地行业只能得到有限的扩张。该国政府于 1994 年制定了国家海洋政策,旨在把国家发展的重心从陆地向海洋转移,突出该国群岛国的特点。⑥ 该政策还涉及国家领域、海上生态保护、国家海上经济发展

---

① 作者:埃米利奥·马拉雅戈。

② 斯坦利·威克斯,《亚太地区区域海上合作准则》,《会议录》,1999 年国际海上防御展览和会议,新加坡,1999 年 5 月 4 日—7 日。

③ 国防部,《为菲律宾辩护:国防政策文件》,1998 年,菲律宾奎松城。

④ 技术委员会、海洋事务内阁委员会,《制定中期海上发展规划的授权调查范围》,外事部,菲律宾马尼拉市,1999 年。

⑤ 该信息来自 1999 年当地报纸报道。1998 年来自菲律宾海军总部的未公布文件估测,每年 400 亿比索的损失包括旅游业未实现的收入的损失。

⑥ 见前引书《制定中期海上发展规划的授权调查范围》。

和安全保护等方面①,该国政府还成立了海洋事务内阁委员会(CABCOM—MOA)②来执行该政策。

1997 年举行的国家发展峰会上,菲律宾被认可为东亚地区的一个海洋大国,该国政府成立了多部门的特遣部队,来引领海上事务的发展。依据预想,该计划③包括海上管理方式进行重组和合理化,废除严重阻碍海上行业发展的贸易保护主义法律和政策,以及将国家海岸警卫队从国防部中分离出来。第二年,海岸警卫队被调往交通运输和通讯部门。④ 然而,特遣部队已成立了相当一段时间。同年,政府公布了国防政策文件,该文件以及本国新上任国防秘书的政策决定⑤,成为政府其他努力行动的有效补充,共同来为本国争取国家利益。

新上任的政府意识到本国在执行国家海洋政策方面缺乏协同努力,于是在 1999 年巩固了海洋事务内阁委员会,并创立了海洋事务中心和技术委员会⑥。在起初的一年中,得到巩固的海洋事务内阁委员会确定并启动了 13 个重要工作项目;同年,政府又制定了国家安全战略⑦,涉及保护国家安全的方方面面。

---

①　外交事务研究所,《国家海洋政策》,外事部,菲律宾马尼拉市,1995 年 1 月。

②　总统府,总统行政命令第 186 号,《扩大内阁委员会的海洋法覆盖范围并重新命名为海洋事务内阁委员会》,马拉坎南宫,1994 年 7 月 12 日。

③　于 1997 年 7 月 8 日—9 日举行的国家发展峰会采纳了"撑杆跳高"战略,通过一系列全面的"必须进行"的改革和"必须进行"的规划来使上届政府的成就在 21 世纪得到进一步的提升。

④　根据 1998 年 3 月总统行政命令第 477 号,海岸警卫队被调往交通运输和通讯部门,赋予海岸警卫队的特殊职能是保护海洋环境,保护海洋生态和财产的安全。

⑤　国防秘书对政府的六项国防指令公布如下:(1)解决国内安全问题;(2)促进地区和平与稳定;(3)将武装部队发展成为一支现代化的专业队伍;(4)更多地参与到国家建设中;(5)有效应对危机局面;(6)国防资源的高效管理。他提出了"五点式"战略,即"防御—应对—准备—改进—建设"战略。见其于 1998 年 10 月 9 日对菲律宾陆军指挥官和全体人员课程学生发表的演讲。

⑥　总统府,总统行政命令第 132 号,《巩固海洋事务内阁委员会及其支撑机构,建立其技术委员会及其他目的》,马尼拉,马拉坎南宫,1999 年 7 月 30 日。

⑦　国家安全顾问办公室和国家安全委员会秘书处,《国家安全战略》,1999 年 9 月。

鉴于这些快速变化的发展态势,本文将再次讨论一下该国的海上利益和目标,以及本国与其他国家之间的海上安全合作。同时,本文将指出该国可能考虑到的海上潜在冲突,并回顾其海洋现代化发展的规划。此外,本文还将对该国海上国防工业的能力进行简单讨论。

海上利益和目标

虽然没有具体的文件明确指出该国的海上利益和目标是什么,但多个政府机构都通过引用相关资源,对该国海上利益和目标进行了概括性的表示。这些被引用的资源包括但不局限于以下几个方面:1994 年的国家海洋政策,1997 年的国家发展峰会,1998 年的国防政策文件,1999 年的国家安全战略,及 1999—2004 年的中期发展规划。

国家海洋政策旨在将国家发展政策从陆地向海洋转移,来体现本国群岛国的格局和特点,其涉及国家领域范围的问题,因为该国一部分领域陷入了被其他国家争夺的局面中。这是一个十分敏感的议题,菲律宾称早在《联合国海洋法公约》生效之前就已经公布了涵盖此受争议领域的国内法。重新界定该国的领域边界需要考虑相应的政治、经济、社会和生态等各方面的影响,在此之前,菲律宾会致力于执行本国所制定的法律。该国海洋政策还规定了对本国海上和海岸资源进行恰当的管理,保护其不受到污染。此外,该政策还旨在建立合适的基础设施,发展信息技术,在海洋领域提供竞争力强的产品和服务。最后,该政策定义海上安全为"该国海上财产、海上行动、领海完整、海岸和平和秩序得到保护和增强的状态"①。

另外一个提到本国海上利益和目标的是 1997 年的国家发展峰会,该峰会举行于该地区货币危机爆发前不久,号召认可菲律宾为东亚地区的海洋大国。该国可以利用其优越的地理位置成为一个货物转运中心,还可以成为造船、给

---

① 见前引书《国家海洋政策》。

商船配备人员等海上行业的地区中心。该峰会上还提到了以下重要议题①：建立一支高能力的、积极的海上管理团队，巩固航海业、造船业和废船拆卸业，建立和维护一支可行且扩大了的商船舰队，加强海洋教育和培训以期达到国际海事组织规定的标准，改善船舶关联基础设施，编纂各种海洋法。会议召集人认为海运业权威管理局和菲律宾海岸警卫队是解决上述问题的领导机构，也是实现成为东亚海洋大国这个目标的倡导者。1998年，海岸警卫队从国防部中脱离出来。很显然，峰会的重心在于国内海洋事务的方方面面，而那些可能对本国规划产生影响的因素则被降至次要地位。

1998年的国防政策文件②是重新定义国家安全的综合性文件。国家安全的传统定义是"保护其免受武装威胁"，在此基础上，决策者将国家安全的定义从政治—军事领域扩展到了社会—经济领域。该文件明确了专门的政策范围，这些政策必须引导相关机构和军事单位完成各自的任务，这些任务包括：应对军事威胁，国家开发项目，跨国犯罪行为，海上领域的保护，解决生态问题，不同机构间的合作，维和和人道主义行动，菲律宾—美国国防联盟，国防合作，战略联合，人力资源开发，后备力量开发，独立防御姿态，理念发展，资源管理，继续教育和培训，持续现代化和专业化。海上领域的保护清晰地体现了本国的领海主权及对本国经济利益的追求，保护行动包括海上监控，应对非法侵犯和犯罪行为，实施海上保护计划，武装部队和挑选的国内商船、渔船都是为实现该目的所作出的努力。该国防政策文件提出了"国防自立与合作"来描述菲律宾的国防战略。

1999年的国家安全战略③提出"整体策略"这一理念来实现维护国家安全的目标，该策略基于国家力量的三大元素——社会—经济元素、政治元素和

① 这些议题是由海上工业当局提出的。

② 国防政策文件是国防部与菲律宾武装部队共同努力的结果，于上届拉莫斯政府任期结束时发布，最近鉴于东帝汶、印度尼西亚和南菲律宾新的安全态势，该文件又重新面世。

③ 国家安全战略是国家和平与执行发展计划的基础，该发展计划要求所有政府组织和机构降低当地共产主义运动造成的威胁。已经在国防部建立了一个国家行动中心，来精心安排该发展计划的实施。

安全元素——之间的相互依赖、相互影响和协同作用。社会—经济元素包括农业现代化、土地改革、无歧视商业环境、基础设施规划和发展计划。政治元素包括宪政改革,优秀的政府,公平、公正、透明的选举,执法机构与立法机构的伙伴合作关系,促进和平进程,解决冲突,安全联盟,预防性外交措施和菲律宾伊斯兰教信徒的自治。同样地,安全元素包括国防自立,公民参与,国内安全项目,应对危机的措施,刑事司法体系,地区建立信心的措施和对国防事务的支持。该文件明确了七项国家利益:社会—政治稳定,领土完整,经济稳固且经济实力强,生态平衡,文化凝聚力,精神和道德的一致性,世界和平。从海事角度来讲,生态平衡、领土完整和世界和平可以视作海上利益。

1999—2004 年的中期发展规划①中提出通过可持续发展来缓解贫困局面,改善收入分配,并指出要调动一切政府资源来确保可持续发展。该规划的成功有赖于政治稳定、持久和平和良好秩序、尊重人权、改善司法体系,设定的目标包括:加快农村发展,提供基本社会服务,提高竞争力,基础设施可持续发展,保障宏观经济的稳定,改善管理方法。为实现管理方法的改善,政府决定要增强本国的经济外交和司法体系,通过和平方式解决冲突,加强东盟合作,建立有效的现代化国防体系,参与多边经济和安全规划。政府还提出要遵守里约热内卢宣言,即 21 世纪议程中的环境和生态可持续的原则。

鉴于上述这些文件和政策,菲律宾海上利益包括以下方面:领土完整,海上领域的保护,生态平衡,长久的和平与和谐。很显然,其目标是要成为东亚的一个海洋大国。

海上安全合作

海上安全是国家安全的一部分。1994 年的国家海洋政策对海上安全进行了定义,该定义与国家安全战略和国家安全防御政策文件中的定义相一致。

---

① 该发展规划被称为"Angat Pinoy 2004",该发展计划将引导政府工作方向,直至埃斯特拉达政府任期结束。

鉴于此,海上安全应该包括保护海上财产,保卫海上行动,保护领土完整,维护海岸和平,改善海岸秩序。

为实现海上安全,政府努力营造良好的国内和国外安全环境。在国内方面,海洋事务内阁委员会通过海洋事务中心及其技术委员会,定期与各政府机构开展研讨会,挑选非政府组织。政府机构包括国家安全委员会,国防部,菲律宾海军,菲律宾国家警察,菲律宾海岸警卫队,菲律宾港口局,环境和国家资源部门,国家经济发展部门,农业部,渔业和水产资源局,海运业管理局,劳务和就业部门,旅游部门,菲律宾海洋科学研究所和国际法律研究所,及科学和技术部门。非政府组织包括菲律宾海事中心和菲律宾船东协会。作为海洋事务内阁委员会的主席,外事部门是海上活动相关事务(不包括各个代理机构直接执行的任务)的核心部门。① 关于海岸水域、口岸和海港等方面的法律的执行,菲律宾国家警察、菲律宾港口局、菲律宾海岸警卫队和菲律宾海军根据实际情况的需要,采取联合或单方行动,进行海上监控和采取逮捕行动。

在海上安全的国外方面,菲律宾已经签署了多个多边和双边协议。作为联合国的成员国之一,菲律宾签署了从解决冲突、到维护生态可持续等一系列协议;由于相关的强制性要求尚未完成,所以联合国发起的某些协议的签署延迟了一段时间。作为东盟的一个成员国,菲律宾遵守不干涉别国内政和以和平方式解决中国南海争端的原则。同时,菲律宾还是东盟地区论坛的一个成员,该论坛旨在处理各种地区安全问题,被视作是亚太地区进行"安全合作的最实际的方式"②。

该国签署的双边协议涉及面很广,从教育和培训机会,到双边海军演习等各方面。就海上安全而言,美国是菲律宾最积极的合作伙伴。两国在1951年的共同防御条约的基础上,又于1998年签署了访问部队协议③,这为2000年

---

① 根据总统行政命令第132号,外事部对新创立的海洋事务中心进行行政监督。

② 雷蒙德·约瑟:《预防性外交与中国南海争端》,《挑战与展望》,工作报告,战略研究所,菲律宾武装部队,菲律宾奎松城,2000年5月。

③ 外事部:《访问部队协议简介》,菲律宾,1999年1月。详见理查德·费舍尔:《重塑美国—菲律宾联盟》,传统基金会,华盛顿,1999年2月。

举行的两次双边军事演习——2000 年肩并肩联合军事演习和联合海上战备和训练——铺平了道路。美国通过提供用于防御的物资和国际军事教育与培训,持续向菲律宾提供军事援助。联合美国军事顾问小组协助武装部队来寻求军事帮助,与此同时,菲律宾—美国共同防御委员会负责制定共同防御计划和联合军事演习计划。菲律宾和美国之间新的合作关系表明了两国为促进和平、稳定和繁荣所作出的努力。

菲律宾的另一个双边合作伙伴印度尼西亚也持续帮助本国建立信心和营造和谐。两国于 1975 年签订了菲律宾—印尼边境巡逻协议,该协议旨在"促进在两国边境区域危害两国国家安全的侵犯行为相关的法律的实施"①。在此协议下,两国分别派驻本国联络官,并持续致力于双边边境巡逻合作。考虑到边界线两侧的有些岛屿相距很近,而且过去一百年已经建立起了社会和文化关系,同年两国又签署了过境协议,建立了多个边境站。这些协议的一个分支是两国之间进行的两年一次的反海洋污染演习活动。② 两个国家分别在本国边境组织由资深军事指挥官主持的秘书处,两国联络官与本国的秘书处协调合作,来共同处理需要高级官员行动或部署的任何事务。

第三个与菲律宾在海上安全方面建立并保持双边关系的国家是马来西亚。继 1967 年签署的反走私合作协议后,两国于 1995 年签署了第二议定书③,该议定书号召双方就到达本国边境站的商船的信息进行交流,并明确了两个边境领域,建立了边境站。在菲律宾—马来西亚双边合作联合委员会的基础上,两国又成立了边境合作联合委员会,旨在方便人们和货物在两国的流动,并阻止两国边境领域非法活动的发生。自 1995 年以来,两国每年都实施联合巡逻行动。具体来说,该协议旨在阻止的非法活动包括毒品走私、劫持航

---

① 两国都是群岛国家,由西里伯斯海隔开,边界岛屿上的居民常进行小规模交易。但据报道,有些不择手段的分子躲避在其中的一些小岛上。

② 2000 年 11 月 10 日采访菲律宾海岸警卫队长官,目前没有签署进行反海洋污染演习的正式协议。然而,菲律宾坚持称在达沃市建有应对油污染的中心。

③ 与印度尼西亚一样,马来西亚具有许多边境岛屿。许多菲律宾人有亲属生活在马来西亚。由于两个相距比较近,而且具有许多小型船舶,所以两个之间的贸易和商业往来频繁。第二议定书最初目的是制止走私行为,但其实涵盖的范围很广。

船、非法入境、海盗行为、走私行为、盗窃海洋资源行为和海洋污染。边境巡逻协作小组专门负责执行该协议中的条款。同时,两国国防部签署国防合作谅解备忘录①作为此协议的补充。该谅解备忘录旨在进行双边海军演习,并处理其他国防相关事务。在两项协议中,菲律宾海军都处于前沿位置。

除了美国、印度尼西亚和马来西亚外,菲律宾还在 1995 年与中国达成共识,遵守中国南海区域的行为准则。该准则规定两国必须通过和平方式、而非借助武力来解决该地区的领土争端,而且必须共同保护海洋环境,实施能够促进两国繁荣的活动和行为。准则中规定的其他条款包括维护海上航行自由和保护海洋资源。2000 年菲律宾总统埃斯特拉达访问中国时,两国政府再次对上述条款进行了强调。

此外,在海军外交方面,菲律宾海军与越南海军于 1999 年公布了助手备忘录,旨在"促进两国的传统友好关系,并增强彼此间的相互理解和信心"②。而且,两国声明将不会以武力解决争端,并将在造船业、搜索与营救、反海盗行为及其他海洋事务方面交流经验。

与菲律宾建立有双边合作关系的其他国家包括英国(国防合作)、澳大利亚(国防合作)、泰国(军事合作)、法国(国防合作)和朝鲜(勤务与国防业合作)。为进一步促进海上安全合作,菲律宾派遣本国海军和海岸警卫队长官到各国参加海军演习,并作为观察员参加地区扫雷研讨会。此外,菲律宾还允许本国海军参加西太平洋海军论坛,旨在促进本国海军外交。

海上潜在冲突

1998 年的国防政策文件中明确了可能引发该地区冲突的引火点:台湾海峡、中国南海和朝鲜半岛。然而,鉴于最近印度尼西亚发生的民族纠纷,国防

---

① 该谅解备忘录允许使用海军战舰和飞机,而第二议定书则同意在演习和访问海港时使用政府船只。

② 为了对现有的外交协议加以补充,指挥菲律宾海军的海军将官将通常拜访该地区的其他海军将官,旨在就影响该地区和平与稳定的海军议题进行讨论,并交换看法。

和军事计划员开始认为南菲律宾可能发生人口大规模迁移。①

中国大陆与台湾的武装对峙可能引发难民大量涌入，并危及在台湾工作的菲律宾工人的生活。进而将给菲律宾的海上部队带来压力，执行非军事疏散行动及人道主义援助。对立方可能会将此解释为干涉国内事务，从而采取相应的应对行动。②

随着朝鲜的"阳光外交"政策的确立，朝鲜半岛的紧张局势得到了一定程度的缓解。③ 朝鲜这种积极的发展态势极大地降低了冲突发生的可能性，考虑到朝鲜导弹的威慑力，冲突一旦发生，很可能就会蔓延至该地区其他国家。

中国南海争端主要集中于南沙群岛，包括一系列岛屿、暗礁、环礁、珊瑚礁和浅滩。中国大陆、越南、菲律宾、文莱、马来西亚和中国台湾都称拥有该群岛的部分或全部所有权。1978 年中国与越南之间发生的小规模战争证明了该地区的和平局面十分不稳定。虽然自这次小规模战争以来，未发生任何军事冲突，而且东盟和印度尼西亚还发起了几次官方和非官方的对话，但是一些主权声索国仍然在不断加强在所占岛屿上的防御④。

1978 年，菲律宾曾称对南沙群岛的大部分拥有主权，即西菲律宾巴拉望省的希望岛。⑤ 菲律宾声称拥有主权区域内的一些岛屿，由越南、马来西亚和中国占据着，这些主权声索国援引历史记录或联合国海洋法公约来证实本国的地位。据报道南沙群岛蕴藏有大量的化石燃料，因此被视为一个火药桶。⑥

---

① 该问题出现在菲律宾国防与军事计划员和美国的双边核心会议。科索沃及一些非洲国家的经历是该观点的有力证明。

② 该问题出现在菲律宾国防与军事计划员和美国的双边核心会议。科索沃及一些非洲国家的经历是该观点的有力证明。

③ 约瑟夫·埃斯特拉达：《新安全理念》，在国际战略研究所第 42 次年会上的讲话，菲律宾马卡迪市，2000 年 9 月 14 日。

④ 雷蒙德·约瑟：《预防性外交与中国南海争端：挑战与展望》。

⑤ 总统府，总统令第 1596 号，《在巴拉望省创立希望岛自治区》，1978 年 6 月。

⑥ 阿道夫·波热：《南沙群岛：亚洲潜在引火点》，未出版论文，加利福尼亚州蒙特利市海军研究院，1994 年 6 月，第 2 页。

　　1995 年,菲律宾抗议中国在巴拉望西 130 千米的美济礁①建立渔民住所;四年后,这些住所却变成了水泥防御堡垒,能够容纳小型船舶和现代通讯设备,虽然中国和菲律宾已达成共识遵守该地区行为准则,这种情况还是发生了。与此相似,马来西亚在菲律宾声称的领域的南端建立了两个预制水泥平台,而越南也不甘示弱,也重新整修了在南沙群岛的哨站。菲律宾遵守 1992 年东盟公布的马尼拉声明,不在该地区建立新的建筑设施,而 1999 年 5 月一艘登陆舰在仁爱礁搁浅,引起了中国的不满。就南沙群岛目前的发展态势来看,该地区很有可能会发生武装冲突。

　　然而,菲律宾仍然下定决心要遵守在南沙群岛的行为准则。2000 年,菲律宾国防部秘书奥兰多·梅卡度带领一个多部门组织在希望岛签署了协议,该协议规定要保护受争议地区的海洋资源。梅卡度表示,保护海洋生态比受争议地区的政治和意识形态理念更加重要。②

　　在中国南海还有另一个可能导致冲突的引火点,即黄岩岛。黄岩岛在菲律宾专属经济区范围内,如今是渔民的天堂。该岛位于吕宋岛西 180 英里,虽位于菲律宾,但却曾经是美国海军进行射击演习的靶场。1992 年,菲律宾建立了导航辅助设备。③ 1997 年,中国的无线电狂热者试图建立一个无线电站,但遭到菲律宾海军的驱赶。据报道中国渔民在该地区非法捕鱼,所以菲律宾坚持定期进行海军巡逻来阻止外来入侵者。国防部副部长埃斯特班·科纳伊斯表示,考虑到黄岩岛距离菲律宾很近,所以本国将坚持对黄岩岛拥有主权。④ 为缓解紧张形势,菲律宾并没有急于重建导航辅助设备,而是继续进行

---

　　① 美济礁事件广泛被众多国防分析家研究讨论,许多人认为该事件推动了菲律宾军事现代化计划于 1995 年 2 月被通过。美济礁如今已经变成一个活跃的军事设施,配备有通讯天线、直升机起降场和码头。

　　② 作者参与到该组织中,亲眼目睹了政府组织与非政府组织共同起草该协议。该组织还参观了菲律宾大学的海洋科学实验室,以及希望岛上的游客小屋。

　　③ 海军部灯塔登记簿与美国海军海道测量局中有提到灯立标。最近发生的船只搁浅是去年马来西亚渔船搁浅事件。

　　④ 国防部副部长埃斯特班·科纳伊斯于 2000 年 3 月菲律宾—美国国防专家交流会上提出该观点。

空中和海上巡逻,以阻止非法捕鱼活动的发生。甚至还有建议称,将该地区设定为国际海上公园。①

在印度尼西亚方面,菲律宾将遵守菲律宾—印尼边境巡逻协议中的规定及由此带来的以两国联合边境巡逻和过境委员会采纳的方式,来处理两国跨境和海上违规等问题。两国的历史记录及紧密的文化关系是证明该观点的有力支撑。印度尼西亚已经筹划了多次协商会议,旨在缓解南沙群岛和南菲律宾穆斯林棉兰老岛的紧张局势。此外,印度尼西亚还与菲律宾合作参与多种社会—经济活动,培养两国和谐的关系。

前不久南菲律宾出现了跨国海盗犯罪事件,该事件中一个恐怖组织绑架外国人员来索要赎金。该恐怖组织将一群外国游客聚在马来西亚一个偏远的岛屿上,并将其带至霍洛岛。菲律宾军事部门采取了大规模警察行动来解救受害者。② 据报道,马来西亚海军沿着边境部署了大量战士,以阻止其他恐怖主义行动。这种缺乏法律限定的局面可能引发马来西亚边境区域潜在危机的爆发。

就中国南海和菲律宾南部狭长地带的形势来看,很可能由民族纠纷、领土争端和该海洋区域海洋资源的争夺等原因引发海上冲突,而且缺乏保护海上安全的合作行动使得局势更加严重。积极的一面是,该地区的协商、对话和合作等地区文化③很有希望使各方能够更好地互相理解和包容。

---

① 来自未出版的海军规划部文件,文件名为《西菲律宾海域基础设施的发展提议》。提议将黄岩岛转变为海洋公园的根据是《联合国海洋法公约》,以及与海洋保护区相关的菲律宾国内法律。

② 玛伦·梅耶尔:《营救任务》,《亚洲周刊》,2000年10月2日,第14页。

③ 约瑟夫·埃斯特拉达:《新安全理念》。见亚历杭德罗·雷耶斯:《东南亚漫谈》,《亚洲周刊》,2000年9月1日,第44—47页。"协商、对话和合作"或"亚洲方式"这一理念受到一些观察员的质疑,认为其无法引导走向更具确定性的未来。在过去,或许在不远的将来,该理念将仍然是东盟及其他东南亚国家之间关系的基础。

海上现代化计划

在众多拥有海事授权的政府机构中,三家机构已经制定计划发展现代化海上能力,以便更有效地执行任务和行使其相应的职能,这三家机构是渔业和水产资源局、菲律宾海岸警卫队和菲律宾海军。渔业和水产资源局拥有了渔业监控船,并表示希望建立一个监视和控制系统,来更好地管理本国海上生态资源。该提议是海洋事务内阁委员会工作议程中的首要工作之一。①

菲律宾海岸警卫队正在致力于将其小型海岸和海港舰队现代化,其最近从澳大利亚收到了一艘 56 米长的搜索与营救船,另一艘搜索与营救舰于 2001 年 1 月收到。该机构于 2000 年向国家经济发展署提交了为期 15 年的发展规划,该规划提出从几个国家中采购不同型号的船舰:日本 7 艘,澳大利亚 16 艘,德国 2 艘。目前,菲律宾海岸警卫队正在全国范围内选定的海岸警卫站安装全球海难监控系统。所有这些规划都将通过国外借款和相关拨款来获取所需资金。②

在所有海洋机构中,菲律宾海军的规划最全面,其海上现代化规划于 1995 年通过,包括以下五个部分:③

- 力量充足和组织建设;
- 武器装备、作战物资和技术开发;
- 人力资源开发;
- 基地和基地支持系统的开发;
- 理念的发展。

---

①　海洋事务内阁委员会于 1999 年 8 月 10 日第 17 次会议中通过了 13 项重要工作计划。

②　关于海岸警卫队搜索与营救船的购买费用,65%将由政府通过长期软贷款来实现,35%通过拨款来实现。在 2000 年 8 月举行的海洋事务内阁委员会技术委员会研讨会上,渔业局代表告知与会代表,称多家外国支持方提出通过向国际融资机构借款来承担该项目的费用。融资是整个计划的一部分。

③　菲律宾武装部队,《菲律宾军事力量现代化规划》,1996 年,第 111—118 页。注:海军现代化规划包含在军事力量现代化规划之中。

目前已经在以上四个方面取得了长足进步，在武器装备和作战物资开发这一方面尚有一个工程有待执行。没有能够获得期望的武器装备的原因是多方面的，从缺少政府资助和采购系统高度受限，到执行采购行动的人员不够等多种原因。①

考虑到本国国内的安全问题，政府前不久决定拨款 15.45 亿比索来支持海军现代化的初期规划②，如下：

- 对 3 艘孔雀级巡逻艇进行有限升级；
- 采购 2 艘快艇；
- 对 1 艘阿吉纳尔多类巡逻艇进行改进；
- 对 3 艘海军行动基地进行升级；
- 对 2 艘海军飞机进行升级；
- 为海军陆战队提供各种设备。

在未来五年中，菲律宾海军计划购买 6 艘巡逻艇，2 艘巡逻船，3 艘近海巡逻舰，2 艘轻巡洋舰，2 架多功能直升机，1 艘水雷战舰，2 辆水陆两用车，2 个导弹系统和 3 个培训模拟装置。③ 为这五年计划的拨款是 160 亿比索，十五年规划的总拨款是 620 亿比索。由于货币贬值，这些款项能够购买的平台、设备和武器系统等只占理想武器装备数量的一半。

武器装备最保守采购计划的目标是加强现有装备，合理地执行菲律宾海军的选择性海上控制战略，④该海军战略提出要指挥并控制菲律宾群岛和国内海上航线周期的特定交通要塞。为实现这个重要战略，海军决定采取以下三个支撑战略：武装部队的战略性部署、存在舰队和海上整体实力。

---

① 菲律宾军事力量现代化法（共和国法案 7898）中的一些条款使得国防武器的购买尤其麻烦。1995 年制定的旨在执行该法律条款的一系列规定全部于 1999 年进行修订；自该法通过以来，执法部门只在 2000 年 1 月为该计划进行一次预算分配。此外，与其他国家不同，在菲律宾没有专门的国防部等级的机构来监督计划的执行。新创立的国防现代化部门的人员远远不足。

② 该规划的这些目录是在菲律宾军事力量现代化规划（前五年）的重新调整任务优先顺序的清单中发现的。该目录于 2000 年 8 月期间得到了总统的许可。

③ 见前引书《菲律宾军事力量现代化规划》，第 212 页。

④ 菲律宾海军现代化规划，更订版 2。海军在组织简介中还对其海军战略进行了陈述。

武装部队的战略性部署是指海军必须保持其现有的 21 个行动基地和海军基地指挥部。存在舰队指的是保持一支精练的海军部队,时刻准备好与敌方在预定的战场进行战斗,给予敌方以沉重打击,胜利实现威胁敌方的目标。海上整体实力要求利用一切可能的海上资产,包括商船和渔船、海军后备队和其他海上组织机构,为实现最终歼灭敌方作出贡献。

海军现代化规划中的一个重要的方面就是建立双效力的武器装备开发部门①,即水雷战和潜艇。西太平洋海军论坛提出要增强海上水雷威胁意识之后,海军创立了一个水雷战武器装备开发部门,来重获损失的军力,并与其他海军取得联系来共同应对水雷威胁,从而实现保护战略性海上航线的航行自由的目的。另一方面,虽然目前没有制定购买潜艇的规划,但海军已经组织了一个核心团队,对潜艇在采取选择性海域控制战略,增加现有的人力资源、物资和资金上所能起到的作用进行研究。

海军现代化的资金来源包括出售或出租特定基地和营地的收益,国会的定期拨款,来自现代化信托基金的利息收益,一年一度的预算拨款,以及出售一次性平台或装备的收益。②

鉴于当今的政治和经济局势,这些海上现代化规划可能无法按照预期付诸实施。同时,那些希望增强海上军事力量的海上组织可能会考虑改善其采购系统和程序,对采购人员进行培训,使得他们有能力来实现最大限度的行动灵活性,保证钱花得其所。

海上国防工业能力

菲律宾几乎没有海上国防工业可言。该国最大的两个造船厂——凯珀西尔造船厂(Kepphil)和恒史造船厂(Tsuneshi)——都是外国所有,只建造商船,而且大部分都是散装货船。国内的造船厂不具备建造载重超过 250 吨的战舰

---

① 菲律宾海军通告 6,1999 年 11 月 3 日。
② 菲律宾国会,共和国法案 7898,《菲律宾军事力量现代化法案》,1995 年 2 月 23 日。

的能力。在 20 世纪 80 年代,一家国内造船厂生产了少量小型巡逻艇,但没有能够维持下去。海军造船厂试图在国外造船厂提供的设计方案的基础上生产巡逻艇,但在获得授权后出现了严重的缺陷,从而导致计划失败。此外,20 世纪 90 年代,一家中等规模的造船厂成功地生产出了 12 种巡逻舰,但却从没有尝试建造适合海军使用的战舰。平台上安装的传感器和武器系统都来自国外,因为国内的行业没有生产这些产品的能力。

例如,在建造海军巡逻艇的投标人的资格预审中,只有国外造船厂参与竞标,①而没有任何国内造船厂竞标建造海军巡逻艇。国内国防公司领先者弗洛罗国际公司(Floro International Corporation)只能够生产小口径弹药,而且在海军的应用也是有限的。然而,该公司与外国公司在特许权协议和合资经营方面进行了密切合作。② 另外一家国防公司主要致力于电子通讯设备的生产,而不生产海军需求品。

海上国防工业这种可悲的现状是由多方面原因造成的,其中之一是由于对美国国防这把保护伞过度依赖,③1974 年的总统倡议④也没能够唤起国家企业家的领先者对生产海军需求品的意识和努力。另一个原因是缺乏政府资金支持。⑤ 需求资金的机构过多,其竞争相当激烈。这种资金缺乏一定程度上是由于税收不足、人口过多和国内公司生产能力不够。造成国内这种几乎

---

① 在所有的 22 家对提议作出响应的公司中,8 家公司符合投标资格,分别是:英国沃斯帕·桑尼克罗夫特公司,德国的布鲁姆与沃斯公司,澳大利亚的泰尼克斯公司,美国的英格尔斯造船厂,西班牙的巴桑公司,法国的 DCN 公司,韩国的现代公司,德国的吕尔森·威夫特造船厂。

② 公司手册,弗洛罗国际公司。

③ 美国军队于 19 世纪末来到该国,直至 1946 年才撤离菲律宾。然而,美国有几个军事基地,尤其是克拉克(Clark)与苏比克(Subic),一直持续到 1992 年。美国军事援助计划包括纯粹为防御目的设计的武器平台和设备,没有任何先进的武器系统。

④ 总统府,总统令第 415 号,《授权国防秘书签署协议来实施独立国防规划中的计划项目》,1974 年 3 月 19 日。

⑤ 菲律宾的国防预算约占本国国内生产总值(GDP)的 1.1%。本国的预算分配方式是人员服务部占 70%,军事行动和维护占 30%,因此国防武器购买预算与其他政府项目的预算就是此消彼长的关系。此外,本国法律规定,任何政府机构的预算都不得超过教育、文化和体育部的预算。随着国防武器成本成螺旋式上涨,购买新的武器装备将需要国家支出大量资金。

不存在国防的局面的又一个原因是政府力量都事先被国内安全行动占用了。①

结语

菲律宾具有明确的海上利益和长期目标。该国利益包括领土完整、海上领域的保护、生态平衡、世界和平与和谐,这是与联合国宪法及其他地区机制的目标相一致的。该国要实现的终极目标就是借助本国的地理位置优势和格局,成为商业和贸易领域的海洋大国。

正如其他国家一样,这样的目标和利益极大地受到不断变化的地区海上安全环境的影响,包括政治、军事、经济和社会、文化等多方面的因素,这就要求该国在该地区与其他国家签署安全协议。美国如今在塑造亚太地区战略环境方面起着重要作用,未来将仍然如此。

海上安全环境的不可预测是由于东方与西方有截然不同的目标。曾经的民族纠纷、领土争端和宗教纷争再次浮出水面,并引发了对立各方之间短暂却具有毁灭性的冲突。菲律宾也不例外,该国认为南沙群岛和黄岩岛是可能发生冲突的区域,而且一旦邻国的冲突引火点爆发,还有可能导致周边国家大量移民至该国。

为实现本国的利益和目标,并考虑到本国联盟和不断变化的安全环境,菲律宾已经开始了本国保守的现代化规划。三家海上组织机构,即菲律宾海军、菲律宾海岸警卫队和渔业与水产资源局,已经分别明确了各自的旨在提升现有的军事力量的计划。缺乏资金,以及不够合理的采购系统和程序可能导致重要武器平台和设备的购买无法成功。考虑到这些发展态势,本国海军的选择性海域控制战略,及其支撑理念在短期内可能不会发生变化。菲律宾海上国防行业薄弱,所以该国要想实现其目标的确面临着极大困难,只有坚定的政

---

①　1992 年,菲律宾国家警察署接管解决国内安全问题,但由于 1998 年通过共和国法案 8551,借称当地共产主义运动急剧增加,从而将该问题推回军事部。

治意志力才能够推动该国实现其海上利益和目标。

第五节　新加坡的海洋政策①

新加坡的战略性位置与基本安全利益

新加坡是一个岛国,面积近 640 平方公里,人口约 320 万。虽然面积不大,人口不多,但该国在东南亚具有重要战略性意义,其主要因素有两个:位于马六甲海峡与新加坡海峡(世界上最重要的船舶航线之一)连接处,具有世界上最繁忙的海港;经济繁荣,这是得益于该国密切的国际贸易关系,及其高度发达的电子和化学工业与服务。在 1997 年至 1998 年爆发的亚洲金融危机中,新加坡受到的影响相对较小,该国 1999 年国内生产总值达约 980 亿美元,即人均可支配收入 27,000 美元,使该国成为世界上第五大最富有的国家(美国中央情报局,2000 年),而新加坡的邻国马来西亚和印度尼西亚在 1999 年的国内生产总值分别是 2,290 亿美元(人均可支配收入 10,700 美元)和 6,100 亿美元(人均可支配收入 2,800 美元)。

自从 1965 年从马来西亚独立出来后,新加坡的安全政策主要意在维护国家主权,并为经济和国际贸易良好发展打下基础。这个目标的实现是由于本国外交和安全政策的两大原则②。第一,新加坡意欲与任何愿意尊重本国主权的国家建立合作和贸易往来关系,从而促进国与国之间的相互依赖和影响,尤其是地区层面的相互依赖和影响。通过增强关系纽带及政治交流,新加坡希望能够创立一个无须通过武力来解决冲突的物质和政治局面。第二,虽然上述战略对于一个相对小的国家来说再正常不过,但新加坡的安全政策却有着强大的

---

① 作者:拉尔夫·洛特。

② 吴荣祥:《空军训练和演习在促进双边和多边合作关系中的作用:从新加坡视角看》,美国空军资助的全国空军将领会议上的发言,拉斯维加斯,1997 年 4 月(http://www.af.mil/lib/gacc/);另见陈安得:《新加坡国防:军事力量、趋势和影响》,《当代东南亚》21(3),1999 年,第451—474 页。

武力后盾(与该国人口相比而言),表现了该国维护国家独立的坚定决心。

新加坡所谓的"全防御理念"指出要运用国家一切力量抵抗潜在的侵略者,这包括征召所有的男性入伍服役 24—30 个月,保持一支含有 55,000 人(陆军 45,000 人,空军 6,000 人,海军 4,500 人,包括近 38,000 应征士兵)的训练有素、装备精良的常备武装部队,以及含有近 30,000 人的国家警卫队,从而使得该国在必要时能够随时调动近 250,000 后备军。在 1999—2000 财政年度,新加坡的军事支出达 48 亿美元,占国内生产总值的 5.3%。防御预算占本国政府总支出的相当大的一部分,而且自 1997 年以来上涨幅度比 11%还要多(美国国务院,1999 年)。相比而言,马来西亚拥有 2,200 万居民,而其军事力量却与此极不相称,只有一支含有近 120,000 志愿者的部队,而国防预算却只有 12 亿美元(占 1998 年国内生产总值的 1.6%)。类似地,印度尼西亚拥有 2.25 亿人口,却只有 420,000 军队人员(包括应征士兵),国防预算只有 10 亿美元(占 1998 与 1999 年国内生产总值的 1.3%;美国中央情报局,2000 年)。

潜在冲突地区

虽然新加坡不会受到任何其他国家的直接威胁,但有几个地区与该国的国防政策有密切影响。可以发现可能发生冲突的四个主要领域大部分是海域,这也是该国安全最为关注的领域。第一,该国需要向邻国马来西亚与印度尼西亚强调本国的国家独立。新加坡自从 1965 年从马来西亚独立出来后,两国之间的关系曾多次出现紧张。一方面,1971 年签署的五国防卫协议以及东盟(包括印度尼西亚、马来西亚、菲律宾、新加坡、泰国(自 1967 年)、文莱(自 1984 年)、越南(自 1995 年)、缅甸、老挝(自 1997 年)和柬埔寨(自 1999 年))使得两国关系紧密。另一方面,思想和民族差异,如关于居住在中国的多数人口的角色,或马来西亚北部的伊斯兰复兴运动等方面的差异①,可能成为引发

----

①　加内桑:《新加坡对马来西亚外交政策的影响因素》,《澳大利亚国际事务杂志》45(2),1991 年,第 182—195 页。

冲突的根源,这些冲突仍然是那些政治精英的心灵创伤,可能会再次引发由1965年事件导致的怨恨。马来西亚是新加坡的一个贸易伙伴,新加坡依赖马来西亚获取食物和饮用水,马来西亚所供应的食物和饮用水占新加坡需求量的25%,这加深了新加坡的忧虑。

两国之间的分歧还包括关于两个岛屿的领土争端、移民控制和关税,而且这些分歧还时常引发不愿合作的行为及双边威胁。例如,1998年,在马来西亚发生严重的经济问题,及李光耀自传(一些分析家认为该自传略含反马来西亚意味)的发布,马来西亚政府暂时撤销了与新加坡、澳大利亚、新西兰和英国之间的联合海军和空军演习,并取消了新加坡利用马来西亚领空来进行新加坡空军培训和搜索与营救飞行演习①。新加坡给予马来西亚财政援助,以改善其病态经济状况,从而使两国间的紧张局势得到缓解②。然而,两国之间这种矛盾的关系成为新加坡安全政策的长期挑战,甚至致使新加坡曾一度明确声称双边"军事动态"③,而且称震慑马来西亚是其武装部队的核心任务④。世界曾普遍认为新加坡与马来西亚的安全和经济发展是不可分割的,而且新加坡、印度尼西亚和马来西亚可能成为东盟安全政策的核心,但近几年新加坡与马来西亚之间出现多次紧张关系动摇了上述这个观点。

新加坡与印度尼西亚之间过去的关系也曾出现过分歧,主要是由于1963年至1966年间印度尼西亚对马来西亚(包括新加坡)进行的对抗性运动。此外,新加坡担心印度尼西亚对中国少数民族进行镇压而使难民涌入本国,或者印度尼西亚遭受经济危机之后会有难民涌入本国,近几年新加坡的这种忧虑感越来越强。印度尼西亚的面积及其在"亚洲巴尔干半岛"的国内问题使得该国成为新加坡安全政策的首要考虑对象。此外,新加坡作为一个贸易国家,

---

① 迈克尔·理查森:《五国防卫协议陷入争议》,《国际先驱论坛报》,1998年11月2日。

② 斯特拉特福(斯特拉特福情报分析机构):《新加坡采取措施增强与马来西亚的关系》,《世界与亚洲》,1998年11月24日(http://www.stratfor.com.asia/)。

③ 蒂姆·赫克斯利:《东盟各国国防政策:影响和结果》,《当代安全政策》15(2),1994年,第136—155页。

④ 蒂姆·赫克斯利:《新加坡和马来西亚:微妙的平衡?》,《太平洋评论》4(3),1991年,第204—213页。

其利益直接受到印度尼西亚排外骚乱的威胁,严重制约了新加坡的投资和设备建设。虽然印度尼西亚国内不稳定带来了严重的问题,但新加坡仍然是在1997年至1998年亚洲金融危机后通过投资给予印度尼西亚财政支持的少数国家之一,旨在促进该地区的稳定和安全①。

　　第二,新加坡除了受到周边国家各种问题的制约,还需要控制马六甲海峡和新加坡海峡的重要海上交通线。新加坡繁荣的经济发展带来了国内稳定,使该国成为一个多民族、多宗教信仰的国家,这一切都高度依赖本国的国际贸易,而本国的国际贸易几乎全是通过海运实现的,例如,约3/4的向东航行的油轮都需要经过马六甲海峡②。虽然新加坡海域面积不大,而且马六甲海峡与新加坡海峡的安全主要由印度尼西亚和马来西亚负责,但由于经济方面的原因,新加坡仍然需要促进该地区船舶能够自由、安全地航行。因此,新加坡海军实际上在过去几年中一直与印度尼西亚和马来西亚的船舰在马六甲海峡进行巡逻,以实现打击海盗行为的目的。日本在2000年曾提议派遣本国船舰,与中国和韩国的船舰共同来支持上述三国的海军,这一事实足以证明在马六甲海峡巡逻这项工作的重要性③。2000年10月,新加坡海军参与到日本、韩国和美国军队在该地区的联合海军演习中。考虑到马来西亚与印度尼西亚的国内问题,以及东南亚海域日益严重的海盗事件,提供安全的海外交通线成为新加坡国防安全的核心要素。

　　第三,领土争端,尤其是中国南海的领土争端,可能引发东南亚地区的潜在冲突爆发。新加坡本身并没有陷入该地区领土争端中,然而该地区争端可能引起的军事冲突严重影响新加坡的政策和经济发展。国际局势紧张的主要原因是自然资源丰富(尤其是石油和天然气资源)的群岛引发的冲突,以及包括渔业

---

　　① 斯特拉特福(斯特拉特福情报分析机构):《动乱局面威胁印度尼西亚紧急救助》,《斯特拉特福全球情报更新》,2000年1月20日(http://www.stratfor.com/services/)。

　　② 马克·瓦伦西亚:《有关东南亚地区海上资源的国际冲突:政治化与现代化趋势》,来自林德义、马克·瓦伦西亚编著:《有关东南亚与太平洋地区自然资源的冲突》,纽约牛津大学出版社,多伦多(http://www.unu.edu.unupress/unupbooks/80a04e/80A04E0a.htm)。

　　③ 斯特拉特福(斯特拉特福情报分析机构):《印度试图在东南亚建立影响力》,《斯特拉特福评论》,2000年3月29日(http://www.stratfor.com.asia/commentary/)。

权在内的专属经济区的扩张。东南亚地区可能引发冲突的地点包括苏拉威西岛(马来西亚与印度尼西亚),东泰国湾(越南、柬埔寨和泰国),纳土纳海(越南和印度尼西亚),南沙群岛和西沙群岛(中国大陆、中国台湾、马来西亚、菲律宾和越南),及东京湾(越南和中国)。虽然新加坡本身并未陷入该地区领土争端中,但一旦这些领土冲突升级为严重的军事冲突,将严重危及该地区的整体稳定,从而成为新加坡建立稳定、开放的经济和政治环境的重要阻碍。因此,通过和平、外交方式解决上述这种几乎牵涉到该地区所有国家的冲突,或者至少创立政治和军事组织机构来阻止冲突升级为战争,都与新加坡的利益密切相关。

第四,自从冷战结束以来,东亚和东南亚地区各大国之间关系的变化也对安全产生了影响。最明显、最重要的问题就是综合国力增强了的中国在未来将扮演怎样的角色以及在东南亚地区的领土主权要求和带有霸权性质的地位。虽然新加坡与中国之间不存在领土纠纷,但该国严重受到中国大陆与中国台湾之间关系的影响,因为中国大陆与中国台湾之间发生任何军事对抗,哪怕只是地区层面的对抗,都将严重危及新加坡在台湾海峡两岸的重大投资①。与其他东南亚地区国家一样,新加坡也担心中国国力过于强大,以至于不承认该地区其他国家的主权要求。而且,由于新加坡近乎 3/4 的居民都是华裔血统,与中国严重的冲突事件将对新加坡的国内稳定带来怎样的影响还不确定。因此,限制任何形式的中国威胁,以及中国以和平方式融入东南亚或东亚地区安全系统中,仍然是新加坡安全政策的重要影响因素②。

国际安全合作

为了应对这些潜在的威胁,新加坡的外交和国防机构已经建立了一个广泛且复杂的双边和多边联系与合作网络,该网络不仅仅局限于该地区,而是超

---

① 威廉姆·贝里:《菲律宾、马来西亚和新加坡面临的威胁》,美国国家安全空军研究所,1997 年 9 月。

② 伊恩·詹姆斯·斯托里:《与巨人共存:东南亚国家如何应对中国》,美国陆军战争学院季刊,1999 年—2000 年冬,第 11—125 页。

出了该地区边界。虽然新加坡没有签署任何联合防御协定，但该国参与到了1971年的五国防卫协议中，该协议是新加坡安全框架中最近似军事联盟的一个体系。该协议默认以澳大利亚、新西兰与英国签订的澳新英协约为基础，使新加坡和马来西亚通过发布关于两个国家对外防御方面的联合声明，在五国中建立密切合作关系。根据该联合声明，"如果遭到外部组织或支持的任何形式的武装袭击，或武装袭击的威胁，两国政府要立即共同商讨来决定采取怎样的应对措施"[①]。

五国防卫协议的合作规定包括人员交流、联合军备项目、联合军事演习和军事力量的部署[②]。例如，1990年之前，新西兰在新加坡一直部署有地面部队[③]。自从20世纪90年代以来，五国防卫协议签署国家之间的防卫合作关系越来越密切，主要体现在定期的联合演习，主要是国家空军与海军演习，而且1995年五国咨询委员会的建立标志着该联合演习被制度化。此外，五国防卫协议还涉及综合防空系统，该系统自1971年以来一直支持新加坡与马来西亚的空中防御。为了克服新加坡与马来西亚间的紧张关系，综合防空系统由一位澳大利亚人指挥（澳大利亚国会图书馆，1997年）。

新加坡安全机构必须考虑的第二个多边要素是东盟，以及东盟1993年启动的亚洲地区论坛。鉴于东盟各国的利益分歧，东盟算不上是一个安全机构，也更不是一个军事联盟，但东盟提供了一个与中国在政治和外交方面打交道的框架。因此，东盟各国一直努力增强与中国之间的贸易和投资关系，来支持中国经济发展，促进中国国内稳定，并创立相互依赖的体系，该体系将有助于降低未来发生军事对抗的可能性[④]。此外，东盟还开展了官方和半官方安全

---

① 吉姆·罗尔夫：《新西兰安全：联盟及其他军事关系》，惠灵顿维多利亚大学，战略研究工作报告中心，1997年（http://www.vuw.ac.nz/css/docs）。

② 钱建华：《五国防卫协议：二十年后》，《太平洋评论》4(3)，1991年，第193—203页。

③ 吉姆·罗尔夫：《新西兰安全：联盟及其他军事关系》，惠灵顿维多利亚大学，战略研究工作报告中心，1997年（http://www.vuw.ac.nz/css/docs）。

④ 伊恩·詹姆斯·斯托里：《与巨人共存：东南亚国家如何应对中国》，美国陆军战争学院季刊，1999年—2000年冬，第11—125页；另见斯特拉特福（斯特拉特福情报分析机构）：《新加坡避免冒险》，《斯特拉特福评论》，1999年10月26日（http://www.stratfor.com.asia/commentary/）。

对话,来降低并最终消除该地区的安全隐患。最重要的官方对话机制是亚洲地区论坛,该论坛汇集了亚洲 21 个国家,包括日本、美国、中国、俄罗斯、印度和欧盟。虽然一些西方观察员多次对亚洲地区论坛持否定态度,东盟官员认为该论坛十分成功,因为安全问题讨论的制度化本身就是一种成功①。对新加坡而言,亚洲地区论坛也是十分有意义的,因为该论坛汇集了日本和美国,而许多新加坡人都认为这两个国家在保证新加坡不受来自中国的安全威胁方面扮演着重要角色②。

新加坡参与多边安全体系的最近的一个体现就是该国参与了 1997 年成立的环印度洋区域合作联盟的 14 国政府间组织小组。正如亚洲地区论坛一样,环印度洋区域合作联盟旨在为各成员国提供一个建立国与国之间信心的平台,包括澳大利亚、印度、南非、印度尼西亚、马来西亚、肯尼亚、毛里求斯、阿曼、斯里兰卡、也门、坦桑尼亚、马达加斯加和莫桑比克③。正如与美国和日本那样,新加坡希望将印度这个地区大国融入以地缘政治为导向的各大国力量平衡体系中,从而预防任何国家扮演霸权国家的角色而对新加坡的独立和贸易关系构成威胁④。

除了建立多边军事和政治合作关系,新加坡还与该地区国家建立一系列双边关系,而且在过去的几年中这些关系变得更加广泛和密切。例如,自 1993 年以来,新加坡空军一直在利用澳大利亚的设施来进行训练机活动。新

---

① 伊恩·詹姆斯·斯托里:《与巨人共存:东南亚国家如何应对中国》,美国陆军战争学院季刊,1999 年—2000 年冬,第 11—125 页。

② 斯特拉特福(斯特拉特福情报分析机构):《新加坡:日本在平衡区域力量中的作用》,《斯特拉特福评论》,1999 年 12 月 8 日(http://www.stratfor.com.asia/commentary/);另见斯特拉特福(斯特拉特福情报分析机构):《新加坡引领促进安全框架》,《斯特拉特福评论》,2000 年 1 月 17 日(http://www.stratfor.com.asia/commentary/)。

③ 格雷格·米尔斯:《环印度洋海上安全建设》,《全球防御评论》(网络版),2000 年(http://global—defence.com/pages/eastasia.html)。

④ 斯特拉特福(斯特拉特福情报分析机构):《新加坡:日本在平衡区域力量中的作用》,《斯特拉特福评论》,1999 年 12 月 8 日(http://www.stratfor.com.asia/commentary/);另见斯特拉特福(斯特拉特福情报分析机构):《印度试图在东南亚建立影响力》,《斯特拉特福评论》,2000 年 3 月 29 日(http://www.stratfor.com.asia/commentary/)。

加坡与澳大利亚建立合作关系一定程度上是因为中国施压减少台湾与新加坡之间的合作。自1992年以来，新加坡与印度开展了联合海军演习，还利用印度的导弹试验基地。自1994年以来，孟加拉国的设施一直被新加坡空军用于培训。此外，新加坡还利用除了越南以外的其他所有东盟国家的设施来对本国武装部队进行训练①。

新加坡认为美国在亚洲的军事存在是维护该地区稳定和安全的基础。为了维护美国在亚洲的军事存在，以应对崛起的中国，并作为该地区纠纷的一个制约因素，新加坡自20世纪90年代以来一直努力增强与美国的关系。自20世纪80年代末，美国的飞机和海军分队多次到新加坡进行访问，而且新加坡于1990年同意美国在本国部署军队，为确保美国第七舰队的船只顺利通过马六甲海峡和中国南海打下基础。2000年，约有200—300名美国空军和海军成员（主要是第497战斗训练中队和西太平洋后勤指挥大队的成员）部署在新加坡。2001年，新加坡一个新的海港（樟宜海军基地）建造完工，旨在容纳更高的美国船舶，包括航空母舰。此外，新加坡在本国军队现代化方面也进行了密切合作，主要通过为驻美国的本国空军及空军飞行员的培训进口军备和物资。联合国常规武器登记处报道，1999年新加坡进口6架F—16飞机。从1994年春季到2000年初期间，新加坡从美国进口的装备、备用零件和武器系统价值不低于42亿美元。

海洋战略与海军现代化

正如上面所述，除了具备一个广泛的双边和多边层面的外交、经济和军事合作网络外，新加坡的武装部队主要对潜在的敌方进行有效的威慑。由于面积不大，新加坡必须时刻做好准备在本国领土以外的地方进行战斗。尽管新加坡同意通过外交方式解决各种纠纷，但该国仍然建立了一支强大的军事力

---

①　吴荣祥：《空军训练和演习在促进双边和多边合作关系中的作用：从新加坡视角看》，美国空军资助的全国空军将领会议上的发言，拉斯维加斯，1997年4月（http://www.af.mil/lib/gacc/）。

量,具有能够在该地区进行一定的武力投放的能力。鉴于该国的地理位置,这样的军事力量投放对于本国接受部分空军和陆军支持的海军来说,是一件重要的任务。因此,新加坡海军不仅在马六甲海峡和新加坡海峡执行海岸防御和巡逻任务,还在中、长距离海军和水陆两栖行动中执行任务,包括人道主义任务和战斗任务,主要通过与其他国家军队的合作来实现,如来自五国防卫协议签署国或美国的军队。

为了完成各项任务,新加坡海军在过去的几年里一直致力于海军现代化与壮大①。正如陆军和空军一样,新加坡海军现代化的一个主要原则是,通过把重心放在高科技(如 C—4—Ⅰ 与武器系统方面应用的高科技)、灵活性(如速度)和自动化等方面来节约人力资源,从而来弥补海军船舶和人员数量的不足。新加坡周边国家面积大,但相比起来显然不及新加坡富裕,新加坡的海军现代化就是在这样一个面积小但经济繁荣的国家的防御战略框架下进行的。

现今,新加坡海军的主要水面战舰是于 1990 年和 1991 年委任建造的六艘胜利级导弹轻巡洋舰,即第 188 中队。这些轻巡洋舰每艘的最大排水量约为 600 吨,拥有船员 46 名,配备有 8 枚地对地"鱼叉"反舰导弹,16 枚地对空"巴拉克"导弹,两个三管 12.75 英寸的鱼雷发射管和一架 76 毫米战炮。其最高速度可超过 30 海里/小时,航速 18 海里/小时其射程约达 4,000 海里。在未来几年里,计划为每艘巡洋舰分别配备一艘载重 3,000 吨的护卫舰,并应用现代化隐身技术,于 2004—2005 年投入使用,这将使海军战舰力量大大增强。

导弹巡洋舰的力量还得到一支 18 艘巡逻艇组成的舰队的支持,该舰队包括 6 艘乐顺级炮艇(来自第 185 中队)和 12 艘无畏级巡洋船(来自第 182 和 189 中队)。每艘乐顺级炮艇有船员 40 名,排水量达 254 吨,最高速度可超过 30 海里/小时,航速 18 海里/小时射程可达 1,650 海里。乐顺级炮艇在 20 世

---

① 新加坡海军:《我们的组织》,2000 年(http://www.mindef.gov.sg/navy./about);另见新加坡海军:《我们的装备》,2000 年(http://www.mindef.gov.sg/navy./about)。

纪70年代早期投入使用,并于80年代中期进行升级,配备有8枚"鱼叉"反舰导弹,2枚地对地"天使"导弹,1个米斯特拉级地对空导弹发射台和一个57毫米的双管自动高射炮。无畏级巡洋船最初计划在完工后运往海岸警卫队,但海军将一直保留无畏级巡洋船直至第一批新的护卫舰完工①。无畏级巡洋船建造于1996年至1998年间,排水量达500吨,船员30名,最高速度达20海里/小时,航速15海里/小时,射程达1,000海里。该巡洋船装备有一架76毫米战炮,一个地对空导弹发射台,和两个怀特黑德鱼雷发射台。于1998年授权建造的六艘巡洋船装备有4—6枚地对地"天使"导弹,和4架12.7毫米的机枪,以取代鱼雷发射管②。

其他地面武器设备包括4艘兰德索尔特级扫雷船(194中队),活跃和不活跃兰斯洛特级登陆舰各3艘,和4艘耐力级登陆舰,其中两艘正为191中队所用。194中队获得一艘潜水支援船来执行搜索与营救任务,从而其力量大大增强。1995年授权的扫雷舰排水量达360吨,船员31人,最高航速达15海里,装备有一架40毫米的战炮和四架机枪。20世纪70年代和80年代从皇家海军和美国海军获得的兰斯洛特坦克登陆舰排水量达5,500吨,船员65人,最高速度达15海里/小时,航速12海里/小时,射程达10,400海里,能够承载1,500吨货物和125人的军队。这些坦克登陆舰正在被新一代的耐力级坦克登陆舰所取代,该新一代登陆舰排水量达6,000—8,500吨,最高速度15海里,船员65人,装备有一架76毫米战炮,2个米斯特拉系统,5架机枪,还可能有16枚"巴拉克"导弹。这将使新加坡海军能够采取更大规模的水陆两栖行动,因为具备了货井码头和容纳两架中型直升机的降落甲板。海运装备和力量包括多达350人的军队,18架坦克和20架车辆。因此,所有的四艘坦克登陆舰一旦完成,必要时新加坡海军就能够指派一个步兵营和一个装甲营进行水陆两栖作战。

---

①　安德鲁·图班:《当今世界海军:新加坡》,《当今世界海军网上数据库》,2000年7月18日(http://www.hazegray.org/worldnav/)。

②　安德鲁·图班:《当今世界海军:新加坡》,《当今世界海军网上数据库》,2000年7月18日(http://www.hazegray.org/worldnav/)。

新加坡海军还从瑞典获得了四艘用于海岸防御的小型索尔门级潜艇，其中一艘已经于 2000 年 7 月获得授权。这些二手的柴油动力潜艇制造于 20 世纪 60 年代，船员 23 人，排水量 1,210 吨，装备有四个 533 毫米的鱼雷发射管。这支新的 171 中队标志着海军又向包括驱逐舰以下规模的所有常规船的海军防御迈出了一大步。

新加坡空军于 20 世纪 90 年代为该国海军的现代化进行了重要补充。第 121 新加坡空军中队为海军提供五架福克海上巡逻机，并愿意指派其五个作战中队的三个中队为海军作战提供空中掩护和火力支援[1]。这三个中队（140 中队、142 中队和 145 中队）配备有新加坡现代化 A4s，以及于 20 世纪 90 年代从美国进口的 F16s[2]。今天，新加坡空军总计具有 12 艘 A4s 和近 50 艘 F16s，主要集中于 140、142 和 145 作战中队。此外，该国还决定再订购 30 多艘 F16s。

海军军火工业

新加坡国防工业起步于 20 世纪 60 年代，旨在为不依赖外国提供军需品奠定基础。如今，新加坡已经拥有了强大的国内军火工业，集中供应军事软硬件，并不断扩展至民用工业产品和服务领域[3]。胜利控股公司曾是一家大型国有控股公司，主要对日益增多的国防附属机构进行协调。1989 年，该控股公司进行重组，从而创立了新加坡科技集团。到 1995 年，该集团的军事和民用产品销售额已达 28 亿美元。今天，新加坡科技工程公司约有 10,000 名员工，是最大的军事装备供应商。新科海事公司是该国四大军事公司之一（其

---

① 新加坡科技工程：《新加坡海上技术》，2000 年（http://www.stengg.com/marine/）。

② 埃齐奥·邦西格诺编：《世界防御年鉴》，《军事力量平衡（1992—1993）》，《军事技术特刊》17(1)，1993 年，第 204 页；另见美国科学家联合会：《向新加坡转让技术：从 1993 年至今》（http://www.fas.org/asmp/profiles/singapore_armstable.htm）。

③ 比尔维尔·辛格：《东盟军事行业：潜力和限制》，《比较战略学》8(2)，1989 年，第 249—264 页。

他三大公司是新加坡科技宇航公司、新加坡科技电子公司和新加坡科技动力公司年），是西欧外的首个造船厂，而且还赢得了劳氏质量认证有限公司授予的 ISO9001 质量管理体系认证①。因此，新科海事公司是在为国际贸易和军事用户提供造船、船舶改装和船舶维修服务方面具有国际竞争力的供应商。

新加坡与德国吕尔森·威夫特造船厂签订了技术转让协议，这使得 20 世纪 70 年代和 80 年代时新加坡造船公司能够在德国佐贝尔级炮艇的基础上，为该国海军及泰国、印度制造装备导弹的炮艇。根据与吕尔森造船厂签订的另一个类似的协约，在 1988 年至 1990 年间，新加坡海军拥有的 6 艘技术先进的导弹巡洋舰中，有 5 艘都是在新加坡制造的，然而其原型则是在德国制造的②。应新加坡海军的需求，还从美国引进了地对地"鱼叉"导弹。新科海事公司是坦克登陆舰、巡洋船和导弹巡洋舰的主要供应商③。

新加坡海军工业的特点是，船舶及军火建造和生产的标准很高，并建立了广泛的国际合作关系④。目前，新加坡船舶的设计灵感都得益于德国，而在军火方面则主要是与美国（"鱼叉"导弹）、以色列（"天使"和"巴拉克"导弹）、法国（飞鱼反舰导弹和米斯特拉级导弹）、意大利（奥托梅莱拉机枪）和瑞士（厄利康高射炮）进行合作。坦克登陆舰是新加坡设计的。在过去几年里，新加坡与德国公司之间的合作关系似乎不如以前密切，最近为扩充海军力量而要引进的六艘护卫舰将以法国设计为基础，其中一艘将在法国制造，其他的在新加坡制造⑤。

新加坡海军工程一直有高标准的技术研究和开发为后盾，直到前不久才

---

① 新加坡科技工程：《新加坡海上技术》，2000 年（http://www.stengg.com/marine/）。

② 安德鲁·图班：《当今世界海军：新加坡》，《当今世界海军网上数据库》，2000 年 7 月 18 日（http://www.hazegray.org/worldnav/）；另见新加坡海军：《我们的装备》，2000 年（http://www.mindef.gov.sg/navy./about）。

③ 新加坡科技工程：《新加坡海上技术》，2000 年（http://www.stengg.com/marine/）。

④ 新加坡海军：《我们的装备》，2000 年（http://www.mindef.gov.sg/navy./about）。

⑤ 安德鲁·图班：《当今世界海军：新加坡》，《当今世界海军网上数据库》，2000 年 7 月 18 日（http://www.hazegray.org/worldnav/）。

主要由国防科学组织来提供这种后盾①。国防科学组织成立于1972年,主要为新加坡武装部队提供国防研究和开发,于1997年被划分为非营利性公司(国防科学组织国家实验室)。与工程行业类似,国防科学组织的经营范围已经从单一的军事研究扩展到包括民用研究。该组织具有12个研究中心,负责电子、通讯、软件和化学防护等领域的系统开发、升级和操作支持服务。同样地,国家研究活动还通过国际合作得到有效的补充,国外主要合作方来自美国(宾夕法尼亚大学州立大学的海军研究院)、法国(法国宇航公司和达索电子公司)、瑞典(瑞典国防研究机构)和英国(英国防卫评估与研究中心)。

国防科学组织作为一个公司,能够灵活地与当地和国外研究所建立合作关系。鉴于这种有益的经验,随着现代技术和经济不断发展,该国政府最近开始致力于本国军事采购和国防研究更加高效。2000年春,该组织在保持其公司实体身份的同时,成为新创立的新加坡国防科学技术局的一个子公司,该国防科学技术局接管国防科学组织及其他军事研发机构的监督和控制职能。通过联合国防部的国防科技集团,将部分采办外包给该集团,并将其重组为一个法定机构。新加坡国防科学技术局主要致力于为武装部队精简该国在技术引进和管理方面的活动。

尽管新加坡国防科学技术局新的地位给予其在市场上进行资源(人力资源、军备物资和技术资源)竞争更大程度上的灵活性,但国防部将继续负责对该技术局进行监督和控制,以保证取得满意的结果。该技术局在国防部规定的大原则的前提下,有权自主管理自身事务。国防科学技术局的核心原则是组织结构要灵活,并要足够重视客户,即武装部队(海军、空间和陆军)、联合参谋部和国防部。因此国防科学技术局的行动和计划指挥官需要直接对客户负责,确保计划得到执行,有权管理预算和各种资源,从而使行动更加有效。

① 国防科学组织:《陈庆炎博士谈国防科学组织的科学能力》,国防科学组织新闻稿,1997年3月14日(http://www.dso.org.sg/dcs);国防科学组织:《国防科学组织作为国家资源,最适合为军事和商业活动提供技术支持》,国防科学组织新闻稿,1997年10月3日(http://www.dso.org.sg/dcs);国防科学组织:《国防科学组织世界一流研发有助于新加坡国家安全与经济发展》,国防科学组织新闻稿,1998年10月2日(http://www.dso.org.sg/dcs)。

2000 年,国防科学技术局的活动涉及 10 个领域,包括研发、陆军系统、空军系统、海军系统、军火、指导体系、信息技术、C—4、传感器和建筑业①。

2000 年 9 月,新加坡国防科学技术局和新加坡国立大学又创立了一个研发机构,对国防科学组织与淡马锡实验室的工作进行补充。该研发机构将在关乎新加坡国防和安全的重要领域进行科学和技术研究,巩固本国目前在技术研发方面的努力,尤其是在电磁和航空领域的技术研发②。

展望

考虑到新加坡为使其军队现代化,并增强军力而作出的种种努力,该国的海军将有能力在未来 10 年里发展成世界最高效的海军队伍之一。到时候,在亚洲国家中,可能只有日本的海军现代化水平能够与之相近或较之略高。鉴于新加坡在过去 20 年里发展起来的工业技术,该国广泛的国际关系,及其良好的经济和财政状况,21 世纪初期该国将在东南亚地区扮演战略性重要角色。虽然新加坡海军永远都不可能对崛起的蓝水海军(如中国的大洋海军)构成严重的威胁,但却有助于任何正式或非正式联盟平衡该地区现有或正在崛起的大国之间的力量。此外,一旦得到改进的水陆两栖装备、勤务设备和空中支援装备完全到位,新加坡海军就可能在维护该地区和平、参与国际努力来维护该地区稳定中发挥核心作用。然而,由于新加坡几乎完全依赖于国外海上交通线,所以该国海军的最主要任务仍然是保卫邻近海域(如马六甲海峡)的海上安全。

很显然,鉴于海军上述任务及其有限的人力资源,即使完成了目前的现代

---

① 新加坡国防科学技术局:《组织结构》(http://www.dstat.gov.sg./about_us.htm);何学渊:《国防科学技术局理事会会长在开幕式上的欢迎辞》,2000 年 3 月 29 日(http://www.mindef.gov.sg/midpa/whatsnew/year2000/mar/29mar03.htm);陈庆炎:《副首相兼国防部长在国防科学技术局创立时的讲话》,2000 年 3 月 29 日(http://www.mindef.gov.sg/midpa/whatsnew/year2000/mar/29mar02.htm)。

② 陈庆炎:《副首相兼国防部长在淡马锡实验室创立时的主旨讲话》,2000 年 9 月 6 日(http://www.mindef.gov.sg/midpa/whatsnew/year2000/sep/06sep02.htm)。

化规划,新加坡海军仍然要继续增强其武装能力,不断提高海军现代化水平。这对于新加坡这样一个面积相对较小却很富裕的国家来说是一个战略性需求,同时也可能推动东亚和东南亚的海上军备竞赛,这将关系到诸如中国和日本这样的区域大国,同时也关系到令新加坡喜忧参半的邻国兼合作伙伴的马来西亚与印度尼西亚。虽然新加坡的技术和经济地位有望保证该国能够顺利通过与这些国家的军备竞赛,其地理位置和人口状况却要求其尽量避免任何大型冲突,以便为国内社会经济和贸易的进一步发展提供稳定的环境。因此,除了精简海军的各种必要的努力,新加坡面临的主要挑战将是维持军事力量建设与国际合作之间微妙的平衡关系。

第六节　21世纪泰国的海洋战略[①]

概述

探讨泰国未来的海上战略时,我有意避开泰国政府机构遵循的方式,因此我的观点不代表政府观点。我从地理、历史、经济和社会环境等影响因素着手,分析泰国未来的海上战略。

地理因素

泰国东西部的海岸线长达1,500千米。东西两岸被马来西亚和新加坡隔开,这就需要建立两支舰队,但泰国没有实现这一目标。因此,政治家/外交家以及海上战略家之间的协调是必不可少的。泰国周围的海域面积是其大陆面积的五分之一。专属经济区的管辖权又使其海域面积增加了三倍。但是,泰国被两层由其他国家组成的经济圈层层围起。里面一圈的国家包括柬埔寨、越南、马来西亚、新加坡、文莱、印度尼西亚、印度的尼科巴群岛以及缅甸。外

---

① 作者:Chart Navavichit。

面一圈的国家包括中国、菲律宾、印度、斯里兰卡和巴基斯坦。曼谷以及其他主要海港都位于泰国湾的内部。与世界主要贸易路线相隔 400 海里,因此泰国 70% 的进出口货物需要通过新加坡。这些因素再加上泰国湾最大宽度只有 240 千米,很容易使泰国成为海上封锁的对象。[1]

　　泰国与老挝、柬埔寨、马来西亚以及缅甸等国相邻,过去安全威胁都是来自于大陆。泰国的第一次遭遇海上安全威胁是在西方殖民扩张时期。当时,大部分的社会名流、官员、商界人士、利益集团以及人民大众对海上事务知之甚少。他们从未考虑过海上因素,所以泰国的国家战略自然也就不会涉及海上战略。实际上,其国家战略主要是针对陆地安全的。

　　《联合国海洋法公约》(1982)的制定、对海上贸易依赖性的增强、人口增长以及工业化对陆地资源的快速消耗、海上天然气的探明、渔业以及旅游业收入的增长都不足以迫使泰国更加重视海上事务。海军以及其他政府机构经过多年的努力才换来了 1993 年制定的完整的海洋政策。虽然政策得到修改并于 1999 年获得全方位支持,但是由于缺少必要的财政支持,政策实施阶段没有取得很大成功。这一点证明,大陆思维在泰国社会根深蒂固。改革不可避免,因为 21 世纪海洋对于泰国来说越来越重要。但是,这是循序渐进的过程,需要通过长期的教育以及提高公众意识的项目来实现。

历史因素

　　自古以来泰国人民就把海洋当作食物来源以及贸易路线。泰国首先与中国以及周边国家进行海上贸易。泰国船只向东可抵达越南、中国、菲律宾和日本;向南可抵达马来西亚、新加坡和印度尼西亚;向西可抵达印度、斯里兰卡和伊朗。之后便开始与欧洲国家形成贸易往来,最先是 1516 年与葡萄牙的贸易往来。早期,泰国雇佣中国船员驾驶船只。[2] 船只是在中国人的指导下用木

---

[1]　海军研究所,RTN 战略研究中心,75 周年特刊(曼谷,2000 年),第 5 页。

[2]　海军少将 Chaen Pachusanon:《泰国皇家海军的发展史》,第 13—24 页。

头建造的。荷兰造船商于 17 世纪早期来到泰国,协助建造欧洲设计的船只。①

为宫廷效力的、能力非凡的外国人极力支持海上贸易,海上贸易也为泰国带来无尽的财富,直到 1664 年与荷兰人签订协议而受到制约。该协议禁止泰国船只雇佣中国船员。之后,1687 年,英国东印度公司又禁止泰国在与大英帝国形成竞争的贸易中雇佣英国人。② 那莱国王③的统治结束之后,皇室内部的分裂进一步阻碍了海上贸易的发展。18 世纪末,在欧洲国家忙于战争之际,泰国的海上贸易多数是与中国进行的。皇室雇佣了 81 艘船只(货运量范围为 120—300 吨、400—500 吨以及 600—1,000 吨)与中国进行海上贸易。这些木制船只一般是在中国人的指导下由本国造船商建造的④。

随着蒸汽船的出现,泰国缺少强有力的海上贸易支持者。建造船只的能力是之前取得海上贸易成功的基础,如今,也失去了这一优势,对国家安全和经济利益造成了很大的影响。

出于商业利益对海洋加以利用的历史已经相当悠久,但是出于军事目的而利用海洋还仅限于军队转移以及陆地战的后勤支持⑤。16 世纪中期,泰国建造了第一批战舰,就是把大炮装载于为军队以及后勤支援而设计的船舰上。这些战舰在泰国首都大城附近的对敌作战中取得巨大成功。如今,在皇家驳船游行中仍然能够看到其之后的系列船舰⑥。

从 18 世纪后半期到 19 世纪末,泰国受到的海上威胁不断增大,皇室采用了海上阻绝这一防御战略。目标是阻止别国海军进入湄南河,进而威胁曼谷。另外,在河岸建起了堡垒,在河口部署了鱼雷、水雷以及战舰。这些努力仍然没能阻止法国战舰于 1893 年发动的入侵,法国强迫泰国作出各种让步。

---

① 海军少将 Chaen Pachusanon:《泰国皇家海军的发展史》,第 67 页。
② 海军少将 Chaen Pachusanon:《泰国皇家海军的发展史》,第 25 页。
③ 海军少将 Chaen Pachusanon:《泰国皇家海军的发展史》,第 73 页。
④ 海军少将 Chaen Pachusanon:《泰国皇家海军的发展史》,第 48 页。
⑤ 《1782 年至 1982 年的泰国皇家部队》(曼谷,1982 年),第 46 页。
⑥ 《1782 年至 1982 年的泰国皇家部队》(曼谷,1982 年),第 29 页。

自那时起,泰国开始着手于海上现代化进程,不断引进更强大的船舰并送相关人员去欧洲接受教育与培训。但是,有限的资源使得泰国不得不采取海上防御战略。海上能力的提高使得海上阻绝的范围从湄南河河口扩大到阁西昌岛,然后扩大到库特岛。但是在1941年1月17日的海战中又没能拦截法国舰队。面对法国舰队的优势,泰国海军顽强抗战,法国舰队再也没有回来进一步寻求利益。

第二次世界大战结束之后,泰国加入西方世界,遏制共产主义的发展,接受美国的经济军事援助。海上战略的重点不再是海上阻绝帝国主义国家的海军,而是防范共产主义渗透。越南战争之后,泰国突然要独自面对胜利的越南以保证国家安全。但是双方力量差异较大,泰国需要与其他国家合作平衡这种差异。重点就是将海岸防御力量转化为拥有导弹装备的现代化海军,在沿海地区应对常规作战。

冷战结束后,陆上威胁消失了,但是,想要保卫国家安全,泰国要做的还有很多。这一时期,泰国的经济变得越来越以出口为主。专属经济区制度使得泰国渔船不得不与遥远的澳大利亚甚至非洲东海岸国家的渔船联合。随着泰国对外国能源供给的依赖性不断增加以及国家战略利益不断扩大,海上交通线对于国家安全以及经济利益重要性日趋明显。泰国海上战略的重点不再是海岸防御,而是远洋作战。并引进了大型战舰和飞机来承担新的责任。

经济因素

过去十年间经济的发展保证了现代化建设的进程。1997年亚洲经济危机以来,防御预算已经减少了近25%。据估计,还需要5至10年的时间才能恢复。由于民主在泰国不断发展,并且目前没有紧迫的威胁,所以经济的复苏并不意味着防御预算的增加。经济复苏项目会影响到未来泰国的海上战略。如果经济恢复发展,国家不断繁荣,海上战略仍会以远洋作战为重点。泰国要做到能够独自(或与友好国家合作)在深海海域保护其贸易路线以及国家利益。泰国还应该作出更多的努力实现联合作战。这些都是以政府和军队能够提高战略研究的质量,改进战略制定的过程为前提假设的,因为只有这样才能制定出全面而明晰的战略政策。要确保大众和利益集团能够理解并接受这些政策,否则他们不会支持任何扩展能力的计划。

如果经济没有复苏迹象,甚至更加恶化,泰国的海上战略可能会恢复到海岸防御战略。由于能力有限以及作战预算有限,泰国可能会很少参与海上国际合作。

安全环境因素

21世纪前20年间,美国仍是世界上唯一的超级大国,运用各种方式抑制潜在的竞争对手。美国从海湾战争中吸取的教训就是,即使数量有所下降也要保持在海外的军事存在,维护世界海洋安全。世界各地冲突不断增加,美国军队的规模随之显得越来越小,在这种情况下,加强合作势在必行。

世界人口大幅增加、经济活动不断发展,随之而来的便是食品与服务的国际交流不断扩大,这就促使各国加强对海洋的利用。海洋仍然是食品与矿产的重要来源。从军事角度看来,海洋仍具有重大的政治与战略意义。

在东南亚,所有的国家都加入了东南亚国家联盟(ASEAN),大规模战争爆发的可能性很小,但是小规模的摩擦会不时发生。对于泰国来说,潜在的海上冲突可能会是与周边国家的领海纠纷以及泰国渔船问题。南沙群岛的纠纷可能成为泰国的另一个潜在的海上冲突。正在进行的海军和空军建设可能会引起这一地区的军备竞赛。另外,潜在的冲突还包括毒品走私。

国家海上利益

泰国的海上利益包括安全利益以及经济利益。泰国在维护国家海上利益实现国家海上目标的过程中遵循国际准则,希望能够融入国际社会之中。

安全利益与目标

21世纪,为了保护国家安全,泰国要保持均衡的海上行动能力,必须通过和平的方式控制并解决潜在海上冲突。如果不能消除争议,则要尽量减少有争端的海域,还要从共同利益出发考虑联合开发或者联合巡逻。泰国已经成功与马来西亚和越南完成这一目标,并且正在与柬埔寨交涉。另外一个重要的目标就是与周边国家从各个层面展开海上安全合作。国家安全论坛,如东盟地区论坛、国际空间站、西太平洋海军论坛以及亚太合作安全理事会,还有一些增强区域国家间信任的措施,如互访、互派交流学生以及互相交换培训设备等,这些都促进了和平的海上环境的形成。泰国已经实现与马来西亚和越南在重合的海域进行联合巡逻,与其他国家展开类似的活动是其在21世纪的另一个目标。开展联合演习、互派观察员也为海上安全合作提供了专业的方式。

经济利益与目标

21世纪,为保证国家经济的发展,泰国至少要保证其与邻国的海上贸易线的安全。但是,作为国际社会的一员,泰国要保持一定的保护海上交通线的能力,为合作的展开作出贡献。

保证价格合理的能源的供给是另一个重要目标。要继续促进深海渔业发展,尤其是金枪鱼的捕捞。1997年,泰国进口了将近280亿泰铢的金枪鱼(大多数是用于加工或再出口)。另外,要继续与沿海国家推行联合捕鱼措施,并且严格执行专属经济区范围内保护措施。1997年的数据显示,水产品出口达1,400亿泰铢,未来需要保持一数字或增加出口量。2000年,旅游业吸金将近2,500亿泰铢,因此要加大对旅游业发展的支持力度,尤其是海上旅游方面。

国家舰队的建设应放在更加重要的位置,这样泰国商船便可以扩大进出口贸易。需要进一步提高泰国大型和中小型造船厂的船舰维修与建造能力（见表1与表2）。必须减小石油泄漏发生的可能性，提高应对石油泄漏事件的能力，因为石油泄漏会对渔业以及旅游业造成长期的负面影响。加强海上监督、提高法律效力，更好地处理海上犯罪行为。

表1 大型造船厂

公司	经营范围	员工数量	能力
曼谷造船工程有限公司	建造以及修理钢壳船	625	建造1.3万GRT的船舶 修理1.4万GRT的船舶
意大利—泰国船舶有限公司	建造以及修理钢壳船和铝制船舶	517	建造6,000GRT的船舶 修理6,000GRT以上的船舶
曼谷造船有限公司	建造以及修理钢壳船和铝制船舶	153	建造4,000GRT的船舶 修理5,000GRT的船舶
亚洲船舶服务有限公司	修理钢壳船	122	修理2万DWT的船舶
L.P.N工程有限公司	修理钢壳船	130	修理5,000GRT以上的船舶
S.E.A造船有限公司	建造钢壳船以及玻璃钢船舶	300	修理1.2万GRT的船舶

来源：《商船杂志》1999年4月第一卷。

表2 中型造船厂

公司	经营范围	员工数量	能力
Harin造船有限公司	修理木质船舶、钢壳船和铝制船舶	37	3,000GRT
拉达纳索丽有限公司	建造以及修理钢壳船和玻璃钢船舶	28	1,000GRT
Harin贸易有限公司	修理木质船舶、钢壳船和铝制船舶	77	3,000GRT
Sahaisun有限公司	建造以及修理木质船和铝制船舶	80	1,000GRT
王朝造船有限公司	建造以及修理钢壳船	400	建造不到1,000GRT的船舶 修理不到4,000GRT的船舶

续表

公司	经营范围	员工数量	能力
吞武里造船有限公司	建造以及修理钢壳船和玻璃钢船舶	157	1,000GRT
曼谷邦琅普造船有限公司	建造以及修理木质船舶和钢壳船	15	1,000GRT
Mitz—Dialtion 有限公司	建造以及修理玻璃钢船舶	80	600GRT
Marsun 有限公司	建造以及修理玻璃钢船舶	120	不到 80 英尺的船舶
Silkline 国际有限公司	建造以及修理玻璃钢船舶	90	不到 80 英尺的船舶

来源:《商船杂志》1999 年 4 月第一卷。

有计划地进行海上现代化建设

目前,泰国没有面临重大威胁;未来 5 至 10 年,在预算可能递减的情况下,只能期待适度的海上现代化建设。过去十年推行的装备建设项目要完成收尾工作,这是当务之急,包括为两艘中国建造的护卫艇提供感应装备与武器、直升机航空母舰、船舰补给、P—3T、A—7E 以及 AV—8S 飞机。另外,还要完成感应系统和消防控制系统的升级更新。

泰国要引进 2 艘排水量为 1,000 吨的近海巡逻舰。这两艘巡逻舰在泰国完成建造来代替刚刚退役的 WW II 老式护卫舰。另外还要引进船载直升机并为舰队培训中心提供战术模拟系统。

未来,泰国可能会建造 3 艘现有级别的通用登陆艇。常规潜艇也要引进,但是仅仅限于引进二手潜艇。甚至,在这一时期,泰国海军或许只能租用潜艇。

结语

2000 年成立的新政府强调恢复发展经济,一定会重视泰国海上战略经济方面的发展。但是,防御领域会继续面临不断紧缩的预算。

第七节　越南的海洋利益与海军任务①

位于东南亚的中心位置,越南在该区域占据重要的战略地位,但同时也有着严重的战略弱点。其中最重要的战略弱点就是由相对较小的腹地保障长达3,200千米的海岸线,把整个国家置于海上强国的影响之下。除了海岸线较长之外,与东南亚南部的民族不同,越南从没想过向海上发展。一般来说,越南的官吏认为海洋和海岸为国外的不良影响敞开了大门,因此需要加以控制。欧洲国家的坚船利炮更使得越南传统的上层人士恐惧不已。法国在越南进行了长达100年的殖民统治。即使两国相距很远,法国还是可以通过其强大的海上力量统治越南。

1964年8月,美国与越南在北部东京湾展开海战,自此美国与越南的冲突不断升级。但是越南民主共和国海军从未在越南战争中发挥重要作用。对越南来说,战争多在陆地上进行,而海洋几乎完全处于美国海军及其航空母舰的控制之下,以便利用海洋部署军队或安全撤退。即使战争结束、国家统一之后,越南社会主义共和国仍没有致力于建设一支现代化的海军。相反,苏联海军承担起了保卫东南亚社会主义阵营国家海上利益的任务。1979年,美国曾经的海军基地金兰湾租给苏联25年,作为其海军和空军基地。这个安排使得越南可以集中精力发展陆军力量,在东南亚内陆地区占据支配地位。

海上利益与目标

1986年发布、1989—1990年得到加强的改革方案几乎改变了越南人民生活的方方面面,包括对国家安全以及战略追求的看法。冷战结束后,社会主义阵营瓦解,中苏冲突得到缓解,越南不得不承认两个敌对阵营间的生死搏斗没

---

① 作者:格哈德·威尔。

有胜利者。经历了几十年的战争之后,越南迎来了"和平、稳定、经济发展"的新时代①。

当然,这并不意味着所有的冲突和问题都得到了解决。国家安全还会面临新的挑战,甚至比划清界限、表明立场时期更加复杂。1998 年颁布的《白皮书》中列出的越南最重要的挑战是:(1)越南自身面临的官僚主义、贪污腐败和社会缺陷等问题;(2)国内外敌对势力打着"人权"的旗号提出"和平演变"策略,企图削弱、摧毁社会主义政权;(3)在"东海"(越南对南海的称谓)②的领海纠纷、走私、非法移民以及非法探索越南的自然资源等问题。面对这些新挑战,和过去一样,越南还是要捍卫国家主权独立以及领土完整。与过去不同的是,解决这些问题,越南必须采取以政治方式为主,军事方式为辅的政策。海军和空军的现代化建设要与国家的发展相适应,因为不再有苏联为其提供设备与支持。

保护越南的海上利益就需要保护其 12 海里的领海、大陆架以及 200 海里的专属经济区,还要保护越南与周边国家存在争议的西沙群岛和南沙群岛的广阔地区。捍卫领海主权不仅仅是保卫国家安全的军事问题,而且还与重大的经济利益有着密切的联系。与其他亚洲国家相比,南海对于越南更是利益攸关。

即使南海的储油量不像前几年预计的如此丰富③,近海原油勘探也是越南最大的外汇收入来源。石油价格不断攀升,2000 年前 5 个月,越南石油出口额高达 11.5 亿美元,占这一时期越南出口总额的 20%④。除石油外,海上天然气成为越南重要的能源供给。最新探测研究表明,越南领海的天然气储

---

① 1998 年,越南社会主义共和国国防部,《巩固国防,保卫国家》(越南国防白皮书)。

② 由于全球范围内接受"中国南海"这一说法,我会使用这一说法,但是越南更倾向于使用"东海"。(越南语是 Bien Dong)

③ 《远东经济观察》,1995 年 3 月 30 日,第 4 页;《经济学人》,1997 年 3 月 29 日,第 68 页。

④ 2000 年 6 月 2 日越南通讯社消息以及 2000 年 7 月 11 日消息。从 1996 年至 1998 年,原油出口量从 870 万吨上升至 1,210 万吨,即增长了将近 40%。1998 年,河内,统计局出版的《统计年鉴》。

备量达 6,000 亿立方米①。对于一个从 1995 年开始以 100 万立方米的日产量开采天然气的国家来说,的确是很大的储存量。越南现在的日产量为 400 万—500 万立方米②。

除以上两项之外,在南海海域养殖或捕捞的渔业资源以及海产品又是另一个重要的自然资源——也是越南的外汇收入来源。尽管 1990 年以来世界平均捕鱼量停滞在 1.22 亿吨③左右,1996 年到 1998 年,越南渔业以及海产品的出口以每年 10% 的速度快速增长。1998 年,越南海产品出口额达 8.5 亿美元,名列第五④。

越南海军的中心任务就是"保证海上安全"、"维护海上秩序"。走私廉价赝品到越南的事件很多,由于越南产品很难与这些廉价产品竞争,因此,走私行为对越南工业的发展造成重大威胁。国际毒品走私的主要路线也要经过南海。通过毒品走私赚来的钱可以用来贿赂越南警察、海岸警卫队和海关人员。贿赂体系不仅对越南人民的健康状况造成威胁(过去十年间,毒品消费量显著增长),也严重影响了越南政府的根基与核心。走私一般会导致海盗行为越来越猖狂,严重威胁海上交通线的安全。与东南亚邻国以及东亚、东北亚一些工业化或正在进行工业化的国家一样,越南出口型发展战略很大程度都依赖南海海域⑤海上交通线的安全。因此,越南要尽全力保证海上交通线的安全与通畅⑥。

---

① 《1999—2000 年越南国家概况》,《经济学人资讯周刊》,伦敦,1999 年,第 17—18 页。

② BBC,《世界广播——远东篇》(《经济周报》);《1999—2000 年越南国家概况》,《经济学人资讯周刊》,伦敦,1999 年,第 17—18 页。

③ 《曼谷邮报》1999 年 6 月 30 日。另见丹尼尔·库尔特,《中国南海的渔业:日渐恶化》,《当今的东南亚》,1996 年,第 4 期,第 371—188 页。

④ 统计局,《统计年鉴》,河内,1999 年。1986 至 1996 年渔船的数量以 115.9% 的速度增长,海产品工厂以 310% 的速度增长,工人以 48.3% 的速度增长。《远东经济观察》,1997 年 12 月 18 日,第 13 页。

⑤ 约翰·H.内尔:《东南亚阻塞点》。《保持海上交通线畅通》,战略论坛,1996 年第 98 期。

⑥ 作为石油出口国的越南却需要进口石油满足国内消费,因为越南至今没有掌握石油加工技术。

潜在海上冲突

在与海盗和走私相对抗时，越南面对的是跨国行动的对手。越南希望与周边国家建立共同阵线应对海盗以及走私行为，但是收效甚微。因为，这些所要保护和控制的海域正是越南与周边国家存在领海纠纷的海域。越南宣布领海主权的 3 个区域受到质疑：北部湾、西沙群岛和南沙群岛——越南分别称为东京湾、黄沙群岛和长沙群岛。

北部湾位于南海西北部，与越南北海岸和雷州半岛以及海南岛相邻。1991 年，中华人民共和国与越南社会主义共和国邦交正常化，双方同意就边界问题以及北部湾问题展开谈判。1992 年 10 月中越专家展开第一次谈判。一年后，北部湾特别工作小组成立，双方承诺在谈判期间不会做出任何挑衅行动，不会使用武力或威胁使用武力①。但是，接下来一年中，中国海军以越南船只在中国领海穿行为由扣押了很多越南船只②。1997 年 3 月，中国的钻井平台在北部湾距离越南海岸更近的地点开采石油，钻井平台在越南政府强烈抗议之后才撤离③。过去两年，中越海军在北部湾没有发生大规模的冲突，但是，迄今为止，双方就北部湾的谈判仍没有取得成功。2000 年 4 月，边界协议签署④之后，双方都有信心在年内签署北部湾协议。但是，1 个月之后，也就是 6 月，两国政治领导人不再如此乐观，只是表达了双方的希望，希望能够加快谈判步伐，争取在 2001 年前签署协议⑤。

关于西沙群岛的谈判甚至连如此有限的乐观前景都没有出现。西沙群岛

---

① 中国国际广播电台，1993 年 10 月 19 日。

② 皮特·杨：《中国南海：冲突爆发还是避免》，《亚洲防务杂志》，第 5 期，1997 年，第 18 页。

③ 盖尔哈德·威尔：《中国与越南》。《双边合作的机遇与限制》，《德国理工学院东欧与国际问题研究报告》第 24 期，1998 年，第 17—20 页。

④ 经过了 6 年的谈判，1999 年 12 月，中越签署边界协议，2000 年夏，得到中国国务院和越南国会的批准。

⑤ 《亚洲防务杂志》，第 6 期，2000 年，第 53 页。

由近 130 个荒芜的岛屿组成,距离中国东南部海南岛 165 英里,距离越南东海岸 225 英里。直到 1974 年,控制西沙群岛东部的中华人民共和国与控制西沙群岛西部的南越政府之间有一段不稳定的休战期。按照《巴黎和约》的规定,美国从越南撤军,美国与中国军队直接对抗的危险消失了。于是,1974 年,中国军队进入西沙群岛的西部地区。1975 年 4 月底,越南共产党取得胜利前 15 个月,南越的卫戍部队被赶出西沙群岛①。那时,河内对中华人民共和国(越南共产党昔日的盟国)这一占领整个西沙群岛的行为没有提出任何官方的抗议。

西贡政府的倒塌以及越南的统一,河内主张对西沙群岛行使主权——中国始终不承认这一主张。1994 年,北京表示了一定程度的让步,建议在 12 海里领海范围之外共同开发海上资源,越南拒绝了这一提议②。但是,越南同意加入专家工作小组,旨在为解决西沙群岛问题提供方案。目前为止,该小组定期召开会议,但是没有取得实质性的进展。同时,中国已经在西沙群岛巩固了海军基地,尤其是伍迪岛装备了"护卫舰大小的船舰、码头沿岸的轻型巡洋舰。海上警卫队以及直升机"③。因为这些岛屿没有足够的空间建造适合战斗机的机场,这些军事装备的空中掩护由海南岛的空军基地提供,该基地部署了俄罗斯 SU—27 远程战斗机。

第三个是南沙群岛,这是越南主张行使主权的面积最大的海上领域。南沙群岛由 400 多个小岛以及散布在南海东南部 18 万平方千米范围内的珊瑚礁组成。从南到北,南沙群岛绵延 800 千米。最南端的岛屿距离中国大陆 1,300 千米。除越南以外,中国与台湾宣布对整个群岛行使主权。另外,菲律宾、马来西亚和文莱对某些靠近其海岸的岛屿宣布行使主权。

与完全由中国控制的西沙群岛相比,对南沙群岛宣布行使主权的国家都占据着一些岛屿并修建防御工事,安排驻军。越南战争的最后阶段,越南共产党占领了一些之前被南越军队控制的岛屿。接下来的几年,越南将岛屿数目

---

① 皮特·杨,见前引书目第 18 页。
② 河内电台,1994 年 10 月 17 日。
③ 皮特·杨,见前引书目第 18 页。

扩大到 20 个。同时,中国大陆控制着 6 个岛屿;菲律宾 8 个;马来西亚 3 个;中国台湾 1 个①。接管南沙群岛的过程中,中国是后来者。1988 年前,北京重申对岛屿的主权,只是偶尔对其他国家在这一领域的行为提出抗议。日本从太平岛撤出驻军后,台湾控制了太平岛②。直到 1988 年 3 月,中国才开始控制南沙群岛。一场海战之后,中国海军击沉 3 艘越南船舰,20 多名越南士兵牺牲,最后,中国控制了 6 个岛屿。据菲律宾消息③,后来中国又控制了 5 个岛屿和珊瑚礁。最大的或最重要的就是 1995 年控制的美济礁,距菲律宾 135 海里。中国在那里建造了一些建筑和设备,菲律宾认为是"海军基地中心"④。中国称这只是"渔民的避风港"⑤。2000 年 4 月 19 日,关于南沙群岛中国士兵的"生活条件以及后勤支援"的报告称"南沙群岛现在装备了新的直升机起降场、武器装备、侦察设备以及混凝土帐篷"⑥。

　　为了捍卫其在南沙群岛的利益,解决由于宣称主权而引起的冲突,越南采取了各项双边和多边措施。1992 年初,越南与马来西亚签订协议在双方宣称主权的重合领域展开合作以促进经济发展。4 个月后,签署了合作开发石油的协议⑦。越南在宋土泰岛建造了灯塔,而菲律宾认为宋土泰岛是其领土,双方产生争执;之后,菲律宾和越南起草并签署了一份"行动准则",以防止冲突进一步恶化⑧。

　　越南与其在东南亚大陆的宿敌泰国的关系也是很棘手的问题。虽然泰国并没有对南沙群岛宣布主权,但是其渔船不断受到越南海军的拦截,认为这些

---

① 刘文劳:《中国与越南在西沙群岛与南沙群岛的不同》,河内,1996 年,第 118—120 页。

② 埃斯蒙德·史密斯:《中国在南沙群岛的抱负》,《当今的东南亚》,第 3 期,1994 年,第 280 页。

③ 《国际先驱导报》,1999 年 5 月 19 日。

④ 《国际先驱导报》,1999 年 3 月 11 日。

⑤ 《法国世界报》,1998 年 12 月 15 日。

⑥ Stratfor.com:《中国在南沙群岛立场坚定》,2000 年 4 月 20 日,www.stratfor.com./asia/commentary/0004200200.htm。

⑦ 凯·莫勒、Duy Tu Vu、格哈德·威尔:《越南在东南亚地区的新地位》,汉堡,1999 年,第 281 页。

⑧ 拉姆西斯:《中越领土纠纷》,《当今的东南亚》,第 1 期,1997 年,第 68 页。

渔船在越南领海①捕鱼。经过了 5 年的谈判,1997 年夏天,双方签署了协议,划分泰国湾的海上边界以及双方的渔场。两国还展开渔业调查合作以及海上巡逻合作,以监督各自是否越过分界线②。自 1997 年起,泰国和越南便定期举行联合巡逻③。

尽管这些协议并没有结束互犯领土主权的控告,但在越南及其东南亚邻国之间形成一种共识,即在南海的所有冲突都应该并且能够通过和平的方式得到解决,不需要诉诸武力。1992 年越南签署《马尼拉宣言》,承诺用和平的方式处理有争议的领土问题,并与其他国家展开合作保卫海上安全④。越南在通过了这项决议 3 年后加入了东盟。中国没有签署《宣言》,但其外交部长宣称中国政府接受《宣言》的大部分主张⑤。

1995 年加入东盟后,越南积极参与东盟成员国之间的安全对话以及东南亚地区论坛。1998—1999 年,一些东盟国家提出起草《东盟行动准则》,越南积极支持这一提案但中国表现得很不情愿。1999 年 8 月,菲律宾提出《准则》草案,提出"克制单边行动"后,中国提出了自己的准则。该准则没有要求各国停止建造建筑,但是规定"禁止在南沙群岛附近进行军事演习或巡逻"⑥。

虽然东盟各国没能与中国在这一问题上达成共识,但就修订的菲律宾草案而言,越南实现了两个长期追寻的目标:(1)重新定义争议领域,纳入了南沙群岛和西沙群岛,这与中国坚持准则只适用于南沙群岛的意愿相违背;(2)"有争议领域自然资源的探索与开发"从未来合作项目中删除⑦。中国提出

---

① 丹尼尔·库尔特:《中国南海的渔业:日渐恶化》,见前引书目,第 383 页。

② 《亚洲防务杂志》,第 9 期,1997 年,第 68 页。

③ 《曼谷邮报》,2004 年 8 月 24 日。

④ 声明的文本,《菲律宾与南海岛屿:概述与文献》,马尼拉(国际区域安全研究中心),1993 年,第 70 页。

⑤ 《海峡时报》,1992 年 7 月 24 日。

⑥ 《中国准则草案》,弗兰克·乌姆巴赫的《区域力量平衡趋势》,面向亚太地区采取的安全政策,第三次会议报告;Stratfor.com,《中国在南沙群岛立场坚定》,2000 年 4 月 20 日,www.stratfor.com/asia/commentary/0004200200.htm。

⑦ 弗兰克·乌姆巴赫,见前引书目,第 39 页。

"搁置争议、共同开发"①,不主张首先解决所有权以及主权问题。中国是唯一与越南仍存在领海争议的国家,也是越南唯一没能进行安全对话的国家②。1991 年邦交正常化之后,中越的社会主义政权在对抗"和平演变"的过程中达成共识。经济关系也有所发展③。但是,尽管进行了对话、谈判、作出承诺以及签订了协议,南海岛屿的争端仍然没有得到解决。

海军部队以及现代化建设项目

越南人民军要根据《防御白皮书》中提出的 3 个要求进行重组与现代化建设。

第一,越南人民军的规模太大,正规军总数达 120 万。20 世纪 80 年代末国防预算缩减之前,70%以上的开支用于维持军人的生活,不到 30%用于其他项目,如技术设备采购、军队训练、干部培训、建立对外关系、开展国防项目以及进行国家建设④。为了改变这一比例,过去十年间,越南人民军裁减至 57.2 万人⑤。

第二,越南军队的装备与武器已经完全过时,这一点在海湾战争中表现得很明显,需要增加预算完成最紧迫的现代化建设。一些周边国家几年前就已经开始了军队的现代化建设。尽管对于越南国防预算的提高程度存在不同意见,但是存在这样一个共识,那就是增加预算是相当重要的⑥。

---

① 赵随生:《中国的边缘政策以及亚洲安全对话》,第 3 期,1999 年,第 341 页。
② 1992 年 2 月,中国颁布《中华人民共和国领海法》,该法案基本将整个南沙群岛划入其领海。
③ 格哈德·威尔,见前引书目,第 7—13 页。
④ 1989 年 12 月当时的国防部长对国会的讲话,河内国内服务,1989 年 12 月 26 日。
⑤ 《亚洲防务杂志》,第 10 期,1998 年,第 25 页。
⑥ 最高数值是由卡莱尔·泰勒提供的,他对接下来的国防预算进行了估计:1992 年,11 亿美元;1997 年,20 亿美元,表示每年增长 26%。《南华早报》,2000 年 9 月 16 日。总部在伦敦的国际战略研究所在《1994—1995 年军事平衡》中提出,1994 年的国防预算为 4.35 亿美元。两年后,1996—1997 年军事平衡中说明,1994 年的国防预算高达 9 亿美元。1998—1999 年军事平衡估计国防预算为 9.9 亿美元。《亚洲防务杂志》,第 11 期,1997 年,第 8 页,提供了以下数据:1994 年,8.86 亿美元;1995 年,11.5 亿美元;1996 年,13.5 亿美元。

第三，越南军队从柬埔寨撤军，1991 年柬埔寨问题得到解决，相比 1944 年越南人民军刚刚成立时，越南陆军部队变得不再那么重要。目前，越南面临的最重要的挑战与威胁指向领海、海洋资源以及能源储备。为了保护这些领土和资源，发展海军和空军力量势在必行。

当时的越南共产党总书记杜梅在 1995 年 5 月 13 日召开的越南海军高级军官会议上强调了这一点。杜梅强调"建设强大的现代化海军，使其在战争时期更好地部署军队"。他说道："我们必须提高国防能力来捍卫我们的主权、保护国家利益与海上自然资源，同时还要壮大海上经济发展。"①1997 年 9 月，国防部长离任前几周，仍然重申海军现代化建设的重要性②。《国防白皮书》中又强调："越南人民军在保卫领海、保障海上经济利益方面发挥着越来越重要的作用……"③

精确分析越南海军的振兴需要很多精力。乍看上去，有些数据让人印象深刻。越南《国防白皮书》中讲到，1975 年以来，海军规模扩大了 4 倍并且"取得了重大的胜利"，"海军被编入很多战斗小组……使其能够更好地部署、转移和集中部队，更有效地应对重大事件……"④42,000 人列入海军，《简氏战舰年鉴》中提到越南的水面战舰达 84 艘⑤，对于一个像越南这样落后的国家来说，这是一个相当大的数字。

但仔细分析的话，这些数字并不那么让人信服，因为 84 艘船舰中只有 20% 装备了导弹，可以参与现代海战。另一个原因是，只有 1.5 万人是水手，剩下的 2.7 万人只能作为陆战队步兵。另外，导弹和其他现代武器都装备在采用 1980 年（或之前）技术的船舰上。复杂的维护以及修理问题影响着船舰的可操作性。这些难题的存在，海军不能利用其 1998 年引以为豪的 8 艘护卫

① 卡莱尔·泰勒援引《军队的现代化建设：越南人民军》，见前引书目，第 17—18 页。
② 布鲁克：《越南军队》，《亚洲防务杂志》，第 10 期，1998 年，第 11 页。
③ 布鲁克引用，《越南的白皮书想要赢得东盟邻国的"人心和思想"》，《亚洲防务杂志》，第 10 期，1998 年，第 25 页。
④ 布鲁克引用，《越南的白皮书想要赢得东盟邻国的"人心和思想"》，《亚洲防务杂志》，第 10 期，1998 年，第 25 页。
⑤ 《南华早报》，2000 年 9 月 6 日。

舰。国际战略研究所发行的《2000—2001 年军事平衡》揭示,越南现在只有 6
艘护卫舰,也是其最大的战舰①。其中,一艘是前美国巴奈加特级船舰,装备
有俄罗斯制造的"冥河"反舰导弹。另外 5 艘中,3 艘"别佳 2"级,2 艘"别佳
3"级护卫舰,是苏联于 80 年代交付的。这些护卫舰重新装备了导航雷达、反
潜武器、鱼雷以及 76 毫米口径的甲板大炮②。

作为 6 艘护卫舰的补充,1995 年,越南从俄罗斯购入 2 艘装备有"冥河"
导弹的 1241RE 型轻巡洋舰(北约称其为毒蜘蛛 I 级)。1997 年,越南又订购
了 2 艘毒蜘蛛 II 级,1999 年到达越南开始服役③。塔斯社记者 N.诺维奇科夫
报道说"这两艘轻巡洋舰适应热带气候条件,每艘排水量为 390 吨,速度为 40
海里,并且装备有白蚁—21 级反舰导弹系统(每艘船舰上 4 个反舰导弹)"。
除此之外,轻型巡洋舰装备有依格拉便携式地对空导弹系统(16 个地对空导
弹),一架 76 毫米口径的 AK—176 大炮,2 个 30 毫米口径的 AK—630M 地空
导弹系统④。另外,苏联于 1978 年和 1985 年提供的 8 艘"黄蜂 2"级导弹快艇
也装备了"冥河"导弹⑤。

1996 年,越南与俄罗斯联邦签署协议,建立合资企业,在胡志明市附近的
海军工厂建造快速攻击艇以及 HO—A 级导弹轻巡洋舰⑥。在越南建造并装
备有 Zvesda 反舰巡弋飞弹和 76 毫米口径大炮的第一批船舰于 1999 年底开
始服役⑦。1997 年,越南从韩国购入 2 艘"鲨鱼"级柴油动力潜艇,仍需要两
年多的翻修与现代化才能开始服役⑧。即使这样,除了新加坡和印度尼西亚,
越南是另一个可以支配潜艇的东盟国家。但是,越南鱼雷艇的数目由 1993 年

① 国际战略研究所:《1999—2000 年军事平衡》,伦敦,1999 年,第 209 页。

② 同以上以及《亚洲防务年鉴》,吉隆坡,1999 年。

③ 军事平衡,见前引书目,第 182 页。

④ 伊塔—塔斯社,莫斯科,1999 年 5 月 13 日。

⑤ 卡莱尔·泰勒:《军队的现代化建设》,见前引书目,第 2 页。

⑥ 《亚洲防务杂志》,第 10 期,1998 年,第 65 页;卡莱尔·泰勒:《区域军事现代化战略及
趋势》,见前引书目,第 11 页。

⑦ 《1999—2000 年亚洲防务年鉴》,见前引书目,第 174 页。

⑧ Stratfor.com:《战略关注威胁本来有所好转的中越关系》,1999 年 2 月 9 日,www.stratfor.
com./asia/afuarchive/b990209.htm。

的 16 艘减少到 1993 年的 10 艘。在《简氏战舰》中提到的 84 艘船舰中剩余的船舰只能用于巡逻以及海岸防御。

为了缩小到达冲突发生现场的距离,原来部署在南方的海军部队先转移到北方的海港,如岘港、金兰湾、头顿。保卫南沙群岛的任务也从海防转移到了岘港的海军司令部①。最近从俄罗斯购入的 SU—27 战斗轰炸机组成的中队在南越建立了基地,驾驶员在这里接受海上巡逻训练②。越南在其控制并驻防的南沙群岛地区建设雷达和远程通讯系统,通过这些系统完成空军与海军协同作战,越南想建立完整的海上防御系统,"将岛屿打造成战舰"③,用这种方式弥补船舰的不足。

过去四五年间越南作出的努力开始有所成效。越南海军不再像 20 世纪 80 年代末一样"数量可以忽略",④但是其攻击能力还是非常有限的。卡莱尔·泰勒说过:"1999 年,越南已经开始发展其海上攻击能力。"⑤如果越南能够按计划实现现代化建设,其海上进攻能力还会进一步加强。

因为越南没有足够的科学与技术能力支撑其开发新武器,实现海军现代化建设,所以越南主要依赖武器采购以及共同生产。1993 年到 1994 年,越南军方高层代表访问印度尼西亚、澳大利亚、斯洛伐克共和国以及韩国,寻找购买巡逻舰艇以及海军装备的可能性。越南方面的要求没能得到满足。与上述国家签订并执行的唯一的合同是与澳大利亚签订的,为越南海关部门建造 20 艘海岸巡逻艇,其中 16 艘在越南建造。⑥

越南发现与昔日的盟友建立合作关系更有成效。1994 年 6 月,越南国防

---

① 《1999—2000 年亚洲防务年鉴》,见前引书目,第 174 页。

② Stratfor.com,见前引书目。

③ 布鲁克:《越南:应对改变之风》,《亚洲防务杂志》,第 3 期,2000 年,第 12 页;越南通讯社:《南沙群岛上的军事设施》,1999 年 2 月 23 日,越南通讯社网站的一篇文章,BBC 援引,《世界广播——远东篇》,1999 年 2 月 24 日。

④ 但是,最近出版的刊物中仍持有这种观点。例如,埃里克:《中国南海上的冲突》,《国防》,第 2 期,2000 年,第 141 页。

⑤ 《南华早报》,2000 年 9 月 6 日。

⑥ 《南华早报》,2000 年 9 月 6 日。

部长正式访问朝鲜。两年后,1996 年 12 月,双方以以货易货的方式①,达成了价值 1 亿美元的防御方案。其中一部分就包括建造两艘潜艇。虽然朝鲜潜艇并非最出色的,但是越南海军有意向购买更多的朝鲜潜艇。这些潜艇与其他国家生产的大型先进的潜艇相比,更容易操作并且价格更便宜。泰勒说:"最近的报道显示,越南将会购入 2 至 6 艘朝鲜潜艇。"②

越南长期的盟友印度一直希望扩大其在东盟地区的影响力。1994 年 9月 6 日,印度与越南签署了共同防御协议。签署协议时,印度在军事硬件方面的协助细节还有待商定。③ 这项协议的签署经历了六年的时间,直到 2000 年 3月,印度国防部长乔治·费尔南德斯抵达越南,签订了防御协议。根据该协议,印度向越南海军提供协助,包括船舰以及快速巡逻艇的修理、升级和生产。④ 直到 2000 年中期,没有推出具体的方案。因为印度与越南大多数使用苏联/俄罗斯生产的武器及系统,两国在未来军事现代化方面有着很多的共同之处。

越南曾经最重要的盟友俄罗斯仍然在越南军队现代化建设过程中扮演着至关重要的角色。克服了由于苏联解体以及俄罗斯新政府⑤采取的政策造成的紧张形势,1999 年中期两国进行了首次武器转移。1996 年 10 月,两国成立合资企业在越南上述造船厂生产海军军舰。1998 年越南主席陈德良抵达莫斯科,称双方关系有了"战略性发展"。⑥ 两个月之后,两国国防部长签署了军事与技术合作的政府间协议,俄罗斯国防部长伊格·什格耶夫称其为"历史性的文件"。他补充说:"目前最重要的事情就是执行……(该协议)。"⑦

----

①　卡莱尔·泰勒:《区域军事现代化战略与趋势》,东南亚安全与社会趋势会议,华盛顿,2000 年 9 月 6—7 日,第 11—12 页。

②　卡莱尔·泰勒:《区域军事现代化战略与趋势》,东南亚安全与社会趋势会议,华盛顿,2000 年 9 月 6—7 日,第 12 页。

③　《国防新闻》,1994 年 11 月 12—18 日,第 8 页。

④　全印电视台,2000 年 3 月 28 日,www.globalarchive.ft.com/search—components/index.jsp。

⑤　哈德·威尔:《德国理工学院东欧与国际问题研究报告》,第 40 期,1997 年,第 24—28页。

⑥　新华社,1998 年 8 月 18 日。

⑦　伊塔—塔斯社,1998 年 10 月 21 日。

协议签署之后,俄罗斯与越南合作促进越南海军现代化建设主要集中在以下三个方面:(1)向越南提供雷达站以及快速巡逻艇;(2)进一步加强在越南造船厂为越南海军生产船舰的协议;(3)提出一套向越南出售俄罗斯潜艇的方案。前两个方面取得了很大的进展①,但是向越南出售潜艇似乎更难操作。为了促进俄罗斯基洛级潜艇的销售,1997 年 11 月,作为泛亚洲巡演的一部分,该潜艇造访金兰湾港。此次造访大大刺激了越南购买基洛级潜艇的意愿,尤其是比瑞士或德国潜艇②便宜很多的俄罗斯前 877EKM 型基洛级潜艇。另外,俄罗斯国家武器进出口局提出一项很有吸引力的购买"二手"877 型基洛级潜艇的方案,即:20%用现金支付,剩下的部分用易货的方式支付。船员支持与培训已经包括在这一"友情价"③之内。另一项优惠就是,购买新式基洛级潜艇可以免费获得旧式潜艇用于训练④。

越南认为这些条件很有吸引力,2000 年 6 月,签署了向越南出售旧式潜艇(包括基洛级潜艇)的备忘录。⑤ 2 个月后,越南海军司令 Tuo Suan Kong 就购买俄罗斯生产的蚊式潜艇导弹进行洽谈⑥。截至 2001 年中期,没有达成销售合同。但是,2000 年 9 月,两国达成了债务协议,表明:越南应支付对苏联(现俄罗斯联邦)的债务⑦。越南与俄罗斯有信心能够找到这些潜艇的支付方式,增强越南在中国南海与"敌对力量"一决高下时的震慑力。

---

① 1999 年 7 月初,越南国防部长范文茶访问莫斯科期间,俄罗斯重申会继续向越南提供巡逻舰。4 个雷达站已经交付给越南。国际文传电讯社,1999 年 6 月 30 日,www.globalarchive.ft.com/search—components/index.jsp,根据卡莱尔·泰勒,《区域军事现代化战略与趋势》,见前引书目,第 11 页,目前,胡志明市附近的造船厂正在生产 6 至 12 艘快速导弹巡洋舰。

② 《1999—2000 年亚洲防务年鉴》,见前引书目,第 174 页。

③ 《亚洲防务杂志》第 10 期,1998 年,第 65 页。

④ 《亚洲防务杂志》第 6 期,2000 年,第 22 页;《1999—2000 年亚洲防务年鉴》,见前引书目,第 174 页。

⑤ 卡莱尔·泰勒:《区域军事现代化战略与趋势》,见前引书目,第 11 页。

⑥ 俄罗斯军事新闻社 AVN,莫斯科,2000 年 8 月 7 日,www.globalarchive.ft.com/search—components/index.jsp。

⑦ 俄罗斯和越南达成协议,100 亿卢布的债务相当于 17 亿美元。越南希望在未来 23 年内还清债务。但是,越南只需现金支付其中 10%,剩下的部分可以货物和投资的形式支付。《远东经济观察》,2000 年 1 月 9 日,第 64—65 页。

另一方面,越南了解自己并非俄罗斯在东亚唯一的客户,中国海军和空军也是俄罗斯国防工业的重要客户,所以越南不希望过分依赖俄罗斯的武器销售,因此,越南也与其他新兴独立国家签订了防御合同,这些国家有的是原苏联阵营成员,有的是苏联加盟共和国之一,如保加利亚、捷克共和国、斯洛伐克共和国、白俄罗斯、哈萨克斯坦以及乌克兰。这些国家生产的武器与俄罗斯的武器大抵相似。越南海军似乎更愿意与乌克兰展开合作。乌克兰专家提出一项方案促进越南海军的现代化建设,并帮助重建北山的海军造船厂。目前正在建设越南海军检验区,并且建立合资企业生产海军船舰的洽谈正在进行①。2000 年 5 月,越南国防部长访问基辅,试探未来合作的可能性。尽管近期取得的成效仅表示两国军事关系处于起步阶段,但越南与乌克兰以及其他原苏联加盟共和国签订合同可以作为其与俄罗斯关系的有效补充,甚至可以成为其另一个选择。无论如何,都会扩大越南的行动范围。但是,从长远利益看来,越南只有加强其自身的国防工业,才能真正提高行动能力。

国防工业

越南战争展现出的一个矛盾之处就是越南共产党拥有一支强大的军队,一些部队装备有先进的武器,但是没有一个同样先进的国防工业作支撑。由于经济发展速度缓慢以及空袭摧毁了工业生产设备,北越没有能力建设名副其实的国防工业。越南要依赖苏联以及东欧的盟友提供赢得战争所需的现代武器以及装备。1990 年 12 月,越南一名高级将领 Dung Vu Hiep 说道:"总体来说,我们军队的装备走在经济发展水平的前面。"②

1989 至 1990 年,苏联停止对越南的军事援助,越南面临全新的境况。越南必须建立自己的现代国防工业,这项任务即使在稳定的环境下也不可能在几年内完成。所以,越南的海军和空军别无选择,只能从旧式的船舰以及飞机

---

① 伊塔—塔斯社,2000 年 5 月 12 日。
② 卡莱尔援引,《经济改革下的越南人民军》,新加坡,1994 年,第 47 页。

上拆用配件,保证有限的船舰和飞机可以正常服役。

海湾战争之后,越南的经济改革政策开始有所成效,越南便重新着手加强国防工业。1993 年,国防部长要求为国防工业的发展制定蓝图,并划拨"足够的预算"建设能够自给自足的国防工业。① 但是,8 年之后越南仍然缺乏先进的技术。越南似乎只有依靠外国援助以及合作才能实现自己自足,所以近期越南正在与俄罗斯、乌克兰以及印度洽谈建立合资公司共同生产军事装备的相关事宜。直到如今,只有 1996 年与俄罗斯签订的建立合资公司生产海军船舰的协议付诸实施。

越南的国防工业何时才能为军队现代化建设以及海军战斗力的提高作出贡献、这种贡献能到何种程度,与国防工业的商业活动紧密相关。20 世纪 80 年代后期,越南军队效仿了中国军队的做法,"走进了商业圈"②。全国范围内,越南军队现在控制着 200 多个领域,包括纺织厂、建筑公司、酒店甚至还有酒吧,使得其每年的收入达到近 6 亿美元。

盈利的一部分投入了国家预算,剩余的部分就用于军队建设③。据说,海军是"国家盈利最多军事派别"。④ 例如,1998 年,胡志明新港的商业货运服务盈利 1,290 万美元。⑤ 另外,与外国的合资企业也掌握在海军手中,比如与日本 Kotobuki Holdings 合作,耗资 8,000 万美元建造西贡万豪酒店⑥。

近期,中国不断减少军队对商业领域的控制;与之相反,越南国防部长范文茶强调了军队在经济领域扮演的角色,他说道:"参与社会经济建设与发展,同时促进国防的战略发展是军队重要的政治目标。"⑦参与经济建设到底是有利于现代军队与海军的建设,还是过多地追求盈利会榨干军队的能量,我们拭目以待。

---

① 卡莱尔援引,《经济改革下的越南人民军》,新加坡,1994 年,第 49 页。
② 《海峡时报》,1993 年 10 月 19 日。
③ 《国际先驱导报》,1993 年 10 月 18 日;《亚洲防务杂志》,1998 年第 2 期。
④ 《越南投资评论》,1999 年 2 月 1 日。
⑤ 《越南投资评论》,1999 年 2 月 1 日。
⑥ 《金融时报》,1998 年 11 月 4 日。
⑦ 《金融时报》,1998 年 11 月 4 日。

防御合作

1989 年 9 月,越南从柬埔寨撤军;1991 年 10 月,越南积极参与了柬埔寨冲突的解决,随后,越南的国际地位有所提高。接下来的几年间,越南不仅与 30 多个国家(包括美国、朝鲜、以色列)建立并加强了政治经济关系,并且加强了军事联系。越南与其他国家互相派遣军官,越南军事代表团访问其他国家,寻找购买以及合作生产武器的可能性。近几年,越来越多的外国船舰以及海军高层官员对越南港口进行友好访问。^① 甚至,2000 年 3 月,美国国防部长威廉·科恩也访问了越南。访问之后,科恩向媒体透露说总有一天,美国的战舰也会访问越南海港。^②

尽管与各国的军事联系有所加强,但是军事战略研究所调查部的部长 Vo Dinh Quang 接受《亚洲防务杂志》采访时说:“越南不关注建立军事同盟,而是把重心放在国家发展与建设上。越南建设军队的目标是保卫国家,而不是介入外部冲突。”^③1998 年发布的《国防白皮书》中重申这一观点:“越南不会加入任何军事同盟,也不会参与违背和平理念或展示威慑力的军事行动。”^④

不加入军事同盟并不意味着越南不会加入安全体系或与其他国家合作,以保护自身的安全利益。上面提到,越南与很多东盟成员国达成协议在中国南海联合巡逻,划定争议海域范围,制定“行为规范”。实际上,《国防白皮书》支持东盟区域论坛以及与其相关的事务委员会,因为东盟主张通过对话解决争端:“东盟区域论坛的成立与发展旨在加强各国间的信任,开展防御性外交,促进并加强区域和平与稳定。越南将其国家安全利益置于区域安全的框

---

① 东盟国家的海军船舰访问了越南海港之后,1999—2000 年,韩国、法国以及英国的船舰也访问了越南海港。

② Stratfor.com:《华盛顿、莫斯科以及北京垂涎越南海港》,2000 年 3 月 16 日,stratfor. com./asia/commentary/0003160034.htm。

③ 布鲁克:《越南的武装部队》,见前引书目,第 8 页。

④ 1998 年,越南社会主义共和国国防部,《巩固国防,保卫国家》(越南国防白皮书)。

架之内……"①

但是,越南了解东盟以及东盟区域论坛的限制,所以,越南还与非东盟国家建立安全合作关系。1996—1997年,日本首相桥本建议与东盟国家建立"多边安全网络",越南是唯一一个支持这一倡议的东盟国家。② 1998年底,越南国防部长范文茶访问日本的时候,两国同意继续进行高级别的国防与安全对话,互派军事人员。范文茶还称赞了20世纪90年代日本在亚洲地区发挥的作用,承诺越南会继续与日本以及其他亚洲国家合作促进区域安全。

越南非常看好印度的"东进"政策及其扩大在东南亚地区影响力的意愿。2000年,越南成为第一个与印度签订防御协议的东盟国家。根据这项协议,印度在越南军队现代化建设中扮演重要的角色,两国海军会在中国南海进行联合演习以"抵御海盗"。在这些演习中总结的经验也可以用于对抗其他威胁。③

俄罗斯是唯一在越南还拥有军事基地的国家。原美国基地金兰湾于1979年租借给苏联25年。后戈尔巴乔夫宣布从金兰湾撤军,但新的俄罗斯联邦政府态度转变,宣布其军队不会撤离金兰湾。④ 越南很吃惊,可还是接受了这一声明,但是俄罗斯必须签订新的友好条约才能继续在基地驻军。俄罗斯从1996年起就关注这一基地,并且多次声明会继续在此驻军并发展金兰湾⑤,但是,2001年,普京总统宣布,俄罗斯将于2004年前撤离这一海军据点。

---

① 凯·莫勒,见前引书目,第285页。

② Stratfor.com:《日本与越南寻求军事合作》,1998年12月2日,www.stratfor.com./asia/afuarchive/b9811202.htm。

③ Stratfor.com:《印度寻求在东南亚的影响力》,2000年3月29日,www.stratfor.com./asia/commentary/0003290100.htm;Stratfor.com,印度在南海挑战中国,2000年4月26日,www.stratfor.com/SERVICES/giu2000/042600,ASP。

④ 格哈德·威尔:《继续驻军越南》,《俄罗斯在东南亚新的安全政治举措》,《BIO的最新分析》,第49期,1992年。

⑤ 卡莱尔·泰勒,《军队的现代化建设》,见前引书目,第14页。

严格从军事角度分析,该基地不是很重要。但是不能忽视其政治重要性。作为安理会常任理事国之一,俄罗斯是唯一一个不与中国南海相邻,但却在东南亚拥有军事基地的国家。越南长期默许俄罗斯占有金兰湾。20 世纪 80 年代,其他的东盟国家把该金兰湾基地当作影响东南亚稳定的因素,现在希望新的使用者能够到来,无论是美国、中国,还是印度。

结语

越南在中国南海有着重要的经济和安全利益。越南面临的一个两难境地就是越南宣称的领海,东南亚一些邻国以及中国也宣称对其行使主权。加入东盟之后,越南更希望与东盟成员国和平解决各种争端,但是与中国就争端达成一致意见还有很长的路要走。近几年,越南采取措施促进其海军的发展和现代化建设,维持一定的攻击能力。但是,这些军队远远比不上技术更加先进的中国军队。

越南没有加入军事联盟,也不想建立这样的联盟对抗中国。即便如此,越南还是加强了与东盟国家的安全联系,并鼓励非东南亚国家在中国南海,甚至是越南领海,开展商业活动①,增强军事影响力。因此,任何想要侵犯越南利益和领土的国家都要先考虑可能会与非越南军队对抗。

越南采取软化政策的另一个优势就是现有的争端不会因为明确的对抗阵营而激化。但同时存在的弱点就是一旦冲突爆发,越南没有明确的盟友可以依靠。越南需要环视周边,寻求支援,这会消耗时间,给对手出其不意的机会,争取主动,占据优势。

---

①　越南已经授予外国公司 27 个共同加工石油的合同。这就意味着出租 38 个特许权,打造 42 口探井。卡莱尔·泰勒,印度支那,柯刚瑞,《亚太地区的安全》。《减少不稳定因素,迎接全新机遇》墨尔本,1996 年,第 141 页,还提议将美国在 Chu Lai 的海军基地转变为特殊经济区,以苏比克湾为例。《马尼拉标准报》,2000 年 1 月 12 日。

第八节　文莱、柬埔寨、东帝汶、
老挝的海军与海洋政策

在亚太地区,许多国家的海军规模都很小,原因可能是其周围都是陆地,或者海岸线比较短,或者是没有充足的资金来建立一支相当规模的海军队伍。这些国家没有明确的海洋战略,所以这里仅对其进行简单概述。

文莱①

文莱达鲁萨兰国首都是斯里巴加湾市,该国位于加里曼丹岛西北部,领土面积为 5,765 平方千米。该国位于赤道北 440 千米处,所以其唯一的直接邻国是马来西亚的沙捞越州。文莱海岸线长 130 千米。

文莱 1888 年成为英国的一个受保护国,于 1959 年获得完全主权,不过英国仍然负责文莱的国防和外交事务。1984 年 1 月 1 日,国王哈吉·哈桑纳尔·博尔基亚宣布文莱是"一个拥有国家主权的、独立的、民主性质的君主立宪制国家"。文莱的经济主要依赖本国的石油和液化天然气行业,在邻近海岸地区蕴藏丰富的石油和天然气。据劳埃德船级社称,文莱商船队包括 65 艘船舶,总吨位达 366,296 吨。

文莱没有外部威胁,这个小国由于力量有限,几乎不可能建立抵御外来侵略者的国防系统。文莱曾是英国的受保护国,所以英国愿意在国防上对文莱进行援助。根据 1984 年签订的一个特殊的文莱—英国协议,约有 800 名英国尼泊尔族士兵(除了一些军事顾问,还包括第七廓尔喀步枪队一个营的士兵)常驻在文莱。

文莱没有具体的海洋战略,该国海军的主要职责是保护该国的近海油田和天然气田,海军执行其任务的主要装备是中小型巡逻艇和海上巡逻机。文

---

① 作者:格奥尔格·艾斯克尔。

莱海军由 500 名战士组成。为保护本国的油田和天然气田及本国海岸线，本国海军现在具备三艘 Waspada 级快速攻击艇，3 艘英雄级海岸巡逻艇和 19 艘快速突击艇。为了增强海军执行任务的能力，该国计划购买 3 艘近似轻巡洋舰规模的近海巡逻舰。原本计划于 1995 年签订该协约，但由于经济困境而多次延迟。据最近获悉，由于该国与英国关系密切，这些船舰将于英国耶尔罗造船厂（Yarrow Shipbuilders），计划于 2002 年运往文莱。

为执行海上监控任务，该国还计划购买海上巡逻机。文莱很可能偏好印度尼西亚的 CN 235 海上巡逻机。海军基地穆阿拉位于该国北部文莱河的河口。文莱计划引进的三艘耶尔罗轻巡洋舰、海上巡逻机、巡逻艇和攻击艇很快就能够在新加坡完成制造，并配备机枪和无线电系统。只有引进这些装备，文莱海军才能成功保护本国重要的油田和天然气田。

柬埔寨[①]

柬埔寨首都是金边，该国位于东南亚大陆，海岸线长近 440 千米，自称具有 12 海里的领海区域以及 220 海里的专属经济区。周边国家有泰国、越南和老挝，泰国和越南两个国家都具备中等规模海军，老挝则被陆地所环绕。

1953 年法国同意柬埔寨独立。20 世纪 60 年代，诺罗敦·西哈努克国王试图使柬埔寨远离越南的冲突，但 1970 年朗诺将军将其政权推翻，从而使其上述思想无疾而终。1975 年，红色高棉接管政权，并在波尔布特的领导下建立了马克思主义社会。1978 年，邻国越南入侵柬埔寨，并在柬埔寨驻军长达约 13 年，这期间与该国的游击队组织多次开战，最终越南决定撤出柬埔寨。在过渡时期，联合国对柬埔寨进行监管，并引导该国于 1993 年 5 月首次进行自由选举。在自由选举结束后不久，新的宪法就出台了，西哈努克国王继续执政。自那时以来，前共产主义领导洪森引导该国发展，后来还把拉那烈亲王赶下台。洪森希望通过减少国家每天暴力事件的发生，将

---

① 作者：彼得·克劳斯。

红色高棉融入国家体系中,推进改革,并同意因红色高棉违反人权而接受国际审判,试图来赢得国际声誉。

国防方面,柬埔寨打算到 2004 年将该国的国防战士由目前的 110,000 名减少为 70,000 名。国内的经济问题也使该国举步维艰,将使其在 2005 年前的国防预算一直保持紧缩状态。

柬埔寨海军包括河岸与海岸部队,配备有用于军事行动和水陆两栖作战的舰艇,海军的任务是保护本国的海上利益,但本国并没有详细的海洋战略。为实现目标,本国海军拥有近 600 名船员和 2,500 名士兵。海上的核心装备是苏联制造的舰艇,如 4 艘斯坦卡级巡逻船(Stenka—class),2 艘甲虫级河流巡逻船,4 艘赤眼蜂级河流巡逻船和 2 艘 T—4 级登陆舰。此外,河流军队力量还包括近 170 艘机动化赛船。这些船舰中,很多目前都不能在行动中投入使用。由于历史原因,游击队与越南部队,以及不同的游击队组织之间都长期存在着战争,从而使本国基本上无海军部队可言,也无任何行动效率可言,而且海军行业也变得越来越弱。1992 年,联合国委派乌拉圭和智利两个国家在柬埔寨新皇家武装部队中建立海军部队。1997 年,柬埔寨从马来西亚引进 2 艘 Koh Chlam 河流巡逻船,该国海军首次呈现恢复的迹象。至今,由于柬埔寨国内缺乏海上工业设备,所以大部分基础维护工作(如对船舰进行彻底检查)都需要在马来西亚进行。

通过分析柬埔寨目前的形势,可以看出,该国海军目前尚没有能力胜任保护该国海上利益的重要任务。鉴于该国的经济形势,在可预见的未来,柬埔寨海军队伍力量不大可能显著增强。

东帝汶[①]

东帝汶将于 2002 年宣布独立,国家人口近 80 万。东帝汶国内面临着各

---

① 作者:威尔弗里德·赫尔曼。作为东南亚新独立的国家,当前还没有对它海军等方面更权威的研究,因此本书保留了本书成书时东帝汶一节,以此为有志于东帝汶海洋问题研究的学人提供一些基础信息。——译者注

种政治和经济难题,联合国成立的东帝汶过渡行政当局对此也丝毫不加隐瞒。不过,政府已经决定建立一支 3,000 名战士(1,500 名活跃战士与 1,500 名非活跃战士)的东帝汶国防部队,这支部队将得到美国、澳大利亚与葡萄牙顾问的指导,虽没有重型武器,但将能够保护本国的领土和领海的边境区域。这支军队的核心成员是东帝汶民族解放军,这是一支陆军抗战部队,在丛林作战与陆战方面拥有丰富的作战经验。自 2001 年以来,本国没有获得任何专家指导,也没有呈现出要建立小规模海军来保护东帝汶和澳大利亚之间区域的油田与天然气田的任何迹象。国际分析人士指出,这将大大增加东帝汶的国家预算。联合国成立的东帝汶过渡行政当局一旦离开,东帝汶就不得不采取行动来应对这一问题,同时还需要承担其保护海上交通线的重要责任。到那时候,东帝汶将会竭力寻找合适的方案来保护本国的近海资源。鉴于上述这种形势分析,东帝汶很可能会与周边国家(如澳大利亚和印度尼西亚)建立双边与多边合作关系,来共同处理海洋事务。在这种情况下,东帝汶国防部队的海上资产和能力将仍然是有限的。

老挝人民民主共和国①

老挝人民民主共和国(老挝)是一个陆地环绕的国家,位于东南亚大陆的中心地带,1953 年,法国承认老挝主权独立。老挝王国政府与亲共产主义巴特寮政府之间进行长期争斗之后,双方最终于 1973 年 2 月签署停战协议,并于 1974 年成立联合政府。1975 年 12 月,巴特寮政府掌控政治权力,西萨旺·瓦达纳国王让位,老挝人民民主共和国宣布成立。之后,巴特寮叛军就成立常规军队,接受军事训练,并装备有苏联和越南提供的军事武器。虽然重心是陆战,该国也建立了一个拥有近 600 名战士的小规模河流海军队伍,即老挝海军部队。这支海军部队主要的武器装备是 1986 年由苏联提供的 46 艘河流巡逻船,此外还具有约 12 艘河流巡逻舰和 4 艘登陆舰。其主要任务是在湄公

---

① 作者:彼得·克劳斯。

河巡逻,并保护本国与泰国间的边界区域。然而,据称这些河流船舰中大部分的战备状态都不确定。在这种情况下,鉴于该国的经济形势,在可预见的未来,该国海军实现全面现代化恐怕是不大可能的。

第九节　近东南亚澳洲国家的海军状况

新西兰①

1852 年新西兰成为英国的自治殖民地,于 1947 年获得独立,是英联邦成员国之一,并与澳大利亚、马来西亚、新加坡和英国一起签署五国防卫协议。鉴于新西兰不受外部威胁,该国皇家海军的主要任务是保护本国主权和领土完整。而且,新西兰还希望能够为南太平洋地区的区域安全和稳定作出贡献。由于地缘方面的因素,该国海军明白要实现上述目标就必须与澳大利亚合作,所以该国武装部队在安全理念、作战训练和装备等方面与澳大利亚密切合作。联合国维和者在该地区(如东帝汶或巴布亚新几内亚)作出的努力对整体部队结构具有重要影响,使得该地区最强大的部队仍然是陆军部队。新西兰皇家海军约有 2,000 名战士,负责保护本国超过 15,600 千米的海岸线、200 海里的专属经济区和 200 海里的大陆架的安全。执行该任务的主要装备包括 2 艘卡哈级护卫舰、1 艘坎特伯雷级护卫舰和 4 艘恐鸟级沿海巡逻艇。为执行运输任务和支援其他军事行动(如联合国行动),新西兰皇家海军还具备 1 架坦克(奋进号)和 1 艘军事海军舰(乌普海姆)。此外,还有一艘苏联海军航道测量船,用于海洋学研究。在军队现代化方面,为了保证与澳大利亚联合行动,新西兰海军正在考虑到 2005 年停止使用坎特伯雷级护卫舰,但自 2001 年以来,还尚未决定该护卫舰的取代品。虽然新西兰国防部队力量不是很强,但与邻国增强合作将有助于新西兰实现本国的安全政策目标。

---

① 作者:鲁茨·海德斯。

巴布亚新几内亚[①]

巴布亚新几内亚位于新几内亚岛东部,作为澳大利亚的受保护国长达 55 年,最终于 1975 年赢得国家独立。国际分析人士指出,该国面临着严重的经济问题。由于游击队在布干维尔岛上的行动,1989 年巴布亚新几内亚主要的收入来源,即该岛上的铜矿,损失严重。接着,该国经历了近十年的内战,终于在 1998 年该国政府与布干维尔岛上的游击组织签署了和平协议。

巴布亚新几内亚的国防部队主要致力于保卫本国免受外部威胁,主要是印度尼西亚的非法越境,陆军部队则主要用来采取陆战行动。保护该国超过 5,100 千米长的海岸线的资源十分有限,共计有 4 艘用于近海巡逻的陶兰加级(澳大利亚—太平洋级)大型巡逻艇,2 艘萨拉马瓦级中型登陆舰,4 艘政府控制的登陆舰,以及 5 架办事能手(Nomad Missionmaster)GAR N22B 海岸巡逻机,用来保护该国海岸线及其宣称对其拥有主权的 200 海里专属捕鱼区的渔场。巴布亚新几内亚缺乏资金,而本国面临的内部威胁(布干维尔岛)和外部威胁(印度尼西亚非法移民)又使得该国视陆军部队为其重中之重,这两方面是阻碍巴布亚新几内亚在可未见的未来扩大国防部队中的海军力量,或实现海军部队现代化的主要因素。

[①]　作者:鲁茨·海德斯。

第六章 南亚国家的海洋政策

第一节 弱势海权的代表：孟加拉国[①]

政治—安全环境

孟加拉国自 1971 年实现独立以来，安全关系一直深受国内国外压力的影响。因此，孟加拉国的安全战略并不局限于诸多的政治、经济及环境问题和弱点，这些问题和弱点使其在南亚地区身处极大的弱势地位。孟加拉国安全战略在一定程度上还考虑到了南亚的国际政治情况。在该地区，由于长期以来的分裂、宗教紧张态势及民族主义思潮，印度和巴基斯坦之间的关系一直都是影响孟加拉国的外交及安全政策的重要因素。在这一背景之下，印巴之间持续的对立关系对印度与孟加拉国之间的关系影响非常之大。

由于孟加拉国在军事方面相对较弱，其对安全的定义在很大程度上取决于孟印关系。孟加拉国是一个位于喜马拉雅山丘陵地带与印度洋之间的低洼河流国家，其北面、东面、西面几乎被印度包围，东南面邻近缅甸、南邻孟加拉湾，这一地理情况对孟加拉国的安全方面有着非常重大的影响。在评估内外部条件时，有两个因素非常重要：第一，殖民地的历史，1947 年至 1971 年间，孟加拉国属于英属印度，巴基斯坦则统治东巴基斯坦（之后的孟加拉国）；第二，南亚地区以印度为中心，印度这一地区大国位于南亚的中心位置，而且试

---

① 作者：安德烈亚市·威廉。

图获取某一形式的区域霸权。

　　在研究孟加拉国与印度的关系时,战略与文化不安全性之间的相互作用及其对外交政策的影响非常之大。印度是南亚地区最大的主宰力量,这一地缘政治情况让该地区的每一个国家都非常担忧,尤其是孟加拉国,因为它几乎完全被印度包围。虽然孟加拉国的存在在很大程度上取决于印度的援助,但即便这一恩情也无法打消孟加拉国对印度的恐惧,或对印度教统治的恐惧,这一点一直以来都是东孟加拉穆斯林政治中一个根本的方面。①

　　因此,对孟加拉国而言,安全主要是指政治独立、领土完整及国家主权的维护。② 在国家主权方面,孟加拉国主要担心印度的军事力量及其试图侵犯孟加拉国主权的意图;不管这一担忧是否合理,孟加拉国的这一忧虑依然是其国策的重要组成部分。

　　对达卡政府而言,安全指的是能够进行国家建设,解决国内问题,同时在最大限度上从印度独立。③ 但孟加拉国和印度之间的历史、文化及商业关系一直都非常紧密,而且两国都深知友好关系的重要性。正是这一利益一致推动孟加拉国及印度在 2000 年 10 月达成一致共同维护两国漫长、驻守不严的边境的和平。

　　在孟加拉国对"安全"定义的政治—军事方面,海军战略参数对其政府及军队而言也是一大关切。在评价孟加拉国的海洋战略时,孟加拉国的一位海军军官曾指出,"海洋战略"是旨在促进海事领域主权权利的一切国家政策、

---

① 凯瑟琳·亚克斯:《孟加拉国、印度及巴基斯坦》,载《国际关系及南亚的地区紧张态势》,韩德米尔,贝辛斯多克,2000 年,第 10 页。

② 《孟加拉国的外交认可的分析》,见莱特:《孟加拉国:起源及印度洋关系(1971—1975)》,新德里,1988 年。

③ 安全问题在史蒂夫·霍夫曼《南亚的国际政治》一文中也有讨论,《亚洲及非洲研究期刊》,第 1 期 33 卷(1998 年 2 月)。

目标及方案的总和相加,在这些领域当中,海洋/河流是非常重要的因素。①

造成孟加拉国与印度之间的冲突的问题包括:

1.与土地分界及海洋边界相关的领土冲突;

2.在共有河流共用水资源(1996 年两国签署了 30 年的恒河水资源共用协议);

3.涉及具有跨界联系的民族语言及宗教群体的国内冲突(如吉大港山走廊);

4.相互冲突的经济利益;

5.走私、非法跨境活动及海盗行为。

虽然孟加拉国的区域及外交政策由其总体的贫穷状况及派系竞争决定,同时也取决于其主权受环境灾难的损害程度,以上的方方面面都是孟加拉国安全政策制定过程中的重要因素,同时它们也促使达卡政府(从拉赫曼到谢赫·哈希那·瓦基德)向区域内及区域外的力量(美国及中华人民共和国)、阿拉伯国家及联合国寻求支持及援助,包括军事上的援助。虽然任何军事援助对达卡政府都有非常重要的直接利益,但印度一直反对这一军事援助,其理由是孟加拉国与其他国家之间广泛的协商及关系会损害印度在印度洋地区的地位。

中国海洋力量的崛起及其对孟加拉国海军提供军备这一事实促使孟加拉国与中国进行合作,该国已在孟加拉国建立了广泛的部署。孟加拉国与美国的关系也有所改善,1995 年美国对孟加拉国的投资仅有 2,500 万美元,而到 90 年代末这一金额已上升到 7.5 亿美元。虽然孟加拉国试图寻求国外支持,但这并不意味着它试图打破力量平衡,使印度处于不利地位。和南亚的多数小国一样,孟加拉国坚持在处理外交事务中使用各种不同方法,从而获益。因为本来,"谈判外交对于孟加拉国这样一个弱国而言是唯一可行的选择。"②

从战略及海洋安全的原则来看,孟加拉国的政策与其地缘战略位置(邻

---

① 关于海军准将穆罕默德·胡尔西德·阿拉姆评论的详细内容,见阿拉姆:《新千年孟加拉国的海洋战略》,孟加拉国战略与国际研究所,第 3 期 20 卷(1999 年 7 月);http://biiss.org/jourbal/july99-issue.htm.,2011/2/21。

② 见亚克斯,第 18 页。

近印度洋及重要的海上通道,拥有中国这一区域内力量及美国这一区域外力量)密切相关。美国计划在印度洋地区建立一个海军基地,这让印度非常担忧。因为在巴基斯坦或印度建立军事基地的可能性不大,因此美国一直都瞄准了孟加拉国;①这一项目将对印度海军带来严重的影响。因此,新德里政府多次对孟加拉国发出要求,要求达卡"与中国保持距离",而且孟加拉国以双边形式与印度接触,而不能去建立或参与对立的联盟。②

孟加拉国的海军状况

对孟加拉国的战略前景的分析表明,内外部因素对孟加拉国的军队建设及海洋战略有着非常深刻的影响。孟加拉海军拥有三个首要任务:

维护国家领海的主权;

维护孟加拉国的经济利益,在专属经济区及大陆架内实施海上控制;

保护孟加拉国的航运活动。

孟加拉国独立时,并无任何海军设备及人员。1972 年 4 月 7 日,孟加拉国海军作为一支独立的军事力量建立起来,当时该海军只有 12 名军官、1,000 名海员、6 艘捕获的快艇及一些其他的小型武器。正是在这样的基础之上,孟加拉海军不断壮大,到 1999/2000 年发展成为一支约有 10,500 应征人员的海岸及河流防御力量。该海军的行动及训练中心位于孟加拉国的主要港口吉大港,1998 年新孟加拉海军学院开始在此办学。虽然海军的总部也在吉大港,但一些小的海军设备则分布在达卡、库尔纳和戈不多伊等地。

在这一背景之下,孟加拉海军逐步壮大,集中全力创建一支海岸警卫队,由于其军事要素,海岸警卫队可帮助孟加拉海军分担一些次级任务,如渔业保护、专属经济区巡逻(约有 100,000 平方公里)、反走私、反海盗巡逻及污染控

---

① 《印度快报》,2000 年 3 月 27 日。

② 见苏希塔·高时:《中国—孟加拉关系对印度的影响》,《八月战略分析》(印度),第607—625 页;塞得·安瓦·侯赛因:《孟加拉国的种族及安全》,出自伊福特卡卢兹曼(编辑),《南亚安全》。内部情况的重要性,新德里。

制。该海军在和平时期应重点关注训练、灾难救助行动及海盗测量这样的辅助任务。沿海水域的巡逻船舰(1982—1984 年从中国购买的 24 艘舰艇)包括5 艘河谷号和 5 艘黄蜂号快速攻击艇(全部配备导弹)、4 艘 P4 和 4 艘湖川号快速攻击艇(全部配备鱼雷)、1 艘海南号和 2 艘前南斯拉夫克拉耶尼号快速攻击艇/巡洋艇、8 艘上海 II 号快速攻击艇/枪及 8 艘海岸巡逻艇(2 艘前印度阿克沙伊号、2 艘麦甘那号、1 艘海追号和河流号、2 艘快速韩国 PCM(配备地对地导弹的巡洋舰))。

孟加拉海军最大的船舰是三艘来自联合国的老式护卫舰,包括 2 艘猎豹级 41 型护卫舰(重命名为阿里海德和阿布巴克尔)及 1 艘索尔兹伯里级 61 型护卫舰(重命名为乌玛法鲁克)。另外还有一艘中国制造的江湖 1 号护卫舰,后命名为欧莎曼。孟加拉海军的其他舰只就只有 5 艘本土打造的巴布纳号河滨巡洋舰、4 艘扫雷艇(3 艘沙普拉号和 1 艘沙加尔号)和 14 艘两栖船。①

结论

对孟加拉国而言,该国与印度及其他援助方的关系是其经济增长的主要前提。进 21 世纪,孟加拉国的海岸警卫队已完全可以进行,因此其政治及经济安全既取决于与印度的外交关系,同时也取决于该国其他的外交努力、不结盟政策及对联合国维和行动的参与。作为南亚的一个小国,孟加拉国有其自身的环境及经济问题,其海洋战略就是要保护并管理海洋资源,并提供灾难救助。虽然孟加拉国是一个军事弱国,但其邻近印度洋的这一地理位置可能会引起他国的关注。这在很大程度上取决于其邻国中国与印度以及美国的海洋战略和安全政策。

---

① 比较 ISS 军事平衡 1999/2000,孟加拉国,第 160—161 页;进一步的讨论,见罗伯特·卡尼尔:《孟加拉海军扩张势力》,《琼国防周刊》,第 25 期 25 卷(1996 年 2 月)。

第二节　印度的区域性海洋强国战略[①]

作为世界上人口第二大国、亚洲第三大经济体及领先的地区力量,印度是印度洋的地缘战略中心及南亚的关键要塞。21世纪伊始,一个全新的国际结构要求新德里对其安全政策及海洋战略作出根本性的改变。在冷战后国际体系的新结构中,印度试图为其国家及海军在南亚地区打造一个全新的区域政策角色。这对于世界上地缘经济重要地区的安全及政治稳定而言至关重要。同时,它对于印度的海洋战略及其在印度洋的海上利益而言也非常重要。印度在南亚地区的政治及经济统治地位及其位于波斯湾与亚太地域之间的这一地理位置表明,印度洋对于印度的经济繁荣及海洋安全的重要性日益上升。同时,印度的贸易中超过90%依赖于海上运输,其石油需求几乎有80%通过海洋满足。大约有46%通过游轮从波斯湾获得,34%则来自近海地区。"未来印度将实现更高的经济增长速度,因此该国的贸易会不断上升,对波斯湾的石油进口的依赖程度也会逐渐增加。这将进一步提高印度洋上的印度海上通道的重要性,并加强印度海军的责任。"[②]

印度的"国家自主"安全政策:战略结构

印度的安全政策及海洋战略的战略结构主要基于"国家自主政策"的要求。20世纪50年代初,印度在全球范围内确定了其外交及安全政策利益,并从国际"不结盟运动"的角度认为自己是亚非世界中所有新独立国家的领导者。不结盟运动的目的在于展现印度作为新独立国家的国际领导人这一角

---

① 作者:汉斯—弗兰克·塞勒。

② 胡尔·罗依—乔杜里:《印度的海洋管理》,2000年12月,http://www.idsa-india.org/an-aug-3.htlm;还可参见汉斯—弗兰克·塞勒:印度:一个寻求全新外交及安全政策形象的国家,出自威尔弗里德·赫尔曼(编辑):《亚洲的安全威胁》(新星出版社,纽约,1998年),第197—213页。

色。因此,在联合国中,印度总是以一种说教的口吻积极保护第三世界国家的利益,这一点实际上是出于其自身的历史原因。历史上所有的印度政府都充分利用联合国论坛这一机会推动其成为国际公认的前殖民领域的"倡导者"这一角色。此外,作为不结盟运动的领导者及1973年以来的核大国,印度的安全政策以战略自立这一框架为基础,同时印度还建有一支"蓝水"海军,这些都是为了在国际范围内维护其"国家自主政策"。①

现在距冷战结束已有十年的时间,但不结盟原则仍然是印度的"国家自主"政策中不可或缺的一部分。② 印度在1998年5月进行了地下核试验,2000—2001年间定期对其可携带核弹头的烈火二号中程弹道导弹进行测试,同时还坚决反对加入《不扩散核武器条约》,这些行为都体现了印度目前极其矛盾的核政策,而这一政策又体现了"国家自主"这一安全政策中另一个中心思想。印度认为《不扩散核武器条约》(1995年被无限期延长)是一个带有歧视性的工具,试图将印度从精选的"富人俱乐部",也就是最初的核大国或P—5中排除出去。到目前为止,印度对这一核力量政策的限制性态度、如今对《全面禁止核试验条约》的不批准做法以及在博客兰展开核试验的行为都与1962年印度在中印战争中的沉痛经历以及印度向巴基斯坦发起的三次战争(1947—1949年,1965年,1971年)紧密相关。同样,印度在2001年1月进行的烈火二号导弹试验对其发展有效的核威慑力量这一计划至关重要,对其将自身的外交及安全政策角色视为区域力量的这一想法也有很大的影响。③ 保

---

① 罗伯特·斯卡拉皮诺(编辑):《亚洲及大国力量:国内政策和外交政策》,伯克利,1988年,第306—340页;还可见拉杨:印度外交政策的近期论文,新德里,1997年,尤其是第二部分不结盟的意义。

② 其他的目标还包括获得重大话题的政治参与的国际许可及在联合国安理会的永久席位。这些目标将在苏联解体及军事集团分裂之后得以实现,而要做到这一点,必须加强与联合国的合作、进一步参与联合国的维和行动并促进一个全新的国际危机管理方案。印度似乎试图通过过度强调冲突解决的国际提案并在冲突地区部署大规模的预防性部队,从而建立在联合国的国际不可缺地位。参见谢卡·古普塔:《印度重新定义其角色》(阿德尔菲文件293,伦敦,1995年)。

③ 对印度自我感知的综述,见阿密特·古普塔:《决定印度的军队结构及军事方针》,《亚洲调查》,第35期(1995年5月),第441—456页。

持强大的核能力,建立一个独立的太空发射项目,并实现武器科技方面的自给自足,这些在印度看来都是其抵御中国及巴基斯坦的重要保证。在过去几年,西方国家及亚太国家基于安全考虑,采取了大量措施试图影响印度的外交及安全政策,但这些努力最终都以失败而告终。这也解释了为什么印度试图通过发展第二次核打能力(这在核背景下是非常可能实现的)抵御外国的侵略,同时对中国及巴基斯坦采取威慑政策。[1] 在国家安全方针中,有三个关键因素:

> 通过良好的治理及有效的政策实现国家团结,加强国家的应对能力;
>
> 发展强大的劝解能力,避免侵略或敌对的入侵;
>
> 建立自主开发及获取武器的基础。[2]

印度新的及 1999 年以来首个国家核方针承诺不会首先使用核武器,但保持了其在面对潜在的入侵者时的威慑权利,该方针还指出,任何对印度的攻击都是不划算的。新德里正在不断加强其长期的核能力,并试图将其自身的核部队打造成可以依赖的威慑力量。这些核部队"将以经典的路基弹道导弹、舰射弹道导弹及作战飞机这一'三件套'为基础,而且其行动计划及训练将得到相关部门的支持"[3]。在印度的国家安全政策这一背景之下,印度海军将逐渐成为新德里国家自主政策的海洋主心骨,在未来还将充当一个更加积极的战略角色。

---

① 这也是印度空军采取"双战区战术"的原因,其空军必须同时参与两场战争,一场是对巴基斯坦,另一场是对中华人民共和国。但这一印度威慑要素似乎仍有待商榷。关于这一内容,见拉梅什·塔库尔:《中印关系正常化》,及赛季特·曼辛:《纵观中印关系:从何时到何地?》,出自《印度国防评论》,1992 年 4 月,比较辛格:《国家威慑的衰退:印度国家安全挑战》,1995—2010年,出自"1995—2010 年印度国家安全挑战及其应对行动"研讨会中的工作文件,US—I,1993 年11 月 25—26 日,新德里;还可见普莱姆·库玛:《国家安全全球化》,2000 年 12 月(http://www.bharat—rakshak.com/Navy/)。

② 少将班纳吉:《印度的国家安全应对方针:下两个十年的计划》,出自 US—I 研讨会的工作文件,1993 年 11 月 25—26 日,第 8 页。

③ 国防博览会(DEFEXPO)强调印度国防现代化项目,《军事科技》,1999 年 12 月,第 74—87 页,此处第 84 页。

印度在印度洋的海洋利益及目标

印度坚持"国家自主"政策,还体现在其对海军的建设及对印度洋的重要矿产及石油资源的发掘及开采。印度在 1988 年开始打造一支现代"蓝水"海军,主要是为了保护其海洋边界,包括一条 6,100 公里的海岸线及 300 多个岛屿,从 1976 年开始还包括一个 200 海里的专属经济区,约有 220 万平方公里。这一具有特别海洋利益的巨大海域包括海岸(西海岸及东海岸)、偏远的群岛及阿拉伯海及孟加拉湾之间的流域。[①] 在和平时期对专属经济区的监视是新成立的印度海岸警卫队的重要任务之一,在 1998 年 8 月印度议会通过《海岸警卫队法案》之后,海岸警卫队成了印度海军中重要的一部分。海洋在国家安全中开始发挥新的角色,安全政策也开始将经济资源及战略准入作为国家安全的关键决定因素。更重要的是,印度对石油和天然气的需求日益上升,这一切都需要印度制定一个全新的能源战略,这一战略中能源进口变得尤为重要。印度与伊拉克和缅甸最新签署的能源合同表明印度已下定决心,即便得罪西方国家,也要满足其日益增长的石油和天然气需求。[②]

在世界地缘经济地区之间的相互依存性不断增加、印度在其有战略利益的海域打造全面海军部署的这一时期,新德里正在追求一个重要的战略及海洋目标。在这一背景之下,印度海军总参谋这样描述这一地区(海军在这一

---

① "《海洋法》适用于广阔的海洋及沿海和岛屿国家,包括 12 海里的领海、24 海里的毗邻区、200 海里的专属经济区及 200—3,500 海里的大陆架。在此看来,500 公里的海岸线预计能覆盖 185,000 平方公里的专属经济区,沿海国家在这些海域拥有不同程度的权利和责任。专属经济区则享有该地区所有自然资源及某些活动的主权,同时还能对海上科研及环境保护进行管辖。"胡尔・罗依—乔杜里:《印度专属经济区的海上监测》,2000 年 4 月(http://www.idsa-india.org/an-apr8-4.html)。

② "印度的石油需求约为 200 万桶,但石油消耗正在快速增加。该需求预计在 2005 年达到 300 万桶,2010 年达到 400 万桶……近年来,印度的天然气消耗增长速度比其他所有燃料都要快。1995 年天然气的年消耗量只有 170 亿立方米,而这一数据在 2000 年预计将达到 340 亿立方米,2005 年达到 538 亿立方米。"斯特拉福(斯特拉福情报服务公司):《印度的能源战略》,《斯特拉福评论》,2000 年 12 月(http://www.stratfor.com/asia/commentary)。

地区非常重要)的海上部队的未来框架:"我们有责任保护印度的海洋边界,从孟加拉湾一直到阿拉伯海及印度洋。虽然我们并不想过度投射我们的力量实现自身以外的利益,但我们海洋边界的规模要求我们具备远洋能力。因此,我们正在努力打造一支将能够应对本土面临的各种海上挑战的海军。"①

根据这一战略海军规划,潜在的入侵者在远离印度海岸时就应该被发现并击退,正因为如此,印度海军基地都设在次大陆周围。印度两个舰队的母港一个位于濒临孟加拉湾的维萨卡帕特南(东方舰队),一个位于孟买(西方舰队),两支舰队都在印度大陆上。除此之外,印度还通过在其每一个主要岛屿地区建立强大的前沿部署维护其领先海洋力量的这一地位。安达曼群岛的布莱尔港有着特殊的海洋意义,因为其邻近缅甸的可可岛,该岛是中国通向印度洋的"陆桥"、具有重要战略意义的海上通道及战略阻塞点(如马六甲海峡)。

由于来自中国的日益加剧的海上威胁、印度洋主要海上通道这一地缘战略位置、为实现长期能源安全保护自然资源的需要,以及美国及俄罗斯日益加强的战略限制(间接将印度置于为整个地区负责的地位),印度不得不维持一支非常昂贵的"蓝水"舰队。② 随着越来越多的贸易及工业利益集中在海岸地区,印度海军逐渐将其自身视为抵抗在印度洋的任何力量干涉的"说服性威慑力量",而非占支配地位的海上力量。这样做也是对抗其他威胁的一种重要手段,如该地区的海上通道安全或海洋安全面临的日益严峻的海盗问题。这些威胁包括:巴基斯坦在阿拉伯海攻击印度石油平台;中国在南亚地区的影响力不断上升,包括在孟加拉湾的可可岛建立海洋监视设备及在印度洋增加海军部署;友好的沿海国家之间发起或遭遇可能的攻击,这可能会威胁印度的力量角色及在该地区的影响力。③

---

① 海军上将苏希尔·库马尔:《印度海军总参谋》,出自海军部队的采访,2000 年 1 月,第 38—39 页。

② 阿曼达群岛上的布莱尔港具有特殊的战术意义,因为其邻近缅甸的可可岛,可可岛为中国及具有重要战略意义的海上通道(如马六甲海峡)所使用。印度的影响范围从西印度海(包括海湾地区)一直延伸东南亚。

③ 克莱伦斯·卡特:《印度海军:位于政治岔路口的军事力量》,《一份研究报告》,麦斯威尔空军基地,阿拉巴马,1996 年,第 5 页。

总的来说,印度海洋利益中新的基本要素在过去几年中已经改变了其海军的海洋战略及职责。20世纪五六十年代的海岸防御战略已经扩展成七八十年代的为保护印度直接国家利益的"海上控制"及"海上阻绝"的战略结合。20世纪90年代末、21世纪初的印度海洋战略需要更多的潜艇、强大的布雷及排雷能力,以及在马六甲海峡、波斯湾及南回归线的海军空中侦察能力,从而阻止任何地区竞争对手(包括巴基斯坦、孟加拉国、斯里兰卡、缅甸和印度尼西亚)或其他威胁(如日益猖狂的海盗活动)进入专属经济区中具有重要海洋利益的地区。① 根据新的印度海洋战略可以得出如下预测:未来的海洋战争将主要以单一任务为主,而不再是在两个不同地区的两项不同任务。这为新德里提供了一个战略机会,在未来的战争情况下将大量海军集中在东部司令部或西部司令部,比如在2000年与巴基斯坦的卡吉尔边境冲突或与其他潜在敌人的战争中。② 从印度的角度来看,调整海洋战略以适应新的国际安全环境是必需的,因为印度洋旧的国际安全结构已经不合时宜。美国和俄罗斯以及莫斯科和北京之间的关系正常化使得新德里制定了一个新的外交政策方向。目前国际力量结构正在从之前的两极体系转变为多极体系,因此印度必须重新定义其在国际背景下的安全政策的地位。在新的印度安全框架及国家关系网络中,美国将发挥决定性的作用。

一个和美国有关的新海洋安全合作概念

印度试图通过逐渐向美国靠拢以弥补其外交政策的无组织计划的发展。印度与美国之间可能存在一些共同的利益,如阻止阿富汗、伊朗及其他中亚国家的伊斯兰运动的发展,遏制日益猖狂的国际毒品问题或控制来自国际海盗的不断加剧的威胁,保护海湾地区到东亚的战略海上航线。出于对印度与其

---

① 保罗·克莱斯伯格:《南亚及印度洋:1995—2010年的战略环境》(海军分析中心,亚历山大市,弗吉尼亚,1996年),第36—39页;关于印度海军的新角色,可以与海军少将梅侬:《海洋战略及大陆战争》(弗拉克·卡斯出版社,伦敦,2000年)作比较。

② 可与戴维·莫菲在其研究中的投稿(7.3章):《巴基斯坦的海洋战略》作比较。

他大国可能展开军事合作的担忧,美国对印度的政策可能会逐渐发生一些改变。对华盛顿而言,其面临的危险非常清楚,即"中国和俄罗斯若与印度展开合作,势必会对美国的战略利益带来威胁"①。与此同时,印度与美国之间的经济及外交政策关系的质量很高,这一关系也进一步鼓励印度寻求在更广范围内开展合作并发展良好关系的这一政策。目前已有讨论在新的海洋安全模式中,用海洋专属经济区中利益的经济因素取代过去军事影响力中的地缘战略因素。这一地缘经济思维主要针对美国,只有很少一部分针对欧盟。新德里已经意识到,地缘经济(能源安全及资源获取)在可预见的未来会对安全政策产生极大的影响。这些想法主要基于与地缘经济相关的概念,前提是要维持目前的军事实力、核威慑力量及技术自立。当前关于印度的新海洋战略及海洋安全合作的讨论是目前正在进行的重新定位过程的一部分。②

在冷战结束十年后的今天,印度视美国为可能的合作对象,可在印度洋的共同海上利益基础上,展开安全政策方面的合作,以此维护这一冲突可能性较高的地区的稳定。目前两国已有很多的双边活动,这些活动强化了新的安全政策,在一些新的海洋安全合作形式中也有所体现,如指挥及训练层面的联合军事演习(尤其是包括航空母舰的海军力量)、对复杂的武器系统及 C—3—I 系统的技术技能进行交换的可能性评估,及在国际背景下紧密的海上安全政策合作。③ 两国的领导人在 2003 年的美印峰会上讨论了加强反毒品及反恐等敏感问题上的合作。在这一框架中,美国在印度新的外交政策概念中是一个非常重要的角色。因此,虽然印度与美国的关系有时会受到反美言论及公

① 斯特拉福(斯特拉福情报服务公司):《寻找印度的利益》,《斯特拉福评论》,2000 年 11 月(http://www.stratfor.com/asia/commentary/)。

② 关于印度的讨论,可以对比乌代·巴斯卡尔:《海洋安全及航空母舰》,2000 年 12 月(http://www.idsa—india.org/)及卡皮尔·卡克:《印度的传统国防:问题及前景》,2000 年 12 月(http://www.google.com/)。

③ 特别参见塞利格·哈里森、杰弗里·肯普:《冷战后的印度和美国》,卡内基基金会研究小组关于变化的国际环境中美印关系的报告,华盛顿特区,1993 年,第 26—27 页;另见拉麦什·塔库尔:《印度和美国》,《亚洲调查》,第 6 期(1996 年 6 月),第 574—591 页;另见帕尔·辛格·斯德胡:《增加印美战略合作》(阿德尔菲文件 313,伦敦,1997 年)。

众对美国对印度外交政策的抗议的影响,但印度政治家已不再将美国在印度洋部署的这一行为视为"反印",美国对印外交政策仍然关注克什米尔问题、人权问题及核扩散问题(尤其在上一次核试验之后)。①

在海洋合作的基础上,目前执政印度人民党领导下的印度政府的安全政策主要遵循两大战略目标:维护当前区域大国的地位;通过与美国展开双边海上安全合作并允许中国和俄罗斯对其拉拢获得全球力量的国际认可。这一"不放过任何一个选择"的战略似乎已经取得了一定的成效,因为目前美国非常愿意展开更加紧密的军事合作及海洋行动以维护南亚的区域稳定。另一方面,华盛顿深知,如果想要改变亚太地区当前的力量结构,拉拢印度对地区稳定至关重要。"俄罗斯、中国和印度都已认识到了这一事实,三国都试图好好利用美国的担忧。"②

由于担心印度可能与中国和俄罗斯展开军事合作,美国在 2001 年就已经开始讨论与印度海军及陆军进行多边维和行动演习。毫无疑问,印度与美国之间的关系都变得越来越重要。在这一背景之下,上一次印度在 2001 年 1 月进行烈火二号导弹试验时,美国并未表示任何的批评或抗议。此外,布什政府的战区导弹防御系统计划对印度充当该地区唯一的主要参与者的这一地位表示了欢迎。这些情况一致表明,在一场全球力量角逐中,印度似乎扮演着制衡中国的"王牌"及其在东南亚和南亚地区的海洋雄心。

出于对中国及巴基斯坦威胁的担忧,印度拒绝限制其核威慑政策,如果美国不能接受这一决定,那么已经开启的安全政策对话在可预见的未来可能得不到进一步加强。③

---

① 见迈克尔·克雷庞和阿密特·斯瓦克(编辑):《南亚的危机干预、信心建立及调停》(纽约:圣马丁斯出版社,1995 年),另见布莱恩·苏利文:《大国力量的世界》,出自帕特里克·克罗宁(编辑):《2015:力量与进步》,华盛顿特区,1996 年,第 3—55 页,尤其是关于印度的那部分,第 23—29 页。

② 斯特拉福(斯特拉福情报服务公司):《寻找印度的利益》,《斯特拉福评论》,2000 年 11 月(http://www.stratfor.com/asia/commentary/)。

③ 斯特拉福(斯特拉福情报服务公司):《印度通过导弹测试发出信息》,《斯特拉福评论》,2001 年 1 月(http://www.stratfor.com/asia/commentary/)。

建立印俄新型战略伙伴关系的努力

对新德里而言,加强与苏联的双边安全合作不仅意味着巩固其国际地位,也是抵抗中国与巴基斯坦的战略保证。同样,苏联也将印度视为对中国的制衡力量,在冷战中,苏联充当了印度主要的保护人。[1] 1991 年后,印度与俄罗斯的关系发生了彻底的改变,新德里逐渐开始重新思考并调整其对俄罗斯的外交及安全政策,因为在过去十年,印度的经济不断发展,而俄罗斯的经济则已彻底瓦解。此外,印度是一个核武器国家,与美国有着紧密的安全合作,同时还逐渐将其自身从一个地缘政治死水区转变成一个有着一定军事力量的国际政治参与者,其军事力量主要在于印度海军,而俄罗斯在不到十年的时间里已彻底失去其超级大国的地位。[2]

另一方面,印度 70% 的国防设备都来自苏联,40% 的传统武器(尤其是装甲及飞机的配件)目前仍须从国外进口。此外,印度海洋战略中最近的战略目标是成为主要的海上力量及印度洋战略海上通道的保护者,发展行动能力以保护海洋专属经济区并对每一个潜在敌人发起大规模的防空压制,这些目标要求印度至少拥有一支"双航空舰队"以控制阿拉伯海及孟加拉湾,同时还需保证在紧急状况下至少有一支航母小组可用于行动。[3]

然而,在就印度、中国及其他东南亚国家购买俄罗斯军事设备及核技术的协议进行讨论,以及加强俄罗斯与韩国、中国台湾等亚洲国家和地区的关系的讨论之后,俄罗斯在 1996 年开始逆转其对亚太地区国家的政策。为了拯救其国防工业,俄罗斯似乎开始重新关注亚太地区,将其更多地视为邻国而非全球

---

① 斯特拉福(斯特拉福情报服务公司):《印俄关系新方向》,《斯特拉福评论》,2000 年 10 月(http://www.stratfor.com/asia/commentary/)。

② 斯特拉福(斯特拉福情报服务公司):《印俄关系新方向》,《斯特拉福评论》,2000 年 10 月(http://www.stratfor.com/asia/commentary/)。

③ 穆罕默德·阿梅杜拉:《印度海军瞄准光明的未来》,《出自海军力量》,1999 年 6 月,第 50—55、51 页。

力量,而且此时俄罗斯已不再拥有之前的政治及军事影响力。① 在这一情况之下,印度与俄罗斯在 2000 年 10 月更新了其军事及技术合作协议,更新后的协议以现有协议的条款为基础,包括到 2010 年向印度提供服务支持、军备销售及海航技术转移。该协议的海洋要素包括:

- "海军上将戈什科夫号"航空母舰的现代化及随后的转移;
- 新增两艘 635 项目潜艇;
- 3 艘克里瓦克三号护卫舰(加上目前正在打造 3 艘将于 2002—2004 年投入使用的类似舰艇,这三艘护卫舰显然取代了之前试图在印度造船厂进行建造的计划);
- 至少分两批建造多达 60 艘 MiG—29K/—29KUB 船载战斗机。②

与此同时,俄罗斯与印度似乎正在商讨向后者租赁一艘核动力潜艇,该潜艇可能于 2002 年进入印度海军,虽然美国对此表示强烈抗议。③ 然而,相比冷战时期俄罗斯与印度广泛的军事及紧密的安全合作,两国目前的安全合作规模实在太小。新德里主要想从中亚地区购买军事配件、海洋科技及天然气。苏联瓦解之后,印度的外交及安全政策中与俄罗斯紧密的双边合作大大减少,因此必须在俄罗斯的技术基础上实现武器生产方面的独立自主。印度之所以能够做到这一点,主要是通过重新转向当地的武器生产,尤其是在导弹项目及造船领域。正因为如此,印度军备业得以逐渐弥补及缩小技术上的差距。这一差距主要指的是 1991 年后与中国之间的差距。④

----

① 见拉杨·梅侬:《印度与俄罗斯的战略趋同》,《幸存者》,39 卷第 2 期(1997 年夏),第 101—125 页;另见史蒂芬·布兰克:《玩火:亚洲在俄罗斯的武器销售》,《简情报评论》,第 4 期(1997 年 4 月),第 174—177 页。

② 国防博览会(DEFEXPO)强调印度国防现代化项目:《军事科技》,1999 年 12 月,第 78 页;将航空母舰投入战争使用需花费 3 年时间,另一方面,"俄罗斯已向印度免费提供海军上将戈什科夫号,条件是印度需支付其改装费用,这一费用预计在 120 亿卢布(2.66 亿美元)左右,另外还需支付航母战斗机的费用。"《雅虎亚洲新闻》,2000 年 12 月 2 日。

③ 可比较《美国反对印俄核潜艇交易》,出自《政治家》,2000 年 12 月 1 日。

④ 阿密特·古普塔:《决定印度的军队结构及军事方针》,《亚洲调查》,第 35 期(1995 年 5 月),第 441—458 页,此处第 456 页;另见库马拉斯瓦米:《冷战后的南亚》,出自路易斯·福赛特和耶兹德·赛伊(编辑):《冷战后的第三世界》,(大学出版社,牛津,1999 年),第 170—200 页。

在外交政策领域,印度仍然认为其与俄罗斯的合作对于实现军备转移及贸易关系领域的"商务式"关系而言十分关键,而且也是地区环境中海洋安全概念的重要因素。虽然俄罗斯直接影响的范围及力量投射能力在很大程度上取决于俄罗斯的国内发展,但从印度的角度来看,西方犯了一个错误,那就是忽略了亚洲地区的俄罗斯因素。此外,在与俄罗斯的合作当中,印度希望俄罗斯能在印度试图获取联合国安理会永久席位一事上扮演中间人的角色,目前俄罗斯仍然被视为是在世界上拥有政治影响力的大国。有了俄罗斯这张"王牌",印度就能在和华盛顿及北京打交道时,处于更为有利的国际地位。[①]

印度新的"向东看"政策及与中国的海上冲突可能

1962 年印度在中印战争中的惨败导致两国双边关系彻底瓦解,这一关系之后以非常缓慢的速度开始恢复。恢复的起点是 1976 年印度总理英迪拉·甘地与中国的首次接触。之后,在 1981—1986 年间,两国开始定期开展公务员层面的对话,政府层面的关系一直到 1988 年印度总理拉吉夫·甘地访华时才得以恢复。在这些活动之后,两国关系得到了加强,其中的一个重大事件是 1989 年印度国防部长访问北京。1993 年 9 月,印度及中国达成协议终结过去的边界冲突。这一举动使得印度开始关注外交政策中的"新现实主义",但还需考虑两国的国际角色。[②] 印度改善与中国的关系,主要是通过解决边界冲突、在建立信任及安全的方法上达成一致意见及扩展喀喇昆仑公路上的贸易。虽然两国关系最近取得了一些积极的进展,但有一些边界冲突仍未解决,这些冲突有可能在未来影响两国的双边关系。新的海洋冲突可能会来自中国对缅甸的技术援助及其在东南亚地区日益壮大的海军部署。

---

① 斯特拉福(斯特拉福情报服务公司):《印俄关系新方向》,《斯特拉福评论》,2000 年 10 月(http://www.stratfor.com/asia/commentary/)。

② 汉斯—弗兰克·塞勒:《南亚安全概况》,出自威尔弗里德·赫尔曼(编辑):《亚洲的安全挑战》(新星出版社,纽约,1998 年),第 159—171 页;及王宏宇:《中印关系》,《亚洲调查》,第 35 期(1995 年 6 月),第 546—554 页。

由于印度的地理位置、与日俱增的经济实力和军事力量,及其满足不断增长的石油、天然气需求的决心,孟加拉湾周边较小的邻国经常会直接或间接地受到印度的影响。① 在这一情况之下,缅甸成了印度新的"向东看"政策中的基石,该政策"考虑到印度不断增加的经济、安全及政治机会,试图发展与东南亚国家及东盟国家的战略关系"②。从1947年到冷战结束,印度与大多数东南亚国家的关系发展得并不良好。随着冷战时期两极体系的逐步瓦解,印度改变并重新定义了其对东方邻国以及东盟地区邻国的外交及安全政策。这一新的政治方针强调与印度尼西亚和菲律宾开展更加紧密的海上安全合作及海军关系,与新加坡、越南、马来西亚签署国防合作协议,从而加强东南亚地区的战略与经济合作。其战略政治目标是建立一支持久的海军部队并获得南海大量的海岸资源。③ 这一新的"向东看"政策若想成功,印度必须展现出一个友好邻国的形象,在维持印度洋上开放的海上通道及保护印度洋与南海之间的海上要塞的安全方面寻求和周边国家的共同利益。友好地区力量的这一形象还会受到中国与东南亚国家的关系的影响。因此,目前印度正在努力加强其在缅甸的政治地位,以对抗中国在该地区日益增长的海洋及安全政治影响力。④

缅甸在海吉岛(Haingyi—Island)上的什瓦拉(Thiwala)港口及实兑港口(邻近印度在孟加拉湾重要的海军基地的一个战略港口)建立海军基地,而且还在可可岛(印度安达曼群岛以北150公里)安装了一个雷达监测站,这些都造成了印度的极度担忧。除此之外,印度(及东南亚国家)的专家非常关切中

---

① 同时,印度拥有南亚几乎所有资源的使用权,并拥有约80%的具有重要战略意义的自然资源,如铀、铜、金、铅和银,但这些资源仍然不够,能源进口的作用变得越来越重要。比较斯特拉福(斯特拉福情报服务公司):《印度的能源战略》,《斯特拉福评论》,2000年12月(http://www.stratfor.com/asia/commentary/)。

② 斯特拉福(斯特拉福情报服务公司):《缅中与缅印关系同样重要》,《斯特拉福评论》,2000年11月(http://www.stratfor.com/asia/commentary/)。

③ 可与张艺红在其研究中的稿件(5.1节):《中国海军进入21世纪》作比较。

④ 见保罗·克莱斯伯格:《南亚及印度洋:1995—2010年的战略环境》,(海军分析中心,亚历山大市,弗吉尼亚,1996年),第32页。

国为缅甸的基础设施发展所提供的经济及技术支持,他们认为这可能会造成潜在的安全威胁。从中国的西南省份云南省到缅甸城市曼德勒及实兑的高速公路很可能在中印发生冲突时,被中国用作后勤补给线路从而开辟或支持第二个战区。另外,缅甸的海军基地不仅代表了中国在印度洋的象征性势力,同时在全球能源危机中也可随时被中国用来关闭从中东到中国领海的补给线路。无论如何,中国海军在整个印度洋的扩张都有可能在不久的未来引发海洋冲突,因为中国不断增加的战船部署很可能会激起印度海军的军事行动。

此外,中国的海洋影响力已经"覆盖"了东南亚地区,目前正在努力通过其在缅甸的"前沿海军部署"将这一影响力辐射印度洋。中国的战略目标似乎是要与印度周边的国家建立联盟,并在环印度洋区域附近形成一个战略圈,以遏制印度在该地区的政治及海洋影响力。中国正在触及印度的重要利益,而印度则在努力实现地区政治中的新角色。这主要是为了获得东南亚国家增长区域对印度的经济准入,并在缅甸和孟加拉国获得印度急需的天然气资源。印度视缅甸和孟加拉国为潜在的战略同盟,共同对抗叛乱者的跨国运动并展开反海盗、反走私行动。

非法移民、西北印度叛军及国际伊斯兰恐怖主义分子疯狂地涌入印度,这一情况使印度与巴基斯坦、孟加拉国的关系进一步恶化。在巴基斯坦和孟加拉国这两个邻国,有组织的犯罪集团,如贩毒集团、军火走私团伙及伊斯兰恐怖组织(包括克什米尔吉哈德组织)已经在印度建立了活动基地,而且正在从这些基地开展犯罪活动。此外,斯里兰卡的冲突也对印度造成了一定影响,尤其是通过恐怖行动及军火走私。这些情况都可能增加该地区海洋冲突的可能性,因为印度海军正在两国海上边界内的海岸带加强海洋监测行动。目前,印度海军正在开展不同的行动,"以保护东南沿岸免受武装渗透,遏制保克湾及马纳尔湾的秘密活动(那卡班迪行动)并阻止西海岸的军火及弹药走私。"①印度已通过其永久的海洋监测及海军活动清楚地向外界表明,印度绝对愿意

---

① 胡尔·罗依—乔杜里:《印度的海洋管理》,2000 年 12 月,http://www.idsa-india.org/an-aug-3.htlm。

通过使用其海洋权力保护国家安全利益。在这一情况下，新德里极易受到周边国家的不稳定因素及非法跨境活动的影响，这些活动很可能会渗透至印度国内。①

孟加拉国及印度专属经济区中的其他国家由于太小，完全没有政治实力在不久的未来对印度这一大邻国实施独立的政策。② 为了应对印度的大国地位的威胁，这些"小国"正在寻求与中国建立更加紧密的联系，中国也非常愿意扩大其政治、经济及海洋影响力的范围，但同时也面临着冲突的可能。这就是印度新的"向东看"政策的战略框架以及中国在缅甸"前沿部署"的海洋政策，这一海洋政策是其进入印度洋的战略通道。在与中国建立更加紧密的安全合作的情况之下，(尤其是)巴基斯坦及其他南亚国家正在重新定义并制定他们的外交及安全政策角色，以遏制与日俱增的印度海军实力及其地区霸权地位。③

印巴海上冲突可能

将印度与巴基斯坦的海军实力直接进行对比，就可清楚地看到印度持续的地区及海上霸权。对其海军而言，巴基斯坦只有两个主要的港口，卡拉奇和奥尔玛拉。奥尔玛拉港口于 2000 年 6 月作为巴基斯坦第二个海军基地开放，最多可停靠 8 艘战船(驱逐舰和护卫舰)和 4 艘潜艇。巴基斯坦拥有漫长的海岸线，而且非常依赖对海上贸易，这使得巴基斯坦极易受到印度海军行动的影响。

---

① 见阿密特·古普塔：《决定印度的军队结构及军事方针》，《亚洲调查》，第 35 期(1995 年 5 月)，第 441—458 页。

② 见克莱格·巴克斯特：《孟加拉国：民主能成功吗?》，《当代历史》，第 95 卷 600 期(1996 年 4 月)，第 182—187 页，及斯特拉福(斯特拉福情报服务公司)：《政治地盘：印度对孟加拉国的防御政策》，《斯特拉福评论》，2001 年 3 月(http://www.stratfor.com/asia/commentary/)。

③ 塞缪尔·吉姆：《中国这一大国力量》，出自《当代历史》，第 96 卷 611 期(1997 年 9 月)，第 246—253 页；见以下保罗·戈德温的文章：《不确定性、不安全性及中国的军事力量》，出自《当代历史》，第 96 卷 611 期(1997 年 9 月)，第 252—258 页；另见汉斯-弗兰克·塞勒：《南亚安全概况》，出自威尔弗里德·赫尔曼(编辑)：《亚洲的安全挑战》，(新星出版社，纽约，1998 年)，第 166 页。

1965 及 1971 年的印巴战争表明,巴基斯坦海军的作用很小,而且很可能因为印度的海军部队而无法有效地使用其海军力量保卫国家主权及海上生命线。[①]1999 年印巴在卡吉尔发生的小规模武装冲突中,印度海军将其大部分力量转移至古吉拉特邦海岸附近的阿拉伯海并威胁要对卡拉奇实行海上封锁,这一事件表明,印度随时都有可能阻止巴基斯坦进入重要的贸易航线及战略海上通道。[②]

由于无法对抗规模庞大的印度海军,阻止印度海军部队的持续扩张(从巴基斯坦的角度来看),而且当前正处于发展可发射的核武器的海洋武器系统的时期,因此巴基斯坦海军正在呼吁第一次打击姿态,并要求在潜艇上配备核武器。虽然巴基斯坦海军声称其有能力为潜艇配备可部署使用的核武器,但这一点的真实性仍然值得质疑;其海军只有 7 艘柴电动力潜艇。[③] 不过,海军采取第一次打击姿态可能是重获印巴力量平衡的最快的方法,因为巴基斯坦的潜艇不仅在冲突开始时需要停靠在印度海军基地及港口,就连在和平时期或危机时期也需要这么做。[④] 在不久的将来,这两个地区力量之间除了现有的克什米尔冲突之外,还非常有可能出现海洋领域及核领域的冲突。目前正在进行的克什米尔冲突与新的海洋冲突有着非常紧密的联系,因为北部的边界地区正是造成印巴核军事竞备及海洋竞争的政治原因。

印度和巴基斯坦之间的克什米尔冲突开始于 1947 年,印度因为这一冲突向巴基斯坦发动了两次战争(1947—1949 年和 1965 年),在 1999 年 4 月的卡吉尔"战争"中,印巴在克什米尔控制线及锡亚琴冰川上的小规模武装冲突眼看就要发展成彻底的核战争;两国拥有的核能力使得这一双边冲突有了国际意义,因为 1998 年巴基斯坦和印度在几天内都展开了核试验。拥有核武器的可能以及核武器使用的不确定性对整个国际社会而言都是一个很大的威胁。

---

① 可与戴维·莫菲在其研究中的投稿(7.3 节):《巴基斯坦的海洋战略》作比较。

② 斯特拉福(斯特拉福情报服务公司):《巴基斯坦的核海军威胁加剧紧张态势》,《斯特拉福评论》,2001 年 1 月(http://www.stratfor.com/asia/commentary/)。

③ 斯特拉福(斯特拉福情报服务公司):《巴基斯坦的核海军威胁加剧紧张态势》,《斯特拉福评论》,2001 年 1 月(http://www.stratfor.com/asia/commentary/)。

④ 可与戴维·莫菲在其研究中的投稿(7.3 节):《巴基斯坦的海洋战略》作比较。

因此,双边核威慑将始终是印度和巴基斯坦两国的国际防卫理念及海洋战略中的一部分。这可能会对整个南亚地区及国际社会产生影响。

印度和巴基斯坦都在努力开发能发射核弹头的海军武器系统。印度按照自己的计划,最近开发了烈火二号中程弹道导弹(2,700公里射程),而巴基斯坦正在生产两个能携带核弹头的弹道导弹,一个是高里系统(1,900公里射程),一个是射程更短的沙欣系统,这两个弹道导弹都可从陆地系统或飞机系统上发射。① 短程路基弹道导弹哈塔夫(300公里射程)是巴基斯坦在中国的支持下打造的,主要是为了应对印度军队的普利提维地对地导弹(200公里射程),该导弹从1994年中就开始部署,未来还可能出现海军版本。②

印巴两国称其开展战略导弹项目,反对《全面禁止核试验条约》,是因为存在潜在威胁,他们认为这一威胁只有在相互威慑的框架之下才能停止。除此之外,西方及美国敦促两国加入《不扩散核武器条约》的要求到现在也一直未得到回应。此外,印度在为其导弹项目进行辩护时,还提出了中国这一不确定因素。巴基斯坦在克什米尔地区持续采取限制性的反印政策,而印度则怀疑巴基斯坦故意分裂并破坏边界国家旁遮普及克什米尔的稳定,在这一情况之下,风险的可能性显然在不断增加。③

---

① 可与斯特拉福(斯特拉福情报服务公司):《巴基斯坦的核海军威胁加剧紧张态势》,《斯特拉福评论》,2001年1月(http://www.stratfor.com/asia/commentary/)作比较。

② 在烈火一号导弹完成的同时,巴基斯坦开始建造一个远程助推器导弹。来自中国的M—11导弹(射程600公里)从1994年4月就开始安装,和烈火一号导弹一样,M—11导弹也适用于核武器。虽然巴基斯坦不断承诺不拥有核武器,但众所周知,从1992年开始,伊斯兰堡就已经开始提高其随时生产核弹头的能力。据西方估计,巴基斯坦目前能够生产10—15个核弹头。HATF3号导弹已经研发出来。但在印度,由于财政问题,普利提维导弹的交付不断被延迟,印度的财政问题也给开发及改善烈火一号导弹所需的持续试验带来一定担忧。比较克里斯托弗·弗斯:《巴基斯坦扩张其导弹能力》,出自《简情报评论》,第3期(1997年3月),第122—124页;另见斯特拉福(斯特拉福情报服务公司):《印度通过导弹试验对外传递信息》,《斯特拉福评论》,2001年1月(http://www.stratfor.com/asia/commentary/)。

③ 1990、1992及1994年的三场战争"差一点"就使用了核武器,这一现象突出了这一双边冲突的危险性。但目前,关于这一潜伏的地区冲突双方毫无任何动静,这一点也非常危险。关于整个对抗级别,比较素密·甘古利:《印度:在动乱及希望中摇摆》,出自《当代历史》,第95卷605期(1996年12月),第408—414页。

目前,新德里和伊斯兰堡都无意解决克什米尔问题及清除其他冲突诱因。两国似乎想先把克什米尔冲突搁置一边,优先处理经济及能源技术问题。迫切的经济问题(尤其是巴基斯坦)可能会使两国在地区合作框架下展开更进一步的双边合作。巴基斯坦海军已宣布,计划在潜艇或其他战舰上部署核武器,而且印巴两国国内正在火热地讨论克什米尔问题,这使得两国实现双边政治和解的可能性非常之小。相反,它还可能会造成南亚冲突地区突然的军事升级。① 最近,印度海军正在讨论开发核动力路基导弹潜艇,而且宣布要接受俄罗斯的"海军上将戈什科夫"航空母舰,这不仅加剧了双边的紧张态势,还使得海上冲突的可能性进一步提高。

印度海军部队的海上未来

虽然上文提到了印度海军最近的一系列发展,但仍不可高估其海上力量投射的能力。去年印度的财政削减已经削弱了印度海军基于两个航母部队的海军行动理念。1997/1998 年只有 1.12 亿美元的资金用于海军的现代化改造,这使得印度海军不得不限制其行动水平。目前仅存的维拉特号航空母舰、不断老化的潜艇和驱逐舰都急需进行现代化改造,但这一工程和水面舰艇建造项目都已推迟了将近两年的时间。这一情况似乎很快会有所改变,因为超过"20 艘船正在预定中或在印度的造船厂中建造。这些船包括一艘印度设计的隐形护卫舰、一艘防空舰(一个比维拉特号航空母舰还要大的航母)、潜艇、导弹舰、快速攻击艇、驱逐舰、测量船和一艘代号为 ATV 的核动力潜艇"②。此外,1999 年卡吉尔冲突之后,维拉特号航母不得不在科钦造船厂进行彻底检修,但目前它已重新投入使用。那次的冲突清楚地表明,如果特遣部队必须

---

① 可比较素密·甘古利:《平息克什米尔冲突》,出自《当代历史》,第 96 卷 614 期(1997 年 12 月)。

② 少将阿肖克·梅赫塔(再编辑):《印度的国家利益开始与海洋安全相关》,出自雷迪夫新闻网,2000 年 12 月 4 日。

在阿拉伯海及孟加拉湾同时提供海洋控制的话,一定会经常处于行动紧急状态。① 1999 年,印度海军部队最多只能保护自己的战略海岸装置及海军基地。②

现在,新德里似乎愿意重整其"海洋力量",正在为印度海军新增一艘航空母舰,并对其潜艇舰队进行现代化改造,到 2005 年该潜艇舰队可能会有 6 艘能够发射潜射巡航导弹的潜艇。③ 潜射巡航导弹的引进使印度的水下战争及反潜战争新增了一个特点。不管是从俄罗斯购买新航母的米格—29 战斗机,还是 2010 年即将打造完成的新的"防空舰",都将大大增强海军的空袭能力及海洋监测能力。印度海军决定在科钦的本土造船厂打造一艘排水量为 32,000 吨、长 250 米的小型航母,同时还与俄罗斯达成一致向其购买 KIEV 号航母"海军上将戈什科夫",这些举动表明海洋自主能力不断提高的印度不会改变其"国家自主"这一战略政策。此外,它还表明印度已经放松了 1991 年苏联解体以来与俄罗斯的紧张关系。这一新的关系使得印度在各国之间的军事技术和海军设备购买方面拥有更大的自由。印度海军通过合资企业与国际国防制造商建立的合作方案"预期会重点强调工业参与和技术转移,从而实现程度越来越高的自给自足"④。然而,在可预见的未来,印度可能会对俄罗斯的军备科技形成一定的依赖。

恢复一支既能支持两栖作战、又能开展反潜战争的双航母舰队表明"远征作战"在印度国家海洋战略中拥有非常重要的地位。在印度看来,在印度洋的任何地区有效地对其海军及空军力量进行远距离投射是其未来海洋战略中的一个核心要素。考虑到中国迅速增强的海军力量对印度造成了重大的长

---

① 见穆罕默德·阿梅杜拉:《印度海军瞄准光明的未来》,《出自海军力量》,1999 年 6 月,第 50—55 页,此处尤其见第 51 页。

② 见前印度海军总参谋维贾伊·辛格·谢卡瓦特的采访,出自《简氏国防周刊》,第 13 期(1996 年 9 月),第 64 页,另见格雷戈里·科普:《一个新的战略平衡正在印度洋出现》,出自《国防与外交战略政策》,第 4 期(1997 年 4 月),第 20—21 页。

③ 辛格:《海军及地下战争》,出自《印度人报》,2000 年 12 月 5 日。

④ 国防博览会(DEFEXPO)强调印度国防现代化项目:《军事科技》,1999 年 12 月,第 75 页。

期战略威胁,印度必须维持一支强大的"蓝水"海军。巴基斯坦对新德里在环印度洋区域的海洋及能源安全而言构成了一个短期和中期的威胁。在这一背景之下,水面舰队及本土的导弹项目将会在规模及能力上对印度新的"向东看"政策中的海洋战略进行补充。①

同样,根据印度的海洋计划,它将会打造更多灵活的、可用的、用于作战的海军力量,这一趋势也表明世界正在朝一个新的海洋思维发展,即打造一支更加关注沿海地区的水面海军。这一海洋思维的操作性变化(从一个专门关注地缘战略的"蓝水"海军转变为一个与关注地缘经济的"棕水"海军)目前在整个亚洲都非常显著,这一改变还引发了印度国内一场关于国家安全全球化及军事研发部门自由化的战略讨论。现在,关于专属经济区内印度的国家海洋利益的定义以及海上监测的可能性在印度国内也已经有了一些讨论。印度已经意识到关乎其国家利益的海洋区域面临着新的威胁(海盗、跨国恐怖主义、走私、污染等),次大陆周围的沿海地区也存在一些具体的海洋需求,因此印度已经成立了一个武装海上警卫队。仅有 49 艘水面舰只及 17 架飞机,根本就不足以执行面积达 100 万平方公里的专属经济区内的海上监测行动及其他复杂的任务。因此,印度海军及印度海岸警卫队正在集中力量,通过在不久的未来使用路基或船载无人驾驶飞行器、发射专门用于海洋任务(目标侦察及识别)的卫星,来加强沿海地区的有效监测。虽然印度在开发这些海上可用技术方面已经取得了显著的进展,但正如该领域的一位印度专家所说:"须立即采取进一步的行动,为印度专属经济区内的海上检测开发一个专门用于海上的无人驾驶飞行器,并提供海洋卫星所必需的传感器。"②

至少,印度的海洋思维从公海到沿海地区的转变、当前的海洋现代化努力以及核武器行动控制到军事行动控制的转变,都突出了印度海军长期计划中全新的战略目标,即打造一支拥有现代技术、核兼容、灵活可用、拥有沿海及远

①　可比较戴维·索:《地区海洋环境——海上的增长》,出自《亚洲军事评论》,2000 年 5 月,第 26 页。

②　胡尔·罗依—乔杜里:《印度专属经济区内的海洋监测》,2000 年 4 月,http://www.idsa-india.org/an-apr8-4.htlm。

征作战能力的海军部队。和大多数南亚国家一样,印度正处于一个国内重组阶段,因此很难对其未来的海洋发展作出预测。在安全政策过渡期间,"第三条发展道路"似乎已经不合时宜。南亚和东南亚地区在海上的反海盗及反走私行动中拥有共同的利益,因此南亚除了与东南亚国家建立良好的双边及多边关系并从这一关系中获取可能的经济利益之外,这两个地区还有可能通过东盟区域论坛开展更高水平的海上安全合作。在评估印度未来的海洋战略及海洋力量这一地区角色之时,所有的这一切都是需要考虑的重要因素。

第三节　巴基斯坦的海洋安全威胁与战略选择[①]

巴基斯坦北邻阿富汗,东临印度,从北部查谟和克什米尔(印度称拥有其主权)地区的喀喇昆仑山脉到北部印度河谷的低洼平原,一共覆盖310,522平方公里,其海岸线沿着阿拉伯海北边自西向东延伸1,046公里。出于其自身需求,巴基斯坦的海洋战略主要是为了应对重大的外部威胁,而非试图实现其将海洋用于商业并通过外贸和丰富的海洋资源使国家富裕这一长期目标。任何一个国家的海洋战略都以获得海洋的使用权为基础。2000年6月,巴基斯坦政府在奥尔马打开其第二个重要的海军基地(位于卡拉奇海军基地以西150英里)时,时任国家安全委员会首席执行官佩尔韦兹·穆沙拉夫指出,"该国的经济命脉取决于我们在和平时期及战争时期保护本国商业的能力。"[②]

在这一背景之下,港口工程是巴基斯坦海洋及海军战略的主要部分。据巴基斯坦一家私人通讯社国际新闻网络报道,奥尔马价值8.49亿美元的海军基地可为8艘船舰及4艘潜艇提供停泊设施,同时还能为另一个位于卡拉奇的重要海军基地提供补充,卡拉奇的海军基地距离印度边界不到12英里。[③] 因此,虽

---

① 作者:戴维·墨菲。

② 斯特拉福(斯特拉福情报服务公司):《南亚的紧张态势:海洋领域》,《斯特拉福评论》,2000年7月25日(http://www.stratfor.com/asia/commentary)。

③ 斯特拉福(斯特拉福情报服务公司):《南亚的紧张态势:海洋领域》,《斯特拉福评论》,2000年7月25日(http://www.stratfor.com/asia/commentary)。

然巴基斯坦国内正在努力开发瓜达尔和卡西姆港口,但目前最好的港口还是奥尔马和卡拉奇。位于东边的印度不管在哪个方面都对巴基斯坦构成了很大的威胁,而西边的邻国伊朗则经常变幻莫测。印度的军队力量(包括海军和陆军)将近是巴基斯坦的三倍之多,这一点清楚体现了印巴两国之间巨大的军事差距以及伊斯兰堡在安全方面的重大缺口。[①] 1948/1949、1965 和 1971 年印度与巴基斯坦一共爆发了三场战争,1992、1994 及 1999 年两国"差一点"动用核武器,2001 年 2 月巴基斯坦海军宣布计划为其战舰和潜艇安装核弹头,这一连串的事件都突出体现了巴印两国之间的敌对情绪及持续存在的冲突可能。

历史影响

对于那些为巴基斯坦进行长期规划的人而言,过去的历史事实不容忽视。1965 年,巴基斯坦海军最多只能发挥一个非常小的作用。6 年后,在 1971 年,由于印度海军的影响,巴基斯坦海军无法有效使用其海军力量,去保护其国家主权及通向次大陆以外世界的商业生命线。

在保卫国家安全方面,巴基斯坦海军没有获得其空军和陆军所取得的成功。1971 年,巴基斯坦海军唯一的一次成功行动就是在当年的 12 月 9 日在阿拉伯海击沉了一艘印度的"库克里"号护卫舰。虽然巴基斯坦海军在此次行动中取得了巨大的成功,但同时也付出了惨痛的代价。1971 年 12 月 4 日,巴基斯坦的"嘎兹"号远程潜艇在为同一天遭空袭的东巴基斯坦海军部队提供支持时,不幸被击没。在"嘎兹"号潜艇被击没之后,很快又有两艘水面舰只被击没。1971 年 12 月 5 日,印度海军的 OSA—I 飞弹巡逻艇在冲突刚开始时发射了"斯提克斯"导弹,击没了巴基斯坦的战争级驱逐舰(DD)KHAIBAR和蓝鸟级海岸扫雷舰 MSC。之后,印度海军用大炮和火箭轰炸了卡拉奇港口,使港口的海军设施遭受了巨大的损伤。几年后,印度海军又对巴基斯坦的

---

① 基尔弗特—琼斯:《印巴海军平衡》,出自《国防采购分析》,2001 年夏,第 100—103 页,此处第 101 页。

重要港口发起了再一次攻击,卡拉奇港口遭到印度海军的 SS—N—2"斯提克斯"反舰导弹袭击。这些武器不仅打击军事目标,也袭击中立和民用运输活动。其中有三艘国外商船遭到攻击。

虽然巴基斯坦海军在 1971 年遭受了惨痛的打击,但仍维持了一支较为专业的海军部队以应对日益壮大的印度海军力量。印度不断投入巨大的资金以寻求在毗邻海域的霸权地位。这一目标使得巴基斯坦进入并使用海洋的合法权利受到极大的限制。最近印度从俄罗斯手中得到了以前的"戈什科夫"号航空母舰,这又进一步加深了巴基斯坦对印度海军部队持续壮大的担忧。因此,目前巴基斯坦的海军规划者面临着几个急需解答的问题:印度海洋战略的长期目标是什么? 在没有面临来自巴基斯坦的威胁的情况下,印度为什么持续加强海军建设?

巴基斯坦在海洋使用方面面临的威胁

巴基斯坦的担忧是,印度的目标是要遏制巴基斯坦使用海洋。这一威胁体现在很多方面。其中最公然的威胁来自印度的海军建设及现代化努力,不过在巴基斯坦看来,地理位置也是很重要的一个因素。虽然印度的东海岸线离巴基斯坦潜艇部队的有效行动范围很远,但对于孟买的印度海军西部司令部而言,突围并阻断巴基斯坦进入阿拉伯海的通道是一件非常轻而易举的事情。巴基斯坦的海洋脆弱性及其对海上贸易的依赖在 1999 年巴印两国冲突中体现得淋漓尽致。为了对巴基斯坦到两国争议领土卡吉尔进行军事巡视一事作出回应,印度在古吉拉特邦海岸部署了战船,威胁要对巴基斯坦的重要港口卡拉奇实行石油封锁。巴基斯坦无力对抗印度海军,因此印度政府则利用封锁这一行动向巴基斯坦发出明确的威胁信息,此事突出了两国海军在海洋力量方面的差距。①

---

① 见基尔弗特—琼斯:《印巴海军平衡》,出自《国防采购分析》,2001 年夏,第 100—103 页;及斯特拉福(斯特拉福情报服务公司):《巴基斯坦的核海军威胁加剧紧张态势》,《斯特拉福评论》,2001 年 1 月 26 日(http://www.stratfor.com/asia/commentary)。

　　印度还想在近期开发船舶发射平台用来发射普利提维弹道导弹的海军版本,这一点又加剧了巴基斯坦对印度的真正意图的担忧。相比从事先调查过的陆上场地发射普利提维导弹而言,从水面舰只发射的普利提维导弹的圆径概率误差值要大得多。

　　由于精确度的下降,这样一个弹道导弹可能是具有区域影响力的武器,而不能在有效负载情况下实现精确打击。另一方面,水面发射的打击系统更易受到飞机、反舰导弹或鱼雷的攻击。因为这一弱点,必须使用这一平台发射,否则就会在攻击中失败。这样的一个系统实际上就是一个第一次打击攻击系统。装有普利提维导弹的战舰必须在其指定/可能目标的射程内行动,因为如此,如果有威胁迫近船舰,指挥官发射导弹的可能性会加大。

　　巴基斯坦的其他担忧是,(大肆宣传的)印度海军试图开发一个本土设计的使用弹道导弹或巡航导弹的核动力路基导弹潜艇。先进技术核子潜艇(AVT)级设计让很多海军分析家都疑惑不解。据报道,印度在这一项目上投入了一大笔资金。先进技术核子潜艇项目虽然遭到了推迟、成本超支和取消的威胁等问题,但仍然在进展当中。2001年7—8月,印度和俄罗斯有消息泄露出来说,俄罗斯可能会向印度租赁或出售两艘阿库拉级潜艇。

　　伊朗伊斯兰共和国海军及伊朗革命卫队海军单独的海军部队的能力不断加强,这使得巴基斯坦的整体情况进一步恶化。为伊斯兰革命卫队建立一个独立的海军部门对伊朗的海军抱负来说既是好事也是坏事。伊斯兰革命卫队给伊朗伊斯兰共和国海军带来了极大的损伤,但伊朗革命卫队海军部队只是受到了轻微的损失。最清楚的例子之一就是一连串事件导致美国海军在1988年4月18日的"螳螂行动"中,对伊朗伊斯兰共和国海军的水面舰只发起攻击。对货船和游轮运输发起攻击的主要是"伊朗革命卫队",但在美国海军向波斯湾地区的"伊朗革命卫队"前沿操作阵地发起报复性攻击时,伊朗伊斯兰共和国海军却被迫要对伊朗领海进行保护。

　　海军专家从"螳螂行动"中吸取的教训就是,虽然非常规海军或准军事海军部队能够有效展开对商船的"追逐战争"(即通过攻击敌军的商船阻断其在开放海域上的后勤),但他们为此付出的代价也许很高,而且最后可能是常规海军为此"买单"。

此外,巴基斯坦已经非常清楚地看到联合国对伊拉克实施的贸易封锁以及对通往伊朗或伊拉克港口的商船运输进行的选择性干预。同时,巴基斯坦还看到,在一些情况下,装载敏感货物的单个船只成功躲过同样的这些联合国巡逻行动,从而抵达伊朗的港口。

联合国对通向伊拉克的海洋贸易实施的封锁总体来说非常有效。但该封锁仍然存在一些缺口,主要是因为伊拉克能够在不同的地区对货物进行跨境走私;由于地理上的原因,这对巴基斯坦来说并不是一个好的选择。在与伊朗的边界处,一些特定的货物或物品无法轻易地通过卡车运输。

另一个问题是,巴基斯坦与伊朗的西部边界处没有通向伊拉克的公路网络。在两伊战争中,伊拉克的道路网络得到改善,以方便将欧洲,尤其是土耳其的货物运输到伊拉克。一条更靠北的路线通过东土耳其将货物运输到伊朗。如果某个国家与印度发生冲突,联合国通过决议在任何冲突期间阻断交战国的海上贸易,那么巴基斯坦势必会处于劣势地位。如果这类联合国决议还规定将封锁行动扩展到相应的专属经济区之外,那么对巴基斯坦而言,印度则占据重要优势。这一限制似乎也能允许印度对巴基斯坦发起海上行动,而联合国只是站在一旁观望而已。

此外,如果最近的一系列事情属实的话,印度政府可能正在尝试使用情报组织在巴基斯坦国内展开特别行动。据报道,这些情报人员中有一些把小型船舰被安插在印度海军里。这只能让巴基斯坦把精力集中在其脆弱的海岸线上。

未来的印度海军威胁和巴基斯坦的选择

1971 年的巴印战争已显示,印度并不担心扮演入侵者的角色。1971 年发生的事情在未来的冲突中可能还会发生,不过到时候印度会拥有一个优势。这个优势就是,未来的海军战争可能会集中在单一战区内,而不用在两个距离很远的地区同时执行两项任务。在未来和巴基斯坦的战争中,印度可随意将

其大部分海军部队转移至海军西部司令部。考虑到印度海军目前正在进行的
建设项目,巴基斯坦不可能行使自己使用海洋的权利,即便在自己的专属经济
区中也不可能。这使得巴基斯坦不得不寻求合适的方法,应对印度这一大邻
国不确定的意图。

　　数量上的差距可能会给巴基斯坦造成一种绝望的感觉;从这一角度来看,
国家规划的海洋战略应致力于一套政治行动方案,任何政治路径都不能让海
军退出这一行动方案。该地区外的分析师还有一个考虑,那就是巴基斯坦海
军不可能忘记其在 1971 年巴印战争中所遭受的惨痛损失。这一点可能会导
致巴基斯坦海军处于极度兴奋的状态。海军部队采取第一次打击姿态可能是
重新实现巴印两国一定程度上的力量平衡的最快方法。

　　对巴基斯坦海军而言,在和平时期采取第一次打击姿态的费用相对会比
较小,但在危机时期,需要部署海军部队以提供一系列的战术选择,而不仅仅
是隐藏在港口中。一个可能的行动就是在战争开始之时展开不限制的潜艇
战。这一行动可能会使通往印度的运输处于风险之中,不过这一行动需在由
印度海军的航空兵操作的路基 BEAR F Mod 3 飞机的射程之外执行。巴基斯
坦海军目前有 7 艘潜艇,其中 3 艘是"阿戈斯塔"型(AGOSTA)潜艇,另外 4 艘
是"桂树神"级(DAPHNE)潜艇。但是目前现代化改造仍在进行当中:2000 年
巴基斯坦海军"收到了 1994 年从法国订购的 3 艘"阿戈斯塔"90B 型潜艇中的
第一艘。接下来的两艘正在与法国的全面技术转移协议下,在国内进行组装
或建造。有了技术转移,还可以对配备法国 MESMA(自主式潜艇动力装置)
不依赖空气动力的推进系统的船舰进行本土升级。"①

　　第一次打击方法的第二部分就是打造一支由小型船舰组成的部队,将战
争带回到印度本土。在 1980—1988 年的两伊战争中,运油轮和货柜箱交通所
遭受的重大损失对巴基斯坦来说也是一个教训。出于各种原因,伊朗常规海
军部门走投无路,不得不对伊拉克开展军事行动,但"伊朗革命卫队"的非常
规或准军事海军部门创建了一个海军部门,该海军部门对波斯湾海事的影响

---

① 　基尔弗特—琼斯:《印巴海军平衡》,出自《国防采购分析》,2001 年夏,第 102 页。

力完全没有达到他们实际的作战能力。巴基斯坦也许认为,小型快速突袭船舰能够对印度海军造成足够的伤害,从而扰乱他们的海洋行动。

这一第一次打击方法的第三部分可能还包括唯一一个适于反舰攻击的巴基斯坦空军中队,也就是位于马斯洛的第八空军中队。该中队操纵 8—10 架 Mirage 5PA3 喷气战斗机,每一架都配备一个 AGAVE 雷达和 AM. 39EXOCET 导弹。这些喷气战斗机的主要操作基地距离印度很近,因此他们在未来冲突中是否能够存活下来很难说清楚。对巴基斯坦军事计划人员来说,利用第八空军中队对所有印度船运发起攻击或集中攻击威胁到巴基斯坦海岸线的水面行动小组也许是最明智的行动方案。在这一情况下,巴基斯坦海军非常想要对中国 2, 250 吨的"江卫"II 级导弹护卫舰进行武装,武装方案有两个:一个是安装高达 8 个 YJ—1"鹰击"(C—801)地对地导弹,一个是安装 2 个三联装 C—802 地对地导弹发射器、1 个八连装地对空导弹发射器、2 个口径为 100 毫米的枪支和 2 架"海豚"号(哈尔滨 Z—9A)直升机。巴基斯坦海军已宣布,计划在中国打造第一艘船舰,接下来的 3 艘则在中国的援助下打造,就像近年来在卡拉奇海军造船厂建造的 3 艘 JALALAT 级导弹快速攻击艇一样。[①]

这一第一次打击方法还包括布置水雷阻断印度海军基地的主要运输通道。两伊战争以及最近的沙漠风暴行动之前和之中"得到的教训"再次表明,水雷可能会对一支在数量方面非常优越的海军部队的行动产生一定的冷却效应,这一效应是实际布雷数量完全无法衡量的。虽然伊拉克没有击沉联合战舰,但美国"普林斯顿"号导弹巡逻舰和"的黎波里"号两栖攻击舰遭受的损伤限制了联合部队愿意让其水面舰艇冒风险的区域。

对巴基斯坦 8 艘服役中的护卫舰而言,最好的做法是尽可能待在印度空军的作战范围之外,越远越好。这些船最好用来为驶向或驶离巴基斯坦的海上运输护航。作为海军防卫最外层的力量,这些护卫舰可用于侦察驶向印度的海运活动,同时将相关信息传达给巴基斯坦海军潜艇。如果印度海军遭到

---

① 基尔弗特—琼斯:《印巴海军平衡》,出自《国防采购分析》,2001 年夏,第 102 页;及艾瑞克·阿奈特(编辑):《中国、印度、巴基斯坦和伊朗:军事能力及战争的风险》,牛津、纽约(牛津大学出版社),1997 年。

来自巴基斯坦先发的"破坏性"攻击,很可能会重复他们在 1971 年所做的事情。对于任何试图保护卡拉奇海军基地和卡拉奇港口附近的河口的巴基斯坦海军战舰,印度海军都会向其展开攻击。印度空军会被选派去对港口和其设施展开空袭,使他们完全处于无用状态。

如果印度海军同时遭到"破坏性"攻击和"追逐战争",就必须在更广的海域内部署海军和空军部队。2 艘在孟加拉湾行动的巴基斯坦潜艇可阻断海上运输,迫使一些印度反潜部队重新进行部署以应对这一挑战。巴基斯坦或许能够保护来自印度洋沿海地区的其他伊斯兰国家的船用燃料、供给品和情报。如果巴基斯坦做不到这一点的话,这些伊斯兰国家可能愿意提供一系列中立港供巴基斯坦海军使用。

巴基斯坦在地区力量体系中的海洋战略

基于以上种种原因,巴基斯坦的海洋规划者希望建立第二个海军基地,遏制未来印度封锁的危险。在 1998 年巴基斯坦开展核试验遭受经济和政治孤立以及印度在 1999 年卡吉尔冲突中采取封锁政策之后,巴基斯坦为了进一步对抗经济孤立,努力扩展其与中东和东南亚地区国家的关系。目前,巴基斯坦政府正在努力改善其与东南亚 6 个国家的关系,包括马来西亚、新加坡、印度尼西亚、文莱、缅甸和越南。2001 年 4 月,巴基斯坦成为第一个访问缅甸的国外海军,此次访问意义重大。缅甸紧邻安达曼海,而且处于南亚和东南亚的交叉口,这一战略位置使得缅甸长期以来成为印度和中国的竞争对象。仰光与伊斯兰堡的军事合作不断加强,这可能让缅甸不需要默许其较大的地区竞争者的要求,就可以获得巴基斯坦日渐崛起的国际军备销售。然而,从长远的角度来看,这可能象征着一个更大的转变,也就是缅甸可能会从其传统盟友转向巴基斯坦的传统支持者和盟友中国。

那吉斯坦新的区域政策和海洋战略的另一个即是与印度东边的邻国进行海军合作,以获得从侧面攻击印度的能力(自从东巴基斯坦成为孟加拉国以后,巴基斯坦就再也无法从侧面攻击印度)。巴基斯坦现在可以进入缅甸的港口,因此在保护其运输通道方面多了一个选择,因为巴基斯坦可能在印度东海岸进行海军部署一事增加了新德里的担忧。最后,在巴基斯坦与印度发生冲突之时,缅甸还可将巴基斯坦的船舰置于印度东海岸,从而为其海军舰艇提供一个庇护港,这一点正是印度一直以来努力避免的事情。① 巴基斯坦与沙特阿拉伯、伊朗、土耳其和其他波斯湾国家也有安全关系。

通过对这一背景下的战略及海洋形势进行分析可发现,巴基斯坦不可能在近期消除与印度之间的军事差距。印度将持续成为南亚的地区力量,成为南亚任何一项政策的关键点,但伊斯兰堡由于得到中国的支持,将继续尝试削弱印度不断增强的地区力量。卡吉尔冲突之后,巴基斯坦武装部队开始致力于"维持一支高度专业的军队,为其配备成本效益最高的系统,并开发宣传良好的核能力用于威慑及对其更大更强的邻国进行最后的制裁"②。在海洋战略方面,新世纪巴基斯坦海军将会购买新的现代化系统以提高其海洋效能及海军能力。巴基斯坦宣布计划与东南亚国家进行海军合作,这表明巴基斯坦正在寻求一个全新的区域角色。随着巴基斯坦将其海军部署在孟加拉湾和马六甲海峡之间,并不断扩展与东南亚国家的海军合作,巴基斯坦与其老对手印度在争夺地区准入及影响力时发生冲突的可能性又开始增加。

---

① 斯特拉福(斯特拉福情报服务公司):《巴基斯坦与印度争夺区域影响力》,《斯特拉福评论》,2001 年 5 月 2 日(http://www.stratfor.com/asia/commentary),第 2 页。

② 基尔弗特—琼斯:《印巴海军平衡》,出自《国防采购分析》,2001 年夏,第 101 页。

责任编辑:刘敬文

责任校对:吕　飞

图书在版编目(CIP)数据

亚洲海洋战略/(德)舒尔茨　(德)赫尔曼　(德)塞勒 编　鞠海龙　吴 艳 译.
－北京:人民出版社,2014.10
ISBN 978－7－01－014032－2

Ⅰ.①亚…　Ⅱ.①舒…②赫…③塞…④鞠…⑤吴…　Ⅲ.①海洋战略-研究-
亚洲　Ⅳ.①P74

中国版本图书馆 CIP 数据核字(2014)第 232195 号

Maritime Strategies in Asia

Edited by Jürgen Schwarz, Wilfried A.Herrmann & Hanns-Frank Seller

White Lotus Press 2002

亚洲海洋战略
YAZHOU HAIYANG ZHANLÜE

(德)乔尔根·舒尔茨　(德)维尔弗雷德·A.赫尔曼
(德)汉斯-弗兰克·塞勒 编　鞠海龙　吴 艳 译

人民出版社 出版发行
(100706　北京市东城区隆福寺街 99 号)

北京通州兴龙印刷厂印刷　新华书店经销

2014 年 10 月第 1 版　2014 年 10 月北京第 1 次印刷
开本:710 毫米×1000 毫米 1/16　印张:21
字数:310 千字

ISBN 978－7－01－014032－2　定价:45.00 元

邮购地址 100706　北京市东城区隆福寺街 99 号
人民东方图书销售中心　电话 (010)65250042　65289539